职业院校智能制造专业"十四五"系列教材

智能制造机械设计基础

主　编　张　俭　付学敏

副主编　李　维　李晓娜　刘建新　彭　静

参　编　黄振轭　严　超　秦俊举
　　　　杨武成　刘言生

主　审　夏　平

U0258034

机械工业出版社

"智能靠设计，制造要强基。"本书是在对《智能制造机械设计基础》的本质及教育功能再认识的基础上，着眼于"十四五"及新时代对职业技术人才的需求，以加强对学生综合素质的创新设计能力培养为主线，并结合当前高职院校"三教"课程教学改革关于新形态活页式教材的探索与实践编写而成。主要内容包括：智能制造概述，机器的结构与智能装备，平面连杆机构与海洋机器人，凸轮机构与人工智能技术，齿轮机构、数字孪生与虚拟现实技术，齿轮传动与计算机技术，齿轮系与减速器，带传动与链传动，轴系零部件，智能制造应用技术。本书主要讲述机器中常用机构和通用零件的工作原理、结构特点、运动特性、基本设计理论和计算方法，还将数字化辅助教育资源与课程内容紧密配合，可全方位辅助本课程的教与学。

本书可作为高职院校中与智能制造有关的机械类、机电类、电气与自动控制类及近机械类工程技术各专业机械基础课程的新型教学教材，也可满足应用型本科层次近制造类和非制造类专业智能制造机械基础课程教学的基本要求，还可作为从事智能制造专业的技术人员入门学习的参考用书。

图书在版编目（CIP）数据

智能制造机械设计基础/张俭，付学敏主编. —北京：机械工业出版社，2023.6（2025.1 重印）

职业院校智能制造专业"十四五"系列教材

ISBN 978-7-111-73150-4

Ⅰ.①智…　Ⅱ.①张…　②付…　Ⅲ.①智能制造系统-设计-职业教育-教材　Ⅳ.①TH166

中国国家版本馆 CIP 数据核字（2023）第 081946 号

机械工业出版社（北京市百万庄大街 22 号　邮政编码 100037）

策划编辑：王振国　　　　　　　责任编辑：王振国
责任校对：张爱妮　张　薇　　　封面设计：马若濛
责任印制：邓　博

北京盛通数码印刷有限公司印刷

2025 年 1 月第 1 版第 2 次印刷

184mm×260mm · 16.75 印张 · 383 千字

标准书号：ISBN 978-7-111-73150-4

定价：49.80 元

电话服务　　　　　　　　　　　网络服务

客服电话：010-88361066　　　机　工　官　网：www.cmpbook.com
　　　　　010-88379833　　　机　工　官　博：weibo.com/cmp1952
　　　　　010-68326294　　　金　书　网：www.golden-book.com
封底无防伪标均为盗版　　　机工教育服务网：www.cmpedu.com

前　言

21世纪是中国制造全面走向世界，是智能制造蓬勃发展的时代。我们必须建设与之相匹配的高水平职业教育体系，为新时代培养德才兼备的高素质职业技术人才，让广大职业青年的青春之花绽放在祖国最需要的地方。

高等职业教育的目标是为生产、技术、服务和管理第一线培养初、中级应用型人才，对理论学习的要求是以"必需""够用""会用"为原则，着重培养学生的实际动手能力和操作能力。本书是根据"十四五"职业教育国家规划教材要求，着眼"十四五"及新时代人才培养方向，落实党的二十大报告关于"实施科教兴国战略，强化现代化建设人才支撑"主要论述，结合当前智能制造产学研及高职院校"三教"课程教学改革关于新形态活页式教材的探索与实践编写而成。在内容编排上采用模块、项目、任务的形式，由浅入深、由表及里，尽可能采用简洁、形象、直观等符合学生认知规律的方式进行阐述，力求培养学生对机器（机构）的感觉认知和探索研究机械结构及零件设计的兴趣，为后续的智能制造专业设计打下良好的基础。

本书不带"＊"号的内容特别适合非机械类和近机械类学生少学时（50~60学时）智能制造机械设计基础课程使用，全书内容（含带"＊"号部分）也可供机械类或近机械类学生全学时（80~100学时）课程选用。

教学经验和资源是一个活动的"职业场景"。根据为学生呈现"职业场景"的场景体验式教学实践，本书内容以模块、项目、任务及名词的颗粒化形式立体呈现，一改传统"举证"式教学模式，实行以项目、任务引入的现代场景体验式教学；较多地选用了一些典型实例（含较详细的任务分析）和课堂"小练"，以"任务实施"方式培养学生的实操能力，为学生注入职业工匠的血脉；还特设"小窍门"鼓励学生"三动"（动脑、动心、动手）起来，倡导多练多做地完成学习任务；学习测试与评价严格按考核检测要求（分填空题、单选题、判断题、简答题和计算题）分类设置，对学习笔记和学习评价采用分栏排列，有益于学生自学预习和归纳总结。希望学生通过这种模式的学习，对机器及智能制造有较专业的认知，会进行一般机械的工作原理分析和性能比较，会选择标准的零部件和对简单的机械故障有基本的判断，能进行简单的故障排除和维护，最终实现现代职业技术教育"实操会用"的目的。

本书由张俭、付学敏担任主编，李维、李晓娜、刘建新、彭静担任副主编，参加编写的人员还有：黄振轭、严超、秦俊举、杨武成和刘言生等，特邀中国职业技术教育学会常务理事、全国纺织服装职业教育教学指导委员会副主任委员夏平教授对全书进行了全面审读，夏教授提出了许多宝贵意见和建议，在此表示衷心感谢。本书在编写过程中借鉴了相关院校和企业的经验，参考了众多同行专家学者的著作，还有幸得到四川军民融合研究院和中国工程院院士工作站朱目成教授、代群威教授等有关专家的支持和帮助，在此一一致谢。

由于编者水平有限，难免存在疏漏和不当之处，敬请专家学者和广大读者批评指正。

编　者

目 录

绪　论

制造业是国家经济命脉所系，是立国之本、强国之基，更是国家科技创新的主战场。随着新一代信息技术加速拥抱千行百业，智能制造正在多领域多场景落地开花——依靠智能巡检，远在千里之外也能云端管理大型风力发电机组，相比人工效率提升了10倍；借助智能设备，质检线上可以智能识别细小瑕疵，助力实现精细化生产。这种事例还有很多很多。可以看出，新兴技术与先进制造的深度融合，不仅勾勒出日新月异的数字社会，也让实体经济活力更足、动力更强。

当前，新一代科技创新和产业变革加速演进，加快发展智能制造，既有助于巩固壮大实体经济根基，也关乎我国未来制造业的全球地位。立足新发展阶段，只有保持战略定力、深入实施智能制造工程，才能为促进制造业高质量发展、构筑国际竞争新优势提供更有力的支撑。展望未来，人们的衣食住行都将朝智能化方向发展，智能制造将引领世界！

项目1　智能制造概述

一、智能制造定义

如图0-1和图0-2所示，智能制造是基于新一代信息技术，贯穿设计、生产、管理、服务等制造活动的各个环节，是具有信息深度自感知、智慧优化自决策、精准控制自执行等功能的先进制造过程、系统与模式的总称。随着科学技术和制造业的飞速发展，计算机、电子技术与机械技术的有机结合，实现了机电一体化，促使机电产品不断向专精特新和智能化方向发展。因此，对于现代工程技术人员来说，学习和掌握一些机器（机构）及智能制造机械设计方面的基础知识非常有意义，而且也很有必要。

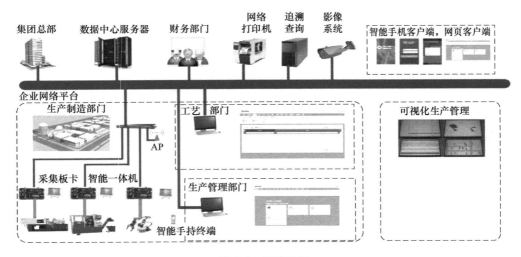

图 0-1　智能工厂

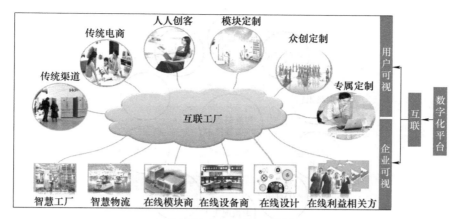

图 0-2　互联工厂

智能制造是人工智能运用于工业生产的代名词，是由人类专家和智能机器共同组成的。智能制造包含智能制造技术和智能制造系统，智能制造系统是在传统机械制造基础上优化升级改造而来，并由智能制造技术得以实现，通过全方位的智能制造设计，最终实现工业智能化。在生产中，智能制造通过通信技术将智能设备有机地连接起来，实现生产过程自动化，并通过各类感知技术收集生产过程中的各种数据，通过工业以太网等通信手段上传至工业服务器，在工业软件系统的管理下进行数据处理分析，并与企业资源管理软件相结合，提供最优化的生产方案或者定制化生产，并配套智能物流和智能服务，最终实现智能制造供应链的全流程（见图 0-3）。

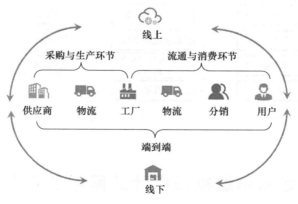

图 0-3　供应链环节

二、制造业智能化发展的趋势及关键技术

当今世界制造业智能化发展的趋势主要分为 5 个方向：计算机建模与仿真，机器人和柔性化生产，物联网和务联网，供应链动态管理、整合与优化，增材制造技术（3D 打印）。智能制造主要包括 10 项关键技术，即机器人技术、人工智能技术、物联网技术、大数据技术、云计算技术、虚拟现实技术、3D 打印技术、无线传感网络技术、射频识别技术和实时定位技术，如图 0-4 所示。

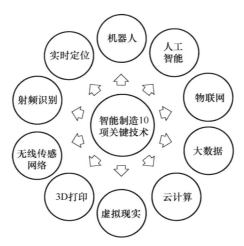

图 0-4 智能制造关键技术

三、智能工厂的设计模式

智能工厂的设计模式如图 0-5 所示。

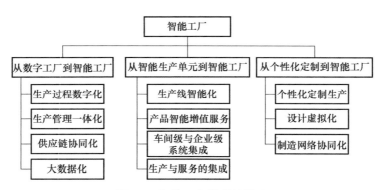

图 0-5 智能工厂的设计模式

项目 2 智能制造机械设计的基本要求及一般程序

一、智能制造机械设计的基本要求

1. 机器设计的基本要求

1) 对机器使用功能方面的要求。

2) 对机器技术经济性的要求。

2. 零件设计的基本要求

1) 在预定工作期限内能正常、可靠地工作,保证机器的各种功能。

2) 要尽量降低零件的生产、制造成本。

二、智能制造机械设计的一般程序

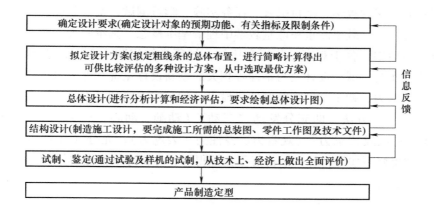

项目3　课程的性质、内容、任务和学习方法

一、课程性质

本课程是研究智能制造中常用机构和通用零件的基本设计理论和方法的技术基础课程，是继先学习技术基础课（如机械制图、工程力学、金属材料等）之后的又一门重要的技术基础课，是机械类或近机械类专业的主干课之一，也是培养机械或机械管理工程师的必修课之一。通过本课程的学习和实践，可以使学生具有一定的机械设计能力，并能综合运用传统和现代设计手段去发现、分析和解决机械工程中的问题。

二、课程内容

本课程主要讲述智能制造中常用机构和通用零件的工作原理、结构特点、运动特性、基本设计理论和计算方法。其中包括：常用机器（机构）如平面连杆机构、凸轮机构、齿轮机构及组合机构等；通用零件如机构传动中的齿轮传动、蜗杆传动、带传动、链传动等零件；轴系类零部件中的轴、键、轴承、联轴器、离合器、制动器等；其他零部件如弹簧、减速器等。

三、课程任务

掌握智能制造中常用机构的结构、工作原理、运动特性和机构动力学的基本知识，初步具有分析和设计基本机构的能力，并对机构运动方案的设计有所了解。

掌握智能制造中通用零件的工作原理、特点、应用和设计计算的基本知识，并初步具有设计传动装置和简单机构的能力。

具有运用标准、规范、手册及相关技术资料的能力。

初步得到本学科基本实验技能的训练。

四、学习方法

本课程将通过课堂教学、项目引入、任务实施、学习测试、实验和课程设计等教学环节完成。在学习过程中，既要注重在课堂教学中理解基本概念、基本原理，掌握基本方法，又要注意在日常生活中，善于观察、分析和比较，把所学知识联系实际，达到举一反三的目的；同时还要在实验、课程设计及与本课程相关的创新设计竞赛和课外科技创新活动中培养创新意识和创新能力，初步掌握智能制造机械设计的基本思路和基本方法。在教学中，可以推行"三三制"学习方法，即充分发动"三动"（动脑、动心、动手的学习表现）；充分（利用学习场景）激发"三力"（观察力、专注力、表现力）；充分（在互动的学习中）实现"三好"（教得好不如学得好，学得好不如练得好，练得好不如做得好）。

【学习测试】

一、简答题

1. 什么是智能制造？
2. 制造业智能化发展的趋势主要分为哪五个方向？
3. 智能制造主要包括哪 10 项关键技术？
4. 机器设计的基本要求是什么？
5. 零件设计的基本要求是什么？
6. 机械设计的一般程序是什么？

【学习评价】

题号	一				总分
得分	1.				
	2.				
	3.				
	4.				
	5.				
	6.				
学习评价					

模块 1

机器的结构与智能设备

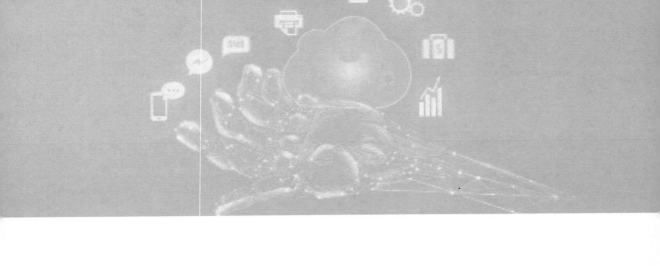

认识及了解机器与智能设备，主要介绍机器的结构与运动、平面机构、机构运动简图的绘制、自由度计算以及机构的运动分析。重点是平面机构的自由度计算（计算公式 $F = 3n - 2P_L - P_H$）及机构运动的确定性判定定理，难点是机构运动简图的绘制。

【任务描述】

1. 能够根据机器的结构和功能来认识机器。
2. 能够根据平面机构运动原理绘制机构运动简图。
3. 能够分析机构运动简图，并计算其自由度。
4. 能够根据已设计的机构，判断其运动的确定性。

【学习目标】

1. 了解机器的结构和功能。
2. 理解运动副及其分类。
3. 能够认识和绘制简单机器的运动简图。
4. 掌握平面机构自由度的计算。
5. 掌握机构运动的确定性判定定理。

【学习方法】

理论与实践一体化。

项目 1　机器与智能设备

目前，燃油汽车虽然依就是主流车型，但电动汽车方兴未艾，智能汽车（见图 1-1a）必将引领未来。智能设备更是层出不穷。例如：图 1-1b 所示为六自由度机器人；图 1-1c 所示为机器人的腿；图 1-1d 所示为数控智能机床。

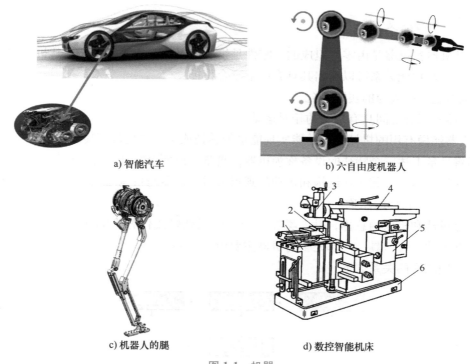

a) 智能汽车 b) 六自由度机器人

c) 机器人的腿 d) 数控智能机床

图 1-1　机器

1—工作台　2—滑板　3—刀架　4—滑枕　5—床身　6—底座

一、工匠与机器

在人类社会发展进程中，到底是先有机器还是先有工匠呢？事实证明是先有工匠而后有机器，是工匠创造了机器，所以我们至今都崇尚这一工匠精神。所谓工匠精神，简而言之就是一种高尚的职业精神，其基本内涵包括敬业、精益、专注、创新等方面的内容。在中国古代就有鲁班、蔡伦、毕昇等著名工匠，他们创造发明了鲁班锁、造纸术、活字印刷术等中国最早的结构（机构）机器（见图 1-2），开创了人类从结构出发，不断创造新机构（机器）发展进步的时代。

a) 鲁班锁 b) 活字印刷术

图 1-2　鲁班锁与活字印刷术

二、机器的定义

什么是机器？机器是由零件组成的，零件是组成机器的基本制造单元。从机器的组成和运动的确定性及功能关系可以看出其具有以下三个特征：

1）机器是一种人为的实物组合。

2）机器各部分之间具有确定的相对运动。

3）机器能做有用的机械功，并能实现能量的转换或信息的处理与传递。

我们将具备上述三个特征的设备称为机器，具备前面两个特征的称为机构，而只具备第一个特征的称为结构。其实从结构和运动的观点来看，机器与机构之间并无区别，所以常用"机械"一词作为它们的总称。

机械是机器和机构的总称，是人类在生产中用以减轻或代替人的体力（或脑力）劳动和提高生产率的主要工具。一部完整的机器主要由动力部分、传动部分、控制部分和执行部分组成，它们之间的关系如下：

除以上四部分外，机器的其余部分通常称为辅助部分，如显示系统、润滑系统、冷却（加热）系统、照明系统、信号系统和其他辅助装置等。

三、智能设备的定义

智能设备是指任何一种具有计算处理能力的设备、器械或机器。它是传统机电设备与计算机技术、数据处理技术、控制理论、传感技术、网络通信技术、电力电子技术相结合的产物。其主要包括自我检测和自我诊断两个方面的关键内容。

四、工业机器人

机械（机器）从一产生就明确提出：是为了减轻直至代替人类的劳动。

什么是机器人？它又将怎样来代替人类呢？

机器人（Robot）一词来源于捷克作家卡雷尔·恰佩克于 1920 年创作的剧本《罗萨姆的万能机器人》。他把机器人定义为服务于人类的机器，机器人的名字也由此而生。

实际上，机器人已广泛应用于我们生活的方方面面，如酒店服务、体温检测、教育、扫地、烹饪和自动分拣等。

什么是工业机器人？工业机器人是 20 世纪 60 年代在自动操作机的基础上发展起来的，能模仿人的某些动作和控制功能，并可按照预定程序、轨迹及其他要求操作工具，实现多种操作的自动化机械系统。现代工业机器人还可以根据人工智能技术制定的原则和纲领行动，实现无人工厂管理及无人驾驶操作。

如图 1-3 所示，工业机器人能代替人工出色地完成极其繁重、复杂、精密和充满危险的工作，它综合了精密机械、传感器和自动控制技术等领域的最新成果，广泛应用于工业、农业、航空航天、军事技术等各个领域。

 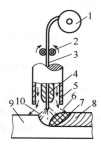 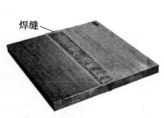

a) 机器人作业　　　　b) 机器人结构　　　　c) 弧焊实际效果　　　　　　视频1

图1-3　机器人弧焊作业

1—焊丝盘　2—送丝滚轮　3—焊丝　4—导电嘴　5—喷嘴　6—保护气体　7—熔池　8—焊缝金属
9—母材（被焊接的金属材料）　10—电弧

五、智能船设备

图1-4所示为智能船设备，在2012年，欧盟委员会（European Commissions）将智能船定义为未来欧洲船舶工业发展的关键点，建立了MUNIN（Maritime Unmanned Navigation through Intelligence in Networks）科研合作项目，共有来自8个国家的不同组织参与了该项目，该项目旨在为无人船提供远程遥控智能控制系统。

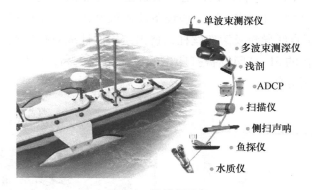

图1-4　智能船设备

六、智能医疗设备

图1-5所示为智能医疗设备的应用场景，联网的便携式医疗设备可对病人进行远程监护，可实现对人体生理参数和生活环境的远程实时监测与详细记录，便于医务人员全面地了解病人的病历和生活习惯，提前发现并预防潜在疾病，对突发病人给予及时的应急处理。

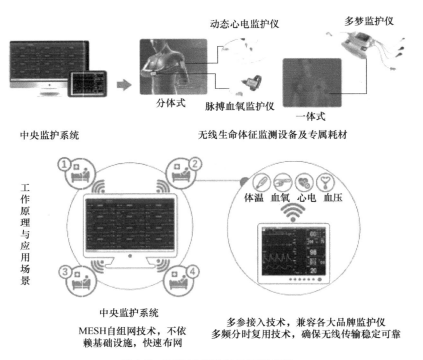

图 1-5 智能医疗设备的应用场景

七、3D 打印设备

图 1-6 所示为极光尔沃 3D 打印机，是一款新型热熔堆积固化成型设备，可以把用计算机辅助设计好的 3D 模型等打印成实物。该设备使用钣金作为整体机箱的全封闭式架构，X-Y-Z 轴运动部件使用了直线导轨及滚珠丝杠，挤出结构设计成双挤出机送料，平台使用了特制玻璃材料。这种结构的 3D 打印设备打印出的产品精度更高，使用更稳定，表面更精细，平台振动更小，取模更方便。

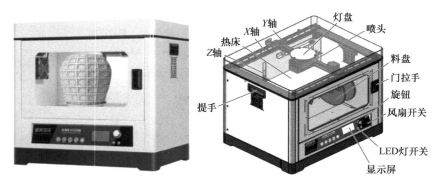

图 1-6 极光尔沃 3D 打印机

综上所述，现代社会的设备智能化早已是产品更新换代的发展方向，以智能机床、工业机器人、3D 打印机为代表的智能设备在智能制造中具有非常广阔的发展应用空间。而从本模块的项目 2 开始，我们将从简单机器（机构）的结构和运动分析中来认识常用机械（机器）。

项目 2　机构的组成

一、机构的定义

机构是由构件组成的，各构件之间具有确定的相对运动。

机器与机构的区别是机器能做有用的机械功而机构不能。

构件是组成机器的基本运动单元。构件可以是一个零件，如凸轮、齿轮、轴承、轴等；也可以是几个零件通过刚性连接组成的一个整体，常在机构设计中用到。部件是指机器中由若干零件组成的装配单元，部件中的各零件之间不一定具有刚性联系，是机械工程上通常的称谓。

二、认识原动机——单缸内燃机

如图 1-7 所示的单缸内燃机是由多个零部件组成的输入动力的原动机，其中连杆 2 就是由多个零件组成的。这些零件分别加工制造，但是当它们装配成连杆后则作为一个整体运动，相互之间不产生相对运动，是一个构件。

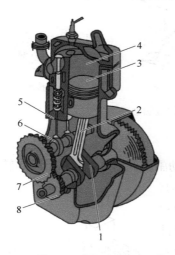

图 1-7　单缸内燃机

1—曲轴　2—连杆　3—活塞　4—气缸体　5—顶杆　6—凸轮　7、8—齿轮

视频 2

三、认识破碎机

破碎机在工业上称为碎石机，是金属矿和非金属矿加工过程中所采用的能够将开采的原矿石通过挤压和弯曲作用等方式破碎成小块颗粒的粉碎机械（见图 1-8）。在生活中，种类繁多的破壁机也是其原理的应用。

常用的破碎机类型有：颚式破碎机、旋回破碎机、圆锥式破碎机、辊式破碎机、锤式破碎机和反击式破碎机等。

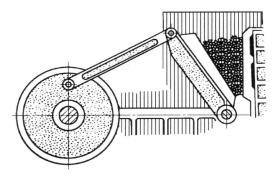

图 1-8　破碎机构

四、运动副

构件组成机构时，两个或两个以上构件直接接触，并且在构件之间产生一定相对运动的连接，称为运动副。在构成运动副时，直接接触的点、线、面称为运动副元素。运动副接触形式如图 1-9 所示，运动副分为低副和高副两种。

a) 点接触　　　　　　b) 线接触　　　　　　c) 面接触

图 1-9　运动副接触形式

1. 低副

低副是指两构件之间通过面接触构成的运动副，低副可分为移动副和转动副。若组成运动副的两个构件只能沿着某一轴线做相对转动，则这种运动副就称为转动副或回转副，又称为铰链，如图 1-10a 所示。若组成运动副的两个构件只能沿着某一直线做相对移动，则这种运动副就称为移动副，如图 1-10b 所示。

2. 高副

高副是指两构件之间通过点或线接触而组成的运动副。

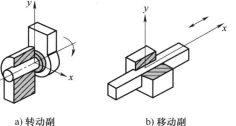

a) 转动副　　　　　　b) 移动副

图 1-10　低副

如图 1-11a 所示，凸轮 1 与从动件 2 通过点接触组成高副。如图 1-11b 所示，齿轮 1 和齿轮 2 通过线接触组成高副。当两个构件之间组成高副时，构件 1 相对构件 2 既可沿接触点 A 的公切线 t-t 方向做相对移动，又可在接触点 A

绕垂直于运动平面的轴线做相对转动。

组成高副的两个构件之间可产生两个独立的相对运动。

五、运动链

将两个以上的构件通过运动副连接而成的系统称为运动链。

如图 1-12 所示，若运动链中各构件组成首尾封闭的系统，则称为闭式运动链；否则称为开式运动链。闭式运动链广泛应用于各种机构中，仅有少数机构采用开式运动链（如机械手、颚式破碎机等）。

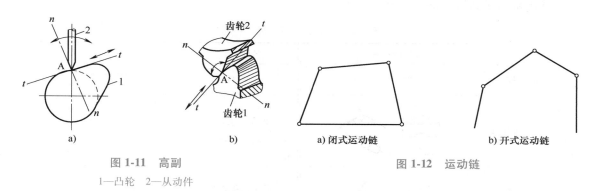

图 1-11 高副
1—凸轮 2—从动件

a) 闭式运动链 b) 开式运动链

图 1-12 运动链

六、机构中构件的分类及组成

组成机构的构件一般分为以下三类：

1）固定构件（机架）：机构中固结在定参考系上的构件称为固定构件。它用来支撑机构中的可动构件（机构中可相对于机架运动的构件）。

2）主动件（原动件）：机构中作用有驱动力或力矩的构件，或运动规律已知的构件称为主动件或原动件。它是机构中输入运动或动力的构件，又称为输入构件。

3）从动件：除固定构件和主动件外，机构中随主动件的运动而运动的其余可动构件均称为从动件。

综上所述，机构可由机架、主动件和从动件系统（除机架与原动件外的所有从动件）所组成。从动件的运动规律取决于主动件的运动规律和机构的结构。

项目 3 平面机构运动简图

一、机构运动简图的定义

用规定的线条和符号按一定的比例表示构件和运动副的相对位置，并能完全反映机构运动特征的图形就称为机构运动简图。

为便于研究机构的运动，在机构运动简图中，往往将机械中那些与运动无关的实际外形和具体结构略去，但机构运动简图与它所表示的实际机构具有完全相同的运动特性。我们从机构运动简图中可以了解机构中构件的类型和数目、运动副的类型和数目、运动副的相对位置；还可以利用机构运动简图来表达一部复杂机器的传动原理，并进行机构运动和动力分析。

二、机构运动简图的绘制

1. 机构运动简图符号

常用机构运动简图符号见表1-1。

表 1-1　常用机构运动简图符号

名称		简图符号	名称		简图符号
构件	轴、杆		机架	固定件	
	三副元素构件	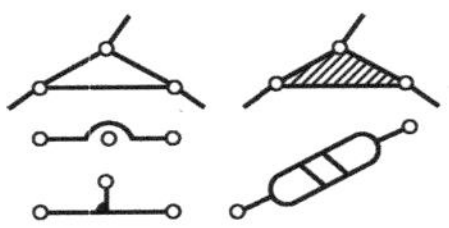		机架是转动副的一部分	
	构件的永久连接	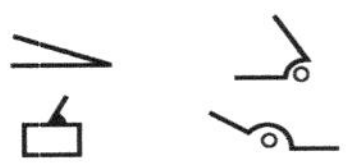		机架是移动副的一部分	
平面低副	转动副		平面高副	齿轮副	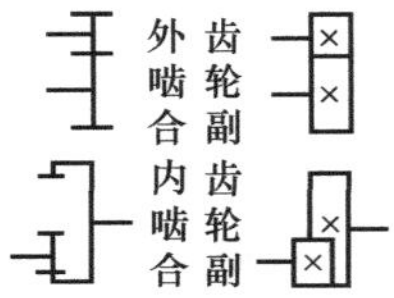 外啮合 齿轮副 / 内啮合 齿轮副
	移动副	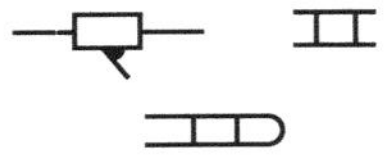		凸轮副	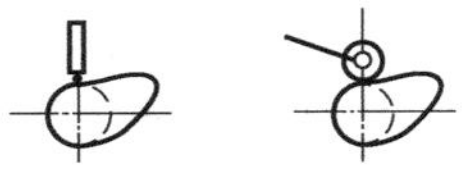

2. 机构运动简图绘制五步法

1）分析机构的组成，找出机构中的机架、原动件和从动件。

2）从原动件开始，沿着运动传递路线，分析各构件间相对的运动，从而确定构件数目、运动副的类型及数目。

3）根据运动副间的相对位置，按照图纸幅面和构件实际尺寸选择适当的比例尺 μ_1，其中 $\mu_1 =$ 构件实际长度（m）/构件图示长度（mm）。

4）合理选择视图，按照适当的比例，用规定的符号和线条画出机构中的所有运动副及构件，最后得到的图形即为机构运动简图。

5）标注构件代号（用阿拉伯数字表示）、运动副代号（用大写英文字母表示），用箭头表示原动件的运动。

【任务 1】

试绘制如图 1-13 所示缝纫机脚踏板机构的运动简图。

（1）任务分析 缝纫机脚踏板机构的工作原理是人通过脚踏板输入动力，通过连杆传递，带动带轮转动，进而实现缝纫机引线机构的运动。

（2）任务实施

1）分析机构的组成，确定机架、主动件与从动件。从图 1-13 可知，该机构由 4 个构件组成。缝纫机体为机架，脚踏板为原动件，连杆和曲轴为从动件。

2）从原动件开始，顺着运动传递路线，分析各构件之间相对运动的性质和接触情况，确定构件数目、运动副的类型和数目。脚踏板 1 与连杆 2、连杆 2 与曲轴 3、曲轴 3 与机架 4、机架 4 与脚踏板 1 分别组成转动副，即有 4 个转动副。

3）选择合理的视图平面。因该机构为平面机构，故选择与各构件运动平面相平行的平面为视图平面。

4）选择合适的比例尺 μ_1。测量并按比例尺确定各运动副之间的相对位置，用规定的符号和线条画出机构中的所有运动副及构件。

5）标注构件代号、转动副代号（A、B、C、D），用箭头表示原动件的运动，最后画出机构的运动简图（见图 1-14）。

图 1-13 缝纫机

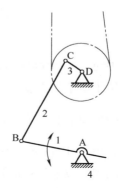

图 1-14 缝纫机的机构运动简图

1—脚踏板 2—连杆 3—曲轴 4—机架

项目 4 平面机构的自由度

一、平面机构的自由度

1. 自由度的定义

自由度是机构具有独立运动参数的数目。

如图 1-15 所示，平面运动的自由构件具有 3 个自由度：沿 x 轴和 y 轴的移动以及绕垂直

于 xOy 平面的 A 轴的转动。

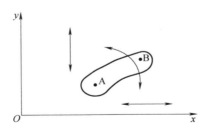

图 1-15　平面自由构件的自由度

2. 约束的定义

约束是运动副对成副的两构件间的相对运动所加的限制。

如图 1-16 所示，一个低副引入 2 个约束，丧失 2 个自由度，保留了 1 个自由度。

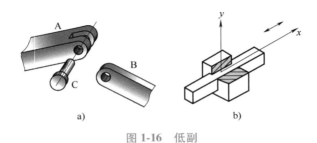

图 1-16　低副

如图 1-17 所示，一个高副引入 1 个约束，丧失 1 个自由度，保留了 2 个自由度。

二、平面机构的自由度计算

综上所述，引入 1 个约束条件将减少 1 个自由度。约束数目的多少以及约束的特点取决于运动副的形式。由此可知，一个低副（移动副、转动副），将引入 2 个约束，减少 2 个自由度；一个高副，将引入 1 个约束，减少 1 个自由度。

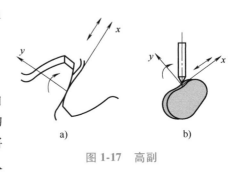

图 1-17　高副

一个平面机构包含 N 个构件，其中必有一个构件是机架，则该机构有 $n = N-1$ 个活动构件。由于一个活动构件具有 3 个自由度，假设有 P_L 个低副和 P_H 个高副，一个低副引入 2 个约束，一个高副引入 1 个约束，则平面机构的自由度（通常用 F 表示）计算公式为

$$F = 3n - 2P_L - P_H$$

【小练】

绘制机构运动简图和计算机构自由度（见图 1-18 和图 1-19）。

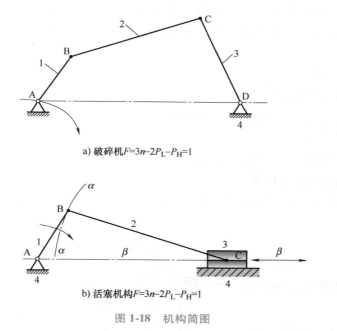

a) 破碎机 $F=3n-2P_{\mathrm{L}}-P_{\mathrm{H}}=1$

b) 活塞机构 $F=3n-2P_{\mathrm{L}}-P_{\mathrm{H}}=1$

图 1-18　机构简图

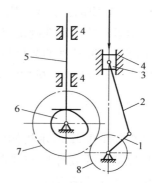

图 1-19　单缸内燃机 $F=3n-2P_{\mathrm{L}}-P_{\mathrm{H}}=1$

当机构的原动件数目等于自由度数目时，机构才具有唯一确定的运动。

三、机构运动的确定性判定定理

1. 机构确定的概念

运动链成为机构的条件取决于机构的自由度（用 F 表示）和原动件的数目（用 W 表示）。机构是具有确定相对运动的构件系统，但不是任何构件系统都能实现确定的相对运动。无相对运动的杆件组合（见图 1-20）或者是无规则运动的运动链（见图 1-21）都不能称为机构。

如图 1-20a 所示，3 个构件首尾相连，构成稳定的三角形。当其中一个构件固定时，其他两构件在平面内位置固定，也就不具备运动的可能性。同理，如图 1-20b 所示构件系统也不具备运动的可能性。

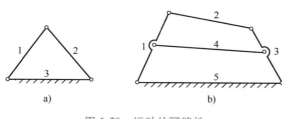

图 1-20　运动的可能性

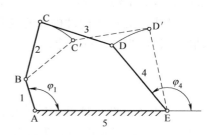

图 1-21　运动的确定性

总结：无相对运动或者是无规则运动的构件系统都不能实现预期的运动（不称其为机构）。将构件系统的一个构件固定，当其中一个或几个原动件位置确定时，其余从动件的位置也随之确定，这种构件系统具有确定的相对运动，便成为机构。机构需要一个还是多个原动件，或者具备什么条件才可以使其具有唯一确定的运动，这就取决于机构的自由度。

2. 原动件数目与机构自由度之间的关系

$F \leqslant 0$，构件间无相对运动，不成为机构。

$F > 0$，原动件数 $< F$，运动不确定；原动件数 $> F$，机构破坏。

$F > 0$，且原动件数 $W = F$，运动确定。

机构运动的确定性判定定理（即构件系统成为机构的充分必要条件）是：机构的自由度大于零，且原动件的数目与机构的自由度相等。

即满足 $W = F > 0$，机构的运动确定，称其为机构。否则，运动不确定，不称其为机构。

【任务2】

计算如图 1-22 所示机构的自由度 $F > 0$，并判断机构原动件的数目 W 与其自由度数 F 是否相等，以及机构运动的确定性。

（1）任务分析　在偏心液压泵机构中，有 3 个活动构件，$n = 3$；包含 4 个低副，$P_L = 4$；没有高副，$P_H = 0$。

（2）任务实施　由自由度计算公式得：

$$F = 3n - 2P_L - P_H = 3 \times 3 - 2 \times 4 = 1$$

即 $W = F > 0$，所以该机构的运动是确定的。

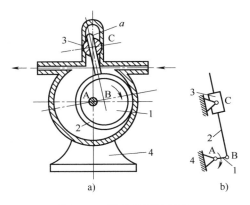

图 1-22　偏心液压泵机构
1—偏心轮　2—外环　3—圆柱　4—机架

四、自由度计算时应注意的问题

1. 复合铰链

由 3 个或 3 个以上构件在同一处组成的轴线重合的多个转动副称为复合铰链。

如图 1-23 所示，构件 1、2、3 在同一轴线上，构成转动副，而从左视图看，该机构实际包含 2 个转动副。

显然，由 m 个构件构成的复合铰链，转动副数目应为（$m-1$）个。

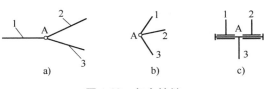

图 1-23　复合铰链

【任务3】

试计算如图 1-24 所示惯性筛机构的自由度，并判断机构原动件的数目 W 与其自由度数 F 是否相等，以及机构运动的确定性。

（1）任务分析　如图 1-24 所示惯性筛机构中，C 处为复合铰链，有 2 个转动副。该机构具有 2、3、4、5、6 等 5 个活动构件，转动副 A、B、C（2 个）、D、E 和移动副 F，没有高副。即 $n = 5$，$P_L = 7$，$P_H = 0$。

（2）任务实施　由自由度计算公式得：

$$F=3n-2P_L-P_H=3\times5-2\times7-0=1$$

即 $W=F>0$，所以该机构的运动是确定的。

2. 局部自由度

在机构中，不影响整个机构运动的局部的独立运动，称为局部自由度。

局部自由度常见于将滑动摩擦变为滚动摩擦时添加的滚子及轴承中的滚子等场合。

如图 1-25 所示对心移动滚子从动件盘形凸轮机构。在计算机构自由度时，局部自由度应当除去不计。

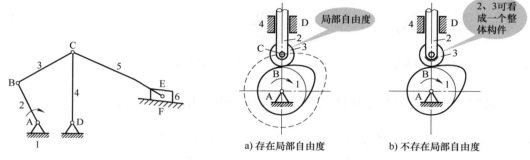

图 1-24　惯性筛机构　　　图 1-25　对心移动滚子从动件盘形凸轮机构

图 1-25a 中，机构具有 1、2、3 共 3 个活动构件，转动副 A、C 和移动副 D，一个高副 B，则 $F=3n-3P_L-P_H=3\times3-3\times2-1=2$。

图 1-25b 中，机构具有 1、2（3）共 2 个活动构件，转动副 A、移动副 D，一个高副 B，则 $F=3n-2P_L-P_H=3\times2-2\times2-1=1$。

3. 虚约束

机构中对运动不起独立限制作用的对称部分引入的约束称为虚约束。

平面机构中的虚约束常出现在以下场合：

1）对构件上某点的运动所加的约束与该点本来的运动轨迹相重合时，该约束为虚约束。图 1-26 所示为虚约束。

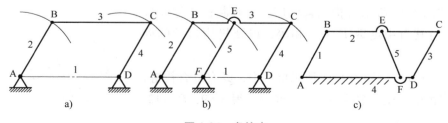

图 1-26　虚约束

2）不同构件上两点间的距离保持恒定（见图 1-27），将此两点用构件和运动副连接，则会带入虚约束。

3）如果两个构件组成多个移动方向一致的移动副（见图 1-28），或两个构件组成多个轴线重合的转动副（见图 1-29）时，只需考虑其中一处的约束，其余各处带进的约束均为虚约束。

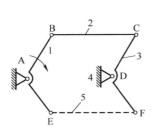

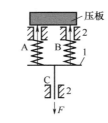

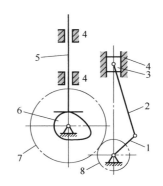

图 1-27　两点间的距离保持恒定　　　图 1-28　移动方向一致的移动副　　　图 1-29　轴线重合的转动副

4）机构中对运动不起作用的对称部分（见图 1-30）引入的约束为虚约束。

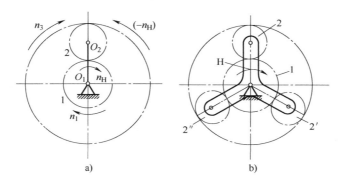

图 1-30　行星轮对称布置的差动齿轮系

虚约束虽不影响机构的运动，但能增加机构的刚性，改善其受力状况，因而广泛采用。

【任务 4】

计算如图 1-31 所示机构的自由度，并判断机构原动件的数目 W 与其自由度数 F 是否相等，以及机构运动的确定性。

（1）任务分析　如图 1-31 所示机构中，既有复合铰链，又有局部自由度，还有虚约束存在。经分析得 $n=9$，$P_{\mathrm{L}}=12$，$P_{\mathrm{H}}=2$。

（2）任务实施　由自由度计算公式得：

$$F=3n-2P_{\mathrm{L}}-P_{\mathrm{H}}=3\times9-2\times12-2=1$$

即 $W=F>0$，所以该机构的运动是确定的。

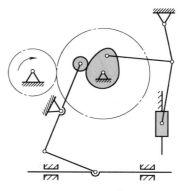

图 1-31　机构

📝 【学习测试】

一、填空题

1. 一部完整的机器主要由动力部分、_____部分、_____部分和控制部分4部分组成。

2. 构件都在同一平面或_____的平面内运动的机构称为平面机构。

3. 组成运动副的两构件只能沿着某一直线做_____的低副称为移动副。

4. 组成运动副的两构件只能沿着某一轴线做_____的低副称为转动副或铰链。

5. 构件通过_____接触构成的运动副称为高副。

6. 平面机构自由度的计算公式为_____。

二、单选题

1. 铰链四杆机构中各构件以_____相联。

A. 螺旋副　　　　　　　　B. 移动副　　　　　　　　C. 转动副

2. 机构具有确定运动的条件是_____。

A. $W = F > 0$　　　　　　B. $F < 0$，$F \neq W$　　　　C. $F = 0$，且 $F = W$

3. m 个构件组成的复合铰链存在_____个低副。

A. $m - 1$　　　　　　　　B. m　　　　　　　　　　C. $m + 1$

三、判断题

1. 不影响机构整体运动的局部的独立运动，称为局部自由度。　　　　　　　（　　　）

2. 两构件组成多个移动方向一致的移动副时，只有一个移动副起约束作用。　（　　　）

四、简答题

1. 什么是机械（机器）？什么是机器人？

2. 什么是机构的自由度？计算自由度应注意哪些问题？

3. 机构若不满足确定运动的条件，会出现什么情况？

五、绘图计算题

1. 绘制图 1-32 所示平面机构运动简图并计算其自由度。

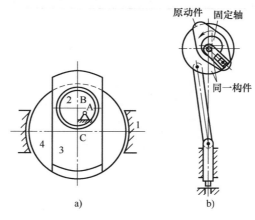

图 1-32　平面机构

2. 依据图 1-33 计算各平面机构自由度（若机构中有复合铰链、局部自由度、虚约束，则予以指出）。

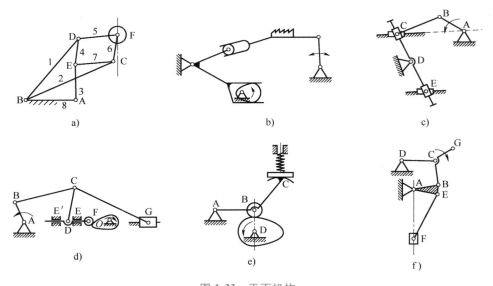

图 1-33 平面机构

题号	一	二	三	四	五	总分
得分	1.	1.	1.	1.	1.	
	2.	2.	2.	2.	2.	
	3.	3.	2.	3.		
	4.					
	5.					
	6.					
学习评价						

模块 2

平面连杆机构与海洋机器人

 【教学指南】

认识海洋机器人，了解其发挥传感器和智能控制软件在深海工程上的应用。主要介绍：连杆机构的传动特点；平面四杆机构的基本形式及其演化形式的特点及应用；平面四杆机构的运动特性（曲柄的存在条件和急回特性）及传力特性（压力角、传动角和死点）；平面四杆机构的运动设计。重点是平面四杆机构的类型、运动特点及其运动特性和传力特性；难点是图解法设计平面四杆机构。

 【任务描述】

1. 能够认识和判断连杆机构的运动特性。
2. 能够根据机构要实现的运动选择平面四杆机构的类型。
3. 能够根据已设计的机构分析其能实现的运动及特性。
4. 能够设计简单的平面四杆机构。

 【学习目标】

1. 认识与了解海洋机器人在深海工程上的应用。
2. 掌握平面四杆机构的各种类型、演化创新。
3. 掌握平面四杆机构的基本特性、设计方法。

【学习方法】

理论与实践一体化。

我国是制造业大国，产品门类齐全的制造业是实体经济的主体。实现制造强国，智能制造是企业发展的必经之路。以智能制造为主攻方向推动产业技术变革和优化升级，推动制造业产业模式和企业形态根本转变，以"鼎新"带动"变故"，以增量带动存量，促进我国产业迈向全球价值链中高端。作为当代青年，我们已经踏上全面建设社会主义现代化国家的新征程，一定要紧紧围绕这一伟大历史目标，并结合自身实际立足当下，努力学习，争取在实践中创造性推动智能制造的高质量发展。从本模块开始，我们将从认识几种中外先进的海洋机器人机械臂出发去认识讨论学习几种常用机构（机器）的原理和设计。

项目 1 海洋机器人

海洋是人类生命的摇篮。在地球上，海洋占据了 71% 的面积，它产生了人类呼吸的 50% 的氧气；海洋作为地球最大的生物圈，为数十亿人提供蛋白质；有上亿人以海洋为生，海洋渔业为全球提供了 5700 万个工作岗位；同时它吸收了地球上 25% 的 CO_2 排放，是人类面对全球变暖挑战最大的盟友之一。所以，海洋对人类贡献巨大，而带机械手的海洋机器人是未来深海科学考察和开发的主要工具，也是水下机器人在深海工程上最突出的应用。

一、美国水下航行器（AUV）——REMUS 系列海洋机器人

如图 2-1 所示，REMUS 6000 海洋机器人是在美国海军海洋学办公室、海军研究办公室和伍兹霍尔海洋学研究所的合作项目下设计的，用以支持海洋深水搜索项目作业。它拥有与轻便、紧凑、便携式 REMUS 100 海洋机器人相同的经过验证的软件和电子系统，具有更高的深度等级、耐用性和有效载荷，允许在 6000m 深的水中进行自主操作。REMUS 系列海洋机器人是近 20 年来最前沿的研究成果，它具备一个功能强大、齐全的高性能传

a) REMUS 100

b) REMUS 600

c) REMUS 6000

图 2-1 REMUS 系列部分产品

感器套件，在商业应用中具备高可靠度的现场操作性，特别是高度通用、模块化的 REMUS 600 海洋机器人在一般水域应用更为广泛。

REMUS 6000 海洋机器人在搜索操作中收集的主要数据是侧扫描数据，水下机器人的日志文件保存在专有的 Rdgetech JSF 格式中，同时使用以太网连接下载处理计算机的文件并被转换为 XTF 格式。例如在 2011 年的一次失事飞机残骸搜索工作中，共搜集到 85000 张碎片区域的图像，单个图片的覆盖范围大约 7.5m×7.5m。每隔 4.5m 在海底行驶，用 5m 的轨道线间距拍摄照片，以确保覆盖重叠。从这些照片中，飞机专家能够确定失事飞机的部件（见图 2-2）。REMUS 6000 海洋机器人显示了在整个搜索区域高可靠度的操作性能。

a) 起落架   b) 引擎

图 2-2 失事飞机的起落架和引擎

二、中国深海 AUV——"潜龙二号"

我国的深海航行器"潜龙二号"是立扁仿鱼形流体外形，采用 4 个可旋转推进器的动力布局，如图 2-3 所示，最大潜水深度 4500m，续航时间 30h，艏部安装用于避障的二维多波束声呐，搭载高精度测深侧扫声呐、磁力计、甲烷、温盐仪、高清照相机等多种探测设备，具备声学调查和近底光学调查两种工作模式。

a)"潜龙二号"AUV

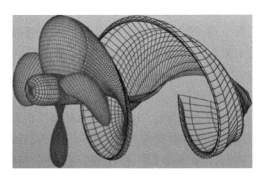

b) 螺旋桨、导管和尾迹表面的计算网络

图 2-3 "潜龙二号"水下机器人

由于海洋机器人既能完成一般机械无法完成的任务，也可以承担载人潜水器和潜水员的任务，所以，海洋机器人借由先进的机械结构与传感器技术为人类的水下探寻活动开启了新的篇章，而在 20 世纪，海上搜索打捞操作大都是采用简单舰船机械和人工来进行的，传统的舰船机械大量运用了简单的常用机构，如连杆机构、齿轮机构、带传动和链传动等。我们将在本模块后面的项目中学习最简单的连杆机构。

项目 2 连杆机构

一、连杆机构的应用

生产中以机床为例，计算机与机床结合产生了数控机床，实现了程序化控制，这是数字化的产物。智能机床则需要传感器和智能控制软件来完成精准的智能制造。下面分别以牛头刨床、破碎机、起重机、搅拌机及现代先进的四足、六足连杆机器人的应用（见图 2-4）为例来认识传统连杆机构。

二、连杆机构的定义

连杆机构是指构件间全部通过低副连接而成的机构，又称为低副机构。它是一种常用的传动机构，通过低副（转动副和移动副）将构件连接而成，用以实现运动的变换和动力传递。

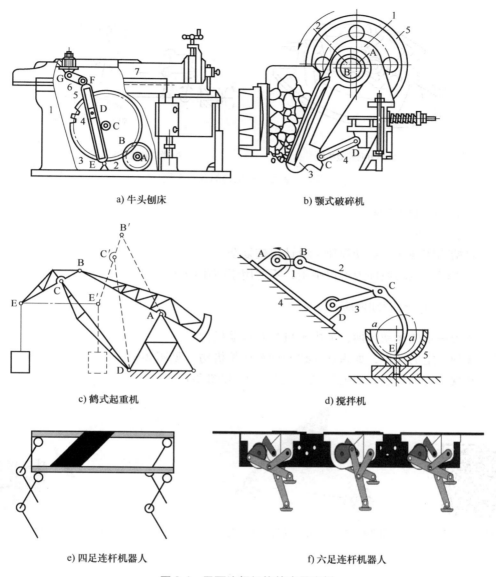

a) 牛头刨床   b) 颚式破碎机

c) 鹤式起重机   d) 搅拌机

e) 四足连杆机器人   f) 六足连杆机器人

图 2-4　平面连杆机构的应用实例

　　平面连杆机构：若连杆机构中所有构件都在相互平行的平面内运动，则称该机构为平面连杆机构（见图 2-4）。若各构件不都在相互平行的平面内运动，则称该机构为空间连杆机构（见图 2-5）。

三、平面连杆机构的特点

1. 平面连杆机构的优点

1）面接触，承受压强小、便于润滑、耐磨损，可承受较大的载荷。

2）结构简单，加工方便。

3）利用连杆曲线，可满足不同的轨迹要求。

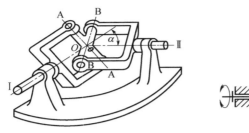
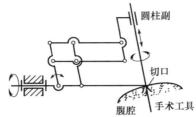

a) 单万向铰链机构　　　　　　　b) 微创外科手术机械手

图 2-5　空间连杆机构的应用实例

2. 平面连杆机构的缺点

1) 传动效率低。
2) 要精确实现任意运动规律，设计比较复杂。
3) 运动时产生的惯性力难以平衡，不适用于高速场合。

四、平面连杆机构的应用

1) 实现一定的运动转换，如内燃机活塞运动机构。
2) 实现一定的动作，如雷达天线俯仰角调整机构（见图 2-6）。
3) 实现一定的轨迹，如搅拌机（见图 2-4d 和图 2-7）。

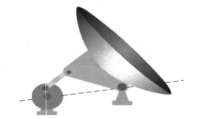

视频 3　　　　图 2-6　雷达天线俯仰角调整机构　　　　图 2-7　搅拌机

项目 3　铰链四杆机构

　　平面连杆机构虽然种类繁多，但其结构最简单、应用最广泛的是由 4 个构件组成的平面四杆机构。平面四杆机构按照所含移动副数目的不同，又分为全转动副的铰链四杆机构、含 1 个移动副的四杆机构和含 2 个移动副的四杆机构。铰链四杆机构是平面四杆机构最基本的形式，其他形式的四杆机构都可以由它演化而成。

一、铰链四杆机构的定义

　　全部用转动副连接而成的平面四杆机构称为铰链四杆机构。

如图 2-8 所示，机构的固定构件 4 称为机架，与机架用转动副相连的构件 1 和 3 称为连架杆。能绕机架做整周转动的连架杆 AB 称为曲柄，连接曲柄 AB 与相邻构件 4、2 的转动副（铰链 A 或 B），能使两构件相对转动 360°，称为整转副。只能绕机架在小于 360°的范围内做往复摆动的连架杆 CD 称为摇杆，连接摇杆和相邻构件 4、2 的转动副（铰链 D 或 C），只能使两构件在小于 360°范围内相对摆动，称为摆动副。

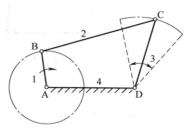

图 2-8　铰链四杆机构

不与机架直接连接的构件 2 称为连杆（连接连架杆的杆，故称连杆）。连杆在一般情况下做复杂的平面运动，特殊条件下也可做平动。连杆上不同位置的点的运动轨迹是形状各异的复杂曲线，称为连杆曲线（见图 2-9）。连杆曲线极具应用价值，工程上常将不同相对杆长产生的一系列连杆曲线编为《四连杆机构分析图谱》，用它来设计平面四杆机构。

由于连架杆与机架相连，便于运动的输入与输出，故它们常作为平面连杆机构运动和动力的输入与输出构件。运动输入的构件称为机构的主动件（在机构运动简图中用实线箭头表示其转向，如图 2-9 中的 AB 杆所示），运动输出的构件称为机构的从动件。机构的运动形式、运动参数的转换特征，通常是通过主动件与从动件的运动来体现的，机构主动件与从动件的运动学性质在很大程度上决定了机构的性质与用途。故平面四杆机构常以连架杆，尤其是从动件的运动特征来定义机构的名称。

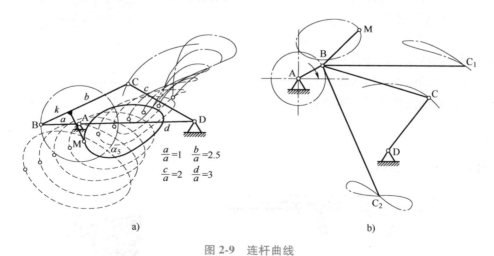

a)　　　　　　　　　　　　　　b)

图 2-9　连杆曲线

二、铰链四杆机构的基本型式

铰链四杆机构的三种基本型式如图 2-10 所示。

1. 曲柄摇杆机构

具有 1 个曲柄和 1 个摇杆的铰链四杆机构，如图 2-11 所示。

原动件：曲柄（连续整周转动）。

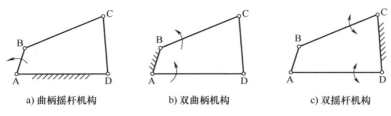

a) 曲柄摇杆机构　　　　b) 双曲柄机构　　　　c) 双摇杆机构

图 2-10　铰链四杆机构的三种基本型式

从动件：摇杆（往复摆动）。

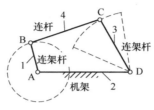

图 2-11　曲柄摇杆机构

【实例 1】

缝纫机踏板机构见图 2-12。
原动件：摇杆（往复摆动）。
从动件：曲柄（连续整周转动）。

2. 双曲柄机构

具有两个曲柄的铰链四杆机构。
原动件：主动曲柄（匀速转动）。
从动件：从动曲柄（变速转动）。

图 2-12　缝纫机踏板机构

【实例 2】

惯性振动筛见图 2-13。

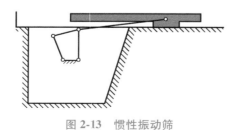

图 2-13　惯性振动筛

视频 4

平行四边形机构是一种特殊的双曲柄机构。在这种双曲柄机构中，若连杆与机架的长度相等，且两曲柄长度相等。

例如，同向旋转时两曲柄的角速度始终保持相等的机车车轮联动机构（见图 2-14）；又如，连杆始终与机架平行的摄影平台升降机构（见图 2-15）。

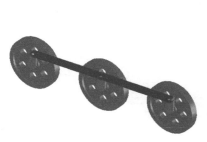

图 2-14 机车车轮联动机构

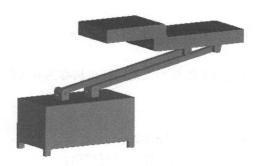

图 2-15 摄影平台升降机构

双曲柄机构的运动特性：当平行四边形机构的 4 个铰链中心处于同一直线时，将出现运动不确定性现象（见图 2-16）。

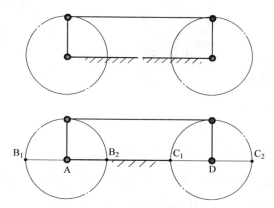

图 2-16 运动不确定性现象

防止双曲柄机构出现运动不确定性现象的措施有以下 3 点：

1）加大从动件惯性，如加装飞轮。

2）增加辅助构件（见图 2-17 机车车轮联动机构形成虚约束）。

3）采用错列机构。

逆平行四边形机构（又称为反平行四边形机构）：若双曲柄机构中连杆与机架的长度相等，且两曲柄长度相等但转向相反（见图 2-18）。

图 2-17 增加辅助构件

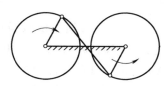

图 2-18 两曲柄反向的逆平行四边形机构

【实例 3】

车门启闭机构见图 2-19。

3. 双摇杆机构

具有两个摇杆的铰链四杆机构称为双摇杆机构。

【实例 4】

鹤式起重机见图 2-20。

原动件：主动摇杆（往复摆动）。

从动件：从动摇杆（往复摆动）。

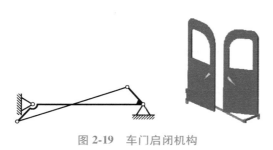

图 2-19　车门启闭机构

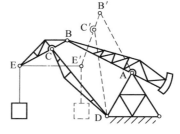

图 2-20　鹤式起重机

三、铰链四杆机构曲柄存在条件（见图 2-21）

最短杆和最长杆长度之和应小于或等于其他两杆长度之和（又称为 Grashof 判别式，即杆长条件）；连架杆和机架中必有一杆为最短杆（即位置条件）。

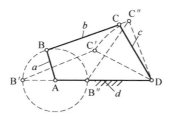

图 2-21　曲柄存在的必要条件

【任务 1】

如图 2-22 所示的铰链四杆机构 ABCD 中，已知各杆长分别为：$a = 30$，$b = 50$，$c = 40$，$d = 45$，试确定该机构分别以 AD、AB、CD 和 BC 各杆为机架时，属何种机构？

（1）**任务分析**　因为 $a+b<c+d$，所以该机构满足 Grashof 判别式，可能有曲柄存在。

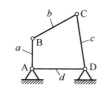

图 2-22　铰链四杆机构

（2）任务实施

1）以最短杆 AB 的相邻杆 AD 为机架——曲柄摇杆机构。

2）以最短杆 AB 的另一相邻杆 BC 为机架——曲柄摇杆机构。

3）以最短杆 AB 为机架——双曲柄机构。

4）以最短杆 AB 的对面杆 CD 为机架——双摇杆机构。

四、铰链四杆机构三种基本类型的判定准则

1. 不满足 Grashof 判别式的铰链四杆机构

无论取哪个杆为机架，均为双摇杆机构。

2. 满足 Grashof 判别式的铰链四杆机构

1）当以最短杆的相邻杆为机架时，必为曲柄摇杆机构。

2）当以最短杆为机架时，必为双曲柄机构。

3）当以最短杆的对面杆为机架（最短杆为连杆）时，必为双摇杆机构。

项目 4　平面四杆机构的演化创新

机构是具有确定的相对运动的构件系统，机构的创新是为了满足智慧运动的需要，对机构赋予创新思维的智慧运动设计就是机器的智能再造或称为智能制造的基础，而智能制造机械设计基础往往是从机构的演化开始的。

在机械中广泛采用含一个移动副或含两个移动副的平面四杆机构，它们都可由铰链四杆机构演化而来。机构演化可以满足更多运动方面的要求，改善机构的受力状况及满足结构设计的需要，有利于机构的创新。平面四杆机构的演化方法一般包括以下几种方法。

一、转动副转化成移动副

1）铰链四杆机构中一个转动副转化为移动副，得到包含一个移动副的曲柄滑块机构，如图 2-23 所示。

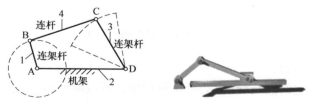

图 2-23　曲柄摇杆机构及曲柄滑块机构

2）铰链四杆机构中两个转动副转化为移动副，得到含两个移动副的曲柄移动导杆机构，如图 2-24 所示。

3）正弦机构。在曲柄移动导杆机构中，当主动曲柄等速回转时，从动导杆的位移为简谐运动规律，故又称其为正弦机构。

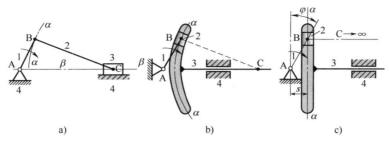

图 2-24　曲柄滑块机构及曲柄移动导杆机构

【实例 5】

缝纫机引线机构如图 2-25 所示。

图 2-25　缝纫机引线机构

二、机构的倒置（选用不同的构件为机架）

1. 曲柄摇杆机构的演化

曲柄摇杆机构的演化如图 2-26 所示。

图 2-26　曲柄摇杆机构的演化

2. 曲柄滑块机构的演化

1）导杆机构（固定曲柄）：在曲柄滑块机构中，若改取曲柄为机架，就演化成导杆机构（见图 2-27）。

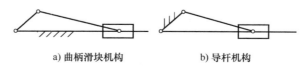

图 2-27　导杆机构

导杆机构的类型如图 2-28 和图 2-29 所示。

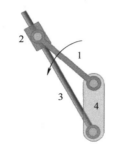

图 2-28　转动导杆机构

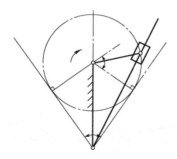

图 2-29　摆动导杆机构

【实例 6】

简易刨床机构如图 2-30 所示，牛头刨床机构如图 2-31 所示。

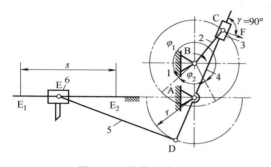

图 2-30　简易刨床机构

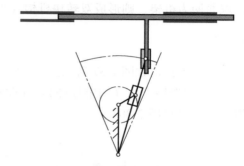

图 2-31　牛头刨床机构

2）摇块机构（固定连杆）：在曲柄滑块机构中，若改取连杆为机架，就演化成摇块机构（见图 2-32）。

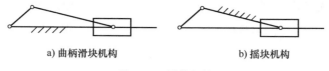

a) 曲柄滑块机构　　　　　　b) 摇块机构

图 2-32　摇块机构

【实例 7】

自卸卡车举升机构如图 2-33 所示。

3）定块机构（固定滑块）：在曲柄滑块机构中，若改取滑块为机架，就演化成定块机构（见图 2-34）。

【实例 8】

抽水唧筒如图 2-35 所示。

图 2-33　自卸卡车举升机构

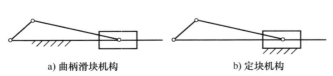

　　　　a) 曲柄滑块机构　　　　　　　　　b) 定块机构

图 2-34　定块机构

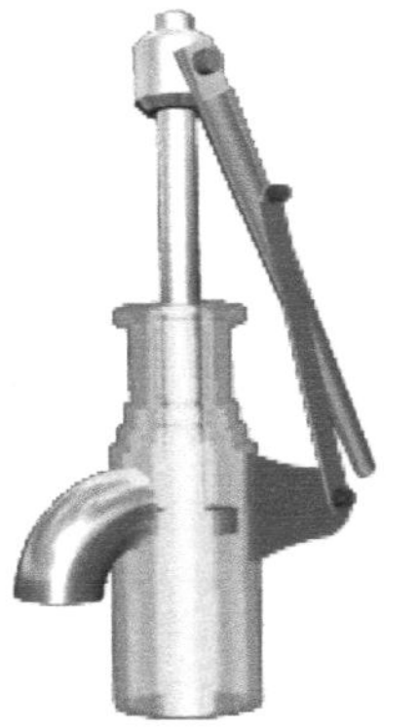

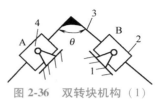

图 2-35　抽水唧筒

3. 曲柄移动导杆机构的演化

1）双转块机构（固定曲柄）：在曲柄移动导杆机构中，若改取曲柄为机架，则形成双转块机构（见图 2-36）。

图 2-36　双转块机构（1）

【实例 9】

双转块机构如图 2-37 所示。

2）双滑块机构（固定导杆）：在曲柄移动导杆机构中，若改取导杆为机架，则形成双滑块机构（见图 2-38）。

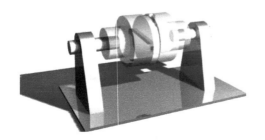

图 2-37　双转块机构（2）

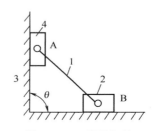

图 2-38　双滑块机构

【实例 10】

椭圆仪如图 2-39 所示。

综上所述，平面四杆机构能实现运动形式转换的类型有：

1）实现转动→转动的运动转换。

①实现主动件、从动件的同速同向转动，如平行四边形机构、双转块机构。

②实现主动件等速转动，从动件作变速或反向转动，如双曲柄机构、转动导杆机构和逆平行四边形机构。

2）实现转动→往复运动的转换。

①实现主动件转动，从动件做往复摆动，如曲柄摇杆机构、摆动导杆机构和摇块机构。

② 实现主动件转动，从动件作往复直线运动，如曲柄滑块机构、正弦机构和定块机构。

3）实现摆动→直线运动（如正切机构）。

4）实现直线运动→转动、直线运动、摆动的转换。

当主动件由内燃机、液压缸或直线电动机等驱动做直线运动时，从动件的运动情况有：

1）从动件作转动，如曲柄滑块机构。

2）从动件做直线运动，如双滑块机构。

3）从动件作摆动，如增长摇块机构的曲柄长度而演化得到的摆缸机构，如图 2-40 所示。

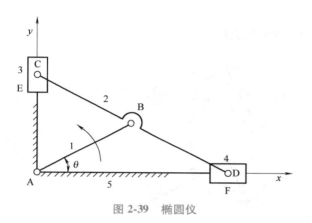

图 2-39 椭圆仪　　　　　　　　　　图 2-40 摆缸机构

项目 5　平面四杆机构的工作特性

平面四杆机构的工作特性包括运动特性（曲柄存在条件和急回特性）和传力特性（压力角、传动角和死点）两个方面，这些特性反映了机构传递和变换运动与力的性能，也是平面四杆机构类型选择和运动设计的主要依据。

一、急回特性与行程速度变化系数

1. 极位

如图 2-41 所示，机构所处的两个极限位置称为极位。

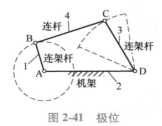

图 2-41 极位

视频 5

2. 极位夹角

当从动件摇杆处于两极限位置时，对应的原动件曲柄在 AB₁ 和 AB₂ 两位置间所夹的锐角 θ，称为极位夹角（见图 2-42）。

3. 急回特性

机构工作行程速度较慢，而空回行程速度较快的特性称为急回特性。

机构从动件具有急回特性的条件：

1）原动件等速整周转动。

2）从动件往复运动。

3）极位夹角 $\theta > 0°$。

分析图 2-43 所示机构是否具有急回特性？你会做吗？

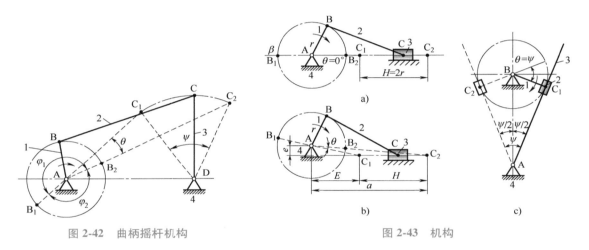

图 2-42　曲柄摇杆机构　　　　　　图 2-43　机构

4. 行程速度变化系数 K（或称行程速比系数）

行程速度变化系数是指从动件在空回行程中的平均速度与工作行程中的平均速度之比值，用字母 K 表示。图 2-43 中 K 可表示为

$$K = \frac{v_2}{v_1} = \frac{\omega_2}{\omega_1} = \frac{\psi\omega}{\varphi_2} \Big/ \frac{\psi\omega}{\varphi_1} = \frac{\varphi_1}{\varphi_2} = \frac{180° + \theta}{180° - \theta} \tag{2-1}$$

如图 2-42 所示，当从动件摇杆处于两极限位置时，对应的原动件曲柄在 AB₁ 和 AB₂ 两位置间所夹的锐角 θ，称为极位夹角，用公式表示为

$$\theta = \frac{K-1}{K+1} \times 180° \tag{2-2}$$

极位夹角 θ 越大，K 值越大，摇杆的急回运动特征也越显著。

二、压力角与传动角

1. 压力角

压力角为从动件上某点所受作用力 F 的方向与其速度 v_c 的方向所夹的锐角 α（见图 2-44）。

有效分力　$F_t = F\cos\alpha$

有害分力 $F_n = F\sin\alpha$

显然：压力角 α 越小，机构的传力性能越好。

2. 传动角

传动角为压力角的余角，即 $\gamma = 90° - \alpha$（便于测量和观察）。

传动角 γ 越大，机构的传力性能就越好。

小结：压力角越大，传动角越小，机构的传动性能越差，传递效率就越低；反之亦反。

为保证机构具有良好的传力性能，必须规定机构的最小传动角不小于许用传动角 $[\gamma]$，一般机械 $[\gamma] = 40° \sim 50°$，高速重载 $[\gamma] \geqslant 50°$。

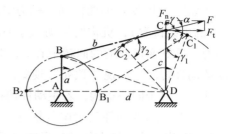

图 2-44   曲柄摇杆机构的压力角与传动角

【小练】

分析图 2-45 所示机构最小传动角发生的位置。

如图 2-45a 所示，曲柄摇杆机构在曲柄与机架共线的两位置出现最小值传动角。

如图 2-45b 所示，曲柄滑块机构在曲柄与滑块导路垂直的位置出现最小值传动角。

如图 2-45c 所示，摆动导杆机构传动角恒等于 90°。

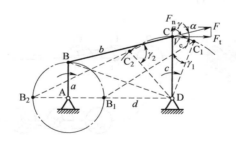

a) 曲柄摇杆机构

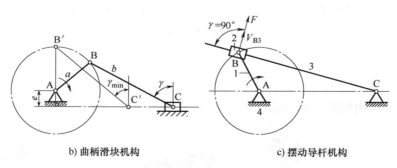

b) 曲柄滑块机构

c) 摆动导杆机构

图 2-45   机构

三、死点

1. 死点位置

死点位置为机构中发生连杆与从动件共线的位置。

2. 机构存在死点位置的条件

机构存在死点位置的条件为从动件（曲柄）与连杆共线。

在如图 2-46 所示的曲柄摇杆机构中，设摇杆 CD 为主动件，则当连杆与从动曲柄共线时（图中的虚线位置），机构的传动角 $\gamma = 0°$。此时主动摇杆 CD 通过连杆作用在从动曲柄 AB 上的力，恰好通过曲柄的回转中心 A，对曲柄 AB 的力矩为零，无论施加的力有多大也不能推动从动件转动，出现"顶死"现象。

注意：对于同一机构，若主动件选择不同，则有无死点位置的情况也不相同。

3. 消除死点位置不利影响的措施

1）安装飞轮，加大从动件惯性（见图 2-47）。

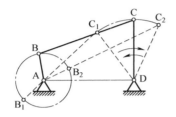

图 2-46　曲柄摇杆机构的死点 　　　　　　　图 2-47　飞轮

2）采用错列机构（见图 2-48）。

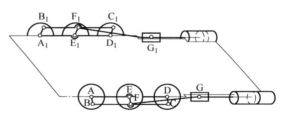

a) V型发动机 　　　　　　　b) 蒸汽机车车轮联动机构

图 2-48　错列机构

【实例 11】

飞机起落架机构如图 2-49 所示。

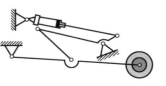

图 2-49　飞机起落架机构 　　　　　　　　　　　　视频 6

项目 6　平面四杆机构的运动设计

一、运动设计概述

1. 两类基本问题

1）按给定从动件的运动规律设计四杆机构。

2）按给定运动轨迹设计四杆机构。

2. 三种设计方法

1）图解法。

2）实验法。

3）解析法。

【任务 2】

如图 2-50 所示，已知热处理加热炉炉门的开启和关闭两位置，试设计炉门启闭机构。

（1）任务分析　如图 2-51 所示，已知四杆机构中连杆 BC（即炉门）的长度和两位置（B_1C_1、B_2C_2）。可分别根据 B_1B_2 和 C_1C_2 的中垂线来确定两连架杆 AB 和 CD 的固定铰链中心 A、D 的位置。

图 2-50　炉门启闭机构

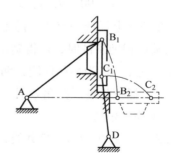

图 2-51　炉门机构设置

（2）任务实施　如图 2-52 所示，按比例做出连杆 BC（炉门）的两个已知位置 B_1C_1、B_2C_2。连接 B_1B_2、C_1C_2，分别作 B_1B_2、C_1C_2 的中垂线 mm、nn，则 A 点、D 点应分别在 mm 和 nn 上，且有无穷多解。

根据具体情况，结合附加要求，定出 A、D 点的位置。若设计的附加要求是 A 点必须在 B_2C_2 的延长线上，而且必须保证机架的长度，则可最终得如图 2-52 所示的四杆机构 AB_1C_1D。

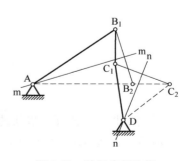

图 2-52　炉门启闭位置

【任务3】

如图 2-53 所示，已知摇杆长度 l_{CD}，摇杆摆角 ψ，行程速度变化系数 K。试设计曲柄摇杆机构 ABCD。

（1）任务分析　如图 2-54 所示，已知摇杆长度 l_{CD}，摇杆摆角 ψ，行程速度变化系数 K，要设计铰链四杆机构 ABCD，关键是确定曲柄回转中心 A 点的位置。假设所求曲柄回转中心位置为 A 点，显然 $\angle C_1 A C_2$ 即为其极位夹角。再过 C_1、C_2 以及曲柄回转中心 A 作一辅助圆 L，则 A 点必在该辅助圆圆周上，可找关系确定。

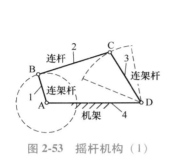

图 2-53　摇杆机构（1）　　　　图 2-54　摇杆机构（2）

（2）任务实施　由给定的 K 值计算出极位夹角。

按比例根据已知的摇杆长度和摆角，做出摇杆的两极限位置 $C_1 D$ 和 $C_2 D$。连接 $C_1 C_2$，作 $\angle C_1 C_2 O = \angle C_2 C_1 O = 90° - \theta$，得 $C_1 O$ 与 $C_2 O$ 两直线的交点 O。以 O 为圆心，OC_1 为半径作辅助圆 L。在圆周上任选一点 A，得无穷多解。

当附加某些辅助条件时，可得确定解，如图 2-54 所示。

以 D 为圆心，AD 为半径作圆，两圆的交点为 A 点。

除已知 θ、摇杆长度、摆角 ψ 外，加上如机架长度或曲柄长度或 C 点的传动角，则铰链中心 A 的位置为一定值。

根据极限位置处曲柄与连杆共线，故有：

$$AC_1 = B_1 C_1 - AB_1$$
$$AC_2 = B_2 C_2 + AB_2$$
$$AB_1 = AB_2 = AB$$
$$B_1 C_1 = B_2 C_2$$

由此可得：

$$AB = \frac{AC_2 - AC_1}{2} \qquad BC = \frac{AC_1 + AC_2}{2}$$

因此，曲柄、连杆、机架的实际长度分别为 $l_{AB} = AB \cdot \mu_1$，$l_{BC} = BC \cdot \mu_1$，$l_{AD} = AD \cdot \mu_1$。最后，连接 $AB_1 C_1 D$ 得到所求曲柄摇杆机构。

📝【学习测试】

一、单选题

1. 铰链四杆机构中，不与机架相连的构件，称为_____。

A. 曲柄　　　　　B. 连杆　　　　　C. 连架杆　　　　　D. 摇杆

2. 为保证四杆机构良好的力学性能，不应小于_____最小许用值。

A. 压力角　　　　B. 传动角　　　　C. 极位夹角　　　　D. 螺旋角

3. 对心曲柄滑块机构中曲柄 L_1 与滑块动程 S 的关系是_____。

A. $S = L_1$　　　　B. $S = 2L_1$　　　　C. $S = 3L_1$

4. 平面连杆机构当行程速度变化系数 K _____时，机构具有急回特性。

A. 大于 1　　　　B. 等于 1　　　　C. 小于 1

5. 在曲柄滑块机构中，当取滑块为主动件时，有_____个死点位置。

A. 0　　　　　　B. 1　　　　　　C. 2　　　　　　D. 3

6. 对于铰链四杆机构，当满足杆件长度和条件时，若取_____为机架时，将得到双曲柄机构。

A. 最长杆　　　　　　　　　　　B. 与最短杆相邻的构件

C. 最短杆　　　　　　　　　　　D. 与最短杆相对的构件

二、判断题

1. 在曲柄摇杆机构中，摇杆两极限位置的夹角称为极位夹角。　　　　　　　　（　　）

2. 行程速比系数 K 值越大，机构的急回特性越显著；当 $K = 1$ 时，机构无急回特性。

（　　）

3. 曲柄的极位夹角 θ 越大，机构的急回特性越显著。　　　　　　　　（　　）

4. 在铰链四杆机构中，若最短杆与最长杆长度之和大于或等于其他两杆长度之和，以最短杆的相邻杆为机架时，可得到曲柄摇杆机构。　　　　　　　　　　　　（　　）

5. 在平面连杆机构中，连杆与曲柄是同时存在的，即有连杆就有曲柄。　　（　　）

6. 铰链四杆机构中，取最短杆为机架时，机构为双曲柄机构。　　　　　　（　　）

三、简答题

1. 什么是连杆机构的压力角和传动角？

2. 什么是"死点位置"，在什么情况下会发生"死点"？

四、分析计算题

1. 画出图 2-55 所示各机构在图示位置时的压力角 α。

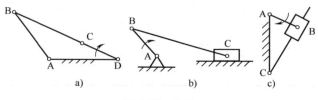

a)　　　　　　　　　　　b)　　　　　　　　　　　c)

图 2-55　机构

2. 如图 2-56 所示轧棉机的铰链四杆机构。已知脚踏板 CD 在水平位置上、下各摆 10°，$l_{CD} = 500\text{mm}$，$l_{AD} = 1000\text{mm}$，试用图解法设计该四杆机构，确定曲柄 l_{AB} 和连杆 l_{BC} 的长度。

3. 如图 2-57 所示的偏置曲柄滑块机构 ABC，已知偏距为 e。试解：1）在图上标出机构的压力角和传动角；2）标出极位夹角；3）标出最小传动角；4）求出该机构有曲柄的条件。

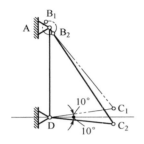

图 2-56 轧棉机的铰链四杆机构

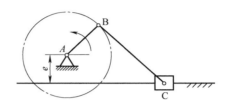

图 2-57 偏置曲柄滑块机构

4. 如图 2-58 所示铰链四杆机构，已知：摇杆 CD 的长度 $l_{CD} = 75\text{mm}$，行程速度变化系数 $K = 1.5$，机架 AD 的长度 $l_{AD} = 100\text{mm}$，又知摇杆的一个极限位置与机架间的夹角 $\varphi = 45°$，试用图解法完成该铰链四杆机构的设计并计算曲柄长度 l_{AB} 和连杆长度 l_{BC}。

5. 在图 2-59 所示铰链四杆机构中，已知：$l_{BC} = 50\text{cm}$，$l_{CD} = 35\text{cm}$，$l_{AD} = 30\text{cm}$，AD 为机架，当此机构分别为曲柄摇杆机构、双摇杆机构、双曲柄机构时，求 l_{AB} 相应取值范围。

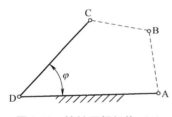

图 2-58 铰链四杆机构（1）

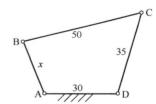

图 2-59 铰链四杆机构（2）

✐ 【学习评价】

题号	一	二	三	四	五	总分
得分	1.	1.	1.	1.		
	2.	2.	2.	2.		
	3.	3.		3.		
	4.	4.		4.		
	5.	5.		5.		
	6.	6.				
学习评价						

模块 3

凸轮机构与人工智能技术

【教学指南】

    根据凸轮机构的类型与应用，了解人工智能技术，学习凸轮机构运动的基本概念及从动件的三种常用运动规律，掌握凸轮轮廓设计的基本原理与方法，并能分析其运动特性。重点是凸轮轮廓曲线的设计，难点是从动件位移线图的绘制。

【任务描述】

1. 认识和了解凸轮机构及人工智能技术。
2. 能够根据机构要实现的运动，选择凸轮机构的类型。
3. 能够设计凸轮的轮廓机构，分析其能实现的运动特性。

【学习目标】

1. 理解凸轮机构的类型与应用。
2. 掌握凸轮机构的运动规律。
3. 掌握凸轮轮廓曲线的设计。
4. 掌握凸轮机构基本尺寸设计。

【学习方法】

理论与实践一体化。

项目1　凸轮机构与人工智能技术应用

一、凸轮机构的定义

    图 3-1 所示为仿形车刀架机构加工，它是最简单的凸轮机构应用。凸轮机构是机械中的常用机构，是通过高副将构件连接而成，用以实现运动的变换和动力的传递。

二、凸轮机构的组成

    凸轮机构是由凸轮（原动件）、从动件和机架三部分组成的。

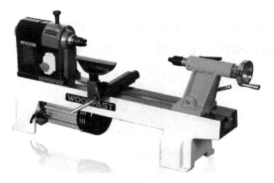

图 3-1　仿形车刀架机构加工

视频 7

1）凸轮是一个具有曲线轮廓的构件，通常作连续的等速转动或移动。

2）从动件是在凸轮轮廓的控制下，按预定的运动规律作往复移动或摆动，用以实现各种复杂的运动要求的构件。

3）机架是用来支承机构中可动构件的固定构件。

三、凸轮机构的应用

1. 仿形车刀架机构

图 3-2 所示为仿形车刀架机构，凸轮 3 作为靠模被固定在机床床身上，刀架 2 在弹簧力作用下与凸轮轮廓紧密接触，工件 1 回转。当从动件 2 随刀架水平移动时，其凸轮 3 轮廓驱使从动件（即刀架 2）带动刀具按相同轨迹移动，从而加工出与凸轮轮廓相同的旋转曲面。

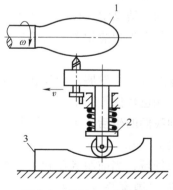

图 3-2　仿形车刀架机构
1—工件　2—刀架　3—凸轮

视频 8

2. 内燃机配气机构

图 3-3 所示为内燃机配气凸轮机构，凸轮 1 作等速回转时，其轮廓将迫使推杆 2 作往复移动，以达到控制气门开启和关闭（关闭靠弹簧 4 的作用）的目的，使可燃物质进入气缸或废气排出，机架 3 起支撑作用。

3. 自动进刀机构

图 3-4 所示为自动进刀机构，带凹槽的圆柱凸轮 1 等速转动时，槽中的滚子带动从动件 2 绕轴 O 往复摆动，再通过扇形齿轮与齿条的啮合运动使刀架 3 做往复运动。

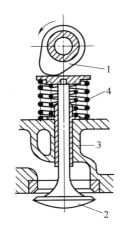

图 3-3 内燃机配气凸轮机构

1—凸轮 2—推杆 3—机架 4—弹簧

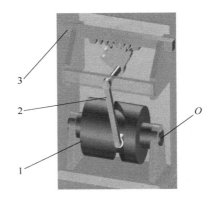

图 3-4 自动进刀机构

1—圆柱凸轮 2—从动件 3—刀架

从手动到自动，再从自动化到人工智能。那么，什么是人工智能？人工智能的应用和发展可否最终取代人类呢？

四、人工智能的定义与智能机舱

1. 人工智能的定义

人工智能是人类设计和操作相应的程序，从而使计算机可以对人类的思维过程与智能行为进行模拟的一门技术。它是在计算机科学、控制论、信息学、神经心理学、哲学、语言学等多种学科基础上发展起来的一门新的技术科学。与人工智能相关的关键技术有：人工神经网络、机器学习、深度学习、云计算和大数据等。

党的二十大报告中指出，推动战略性新兴产业融合集群发展，构建新一代信息技术、人工智能、生物技术、新能源、新材料、高端装备、绿色环保等一批新的增长引擎。人工智能将会成为科技发展的核心驱动力，它将深刻影响到我们的生活和工作。因此，我们迫切需要学习和适应新技术，以快速应对未来发展变化的机会。

人工智能的概念已经被广泛应用到社会的各个领域，当前服务业和工业领域都在积极应用人工智能来实现自身的自动化和智能化。被誉为"国家综合工业之冠"的船舶工业很早就有了人工智能的应用，尤其是我们国家的造船业，一大批职业技术人员经过多年的努力，已成功实现了从学习追赶到超越领先的历史使命，连续取得全球订单、生产、销售第一的世界"三冠王"。

凸轮机构广泛应用在发动机中，而在人工智能技术发展的初期，凸轮机构作为实现运动转换和动力传递的关键部件，在智能制造过程中发挥了重要作用。下面将以船舶机舱发动机系统的智能改造为例来认识和分析人工智能技术的应用。

2. 智能机舱

CCS（中国船级社）对智能机舱的定义是，能够综合利用状态检测系统所获得的各种信息和数据，对机舱内机械设备（尤其是发动机）的运行状态、健康状况进行分析和评估，用于机械设备操作决策和维护保养计划的制定。在工业中由于工艺的进步和工艺的复杂性，有许多情况需要对两个或多个变量进行监测。对于智能船舶来说，对不必要的冗余变量的监测会大幅度增加测量成本，大量待监测信号还会阻碍决策。

计算技术如人工神经网络（ANN）已被用于监测不同的工业过程，比如在船用柴油机上降低燃料消耗的能效及故障检测方面。ANN 相对于其他技术（如数值方法）的优点是能利用简单的函数、固有的适应性和学习、训练的能力进行并行和大规模处理。

大多数模型都是利用 ANN 成功地建立起发动机性能预测模型和故障检测模型，并采用相同的方法进行研究，最终给出在商业渔船上建立船用发动机状态检修系统（CBM）的策略。图 3-5 所示为 CBM 系统框架，该系统大致分为 4 部分：数据获取，数据选择、净化和调节，发动机性能模型的发展和故障诊断。

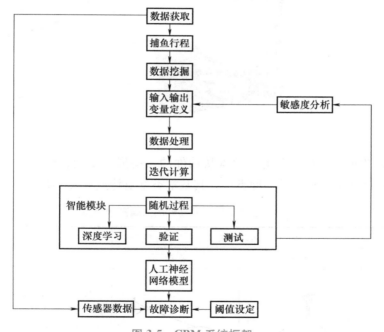

图 3-5 CBM 系统框架

人工智能技术与监测技术结合起来形成智能网络，实时预测监控对象状态的变化趋势，为控制决策服务，这是智能机舱开发建设中的核心技术应用。在这里，ANN 是包含三层神经元的前馈网络，可以将任意函数近似为任意精度，给定每个层中的足够数量的神经元。因此，采用三层前馈网络，用 Sigmoid 函数作为神经网络的激活函数来开发智能机舱中的发动机性能模型，从而满足"无人机舱"规范对机舱自动化监控系统的功能要求，形成完整的船舶信息网络，实现信息共享及全船自动化系统对监控的要求设计。

五、凸轮机构的基本特点和分类

1. 凸轮机构的基本特点

（1）凸轮机构的优点

1）只要设计出适当的凸轮轮廓，就可以使从动件得到预期的运动规律。

2）结构简单、紧凑，易于设计。

（2）凸轮机构的缺点

1）凸轮轮廓与从动件之间为高副接触，接触应力较大，易于磨损。

2）凸轮机构多用于传递动力不大的场合。

2. 凸轮机构的分类

（1）按凸轮形状分类　盘形凸轮、移动凸轮和圆柱凸轮分别如图3-6~图3-8所示。

图3-6　盘形凸轮　　　　　图3-7　移动凸轮　　　　　图3-8　圆柱凸轮

（2）按从动件的末端形状分类　根据从动件的末端形状不同，凸轮机构可分为尖顶从动件、滚子从动件和平底从动件三种类型，其基本类型及特点见表3-1。

表3-1　凸轮机构按从动件的末端形状分类

从动件末端形式	运动形式		特点及应用
	直动	摆动	
尖顶从动件			其从动件尖端能够与复杂的凸轮轮廓保持接触，从而使从动件实现任意的运动规律。结构简单，但尖端处磨损较大，故只适用于速度较低和传力不大的场合
滚子从动件			为减小摩擦磨损，在从动件端部安装了滚子，将从动件与凸轮间的滑动摩擦变成了滚动摩擦，摩擦磨损减小了，这种形式的从动件可传递较大的动力，应用较广

（续）

从动件末端形式	运动形式		特点及应用
	直动	摆动	
平底从动件			其从动件与凸轮轮廓间为线接触，在接触处易形成油膜，润滑状况较好。在不计摩擦时，凸轮对从动件的作用力始终垂直于从动件的平底，受力平稳，传动效率高，常用于高速场合

（3）按从动件运动形式分类

1）直动从动件凸轮机构：如表 3-1 中运动形式为直动的凸轮机构。

2）摆动从动件凸轮机构：如表 3-1 中运动形式为摆动的凸轮机构。

（4）按从动件相对于凸轮的位置分类

1）对心凸轮机构：从动件中心与凸轮转动中心 O 处在同一条直线上，如图 3-9a 所示。

2）偏置凸轮机构：从动件中心与凸轮转动中心 O 不在同一条直线上，有一偏心距 e，如图 3-9b 所示。

（5）按凸轮与从动件保持接触的方式分类　分为力封闭和几何形状封闭两大类型，如图 3-3 和图 3-10 所示。

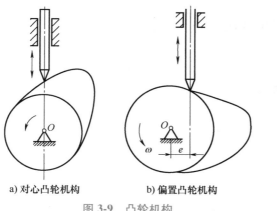

a) 对心凸轮机构　　b) 偏置凸轮机构

图 3-9　凸轮机构

图 3-10　几何形状封闭

项目 2　常用的从动件运动规律

一、从动件运动规律的概念

从动件的运动规律是指其运动参数（位移 s、速度 v 和加速度 a）随凸轮转角的变化规律。从动件的运动规律常用运动线图来表示。位移曲线是凸轮机构最重要的运动线图，它取决于凸轮轮廓曲线的形状，要设计凸轮的轮廓曲线，则必须首先确定从动件的运动规律及位移曲线。尖顶对心从动件凸轮机构如图 3-11 所示。

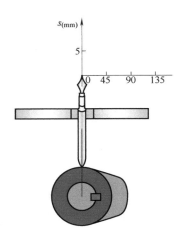

图 3-11　尖顶对心从动件凸轮机构

二、盘形凸轮机构的基本概念及运动过程

1. 盘形凸轮机构的基本概念

以凸轮的回转轴心 O 为圆心，以凸轮的最小半径 r_0 为半径所做的圆称为凸轮的基圆，如图 3-12 所示。

1）凸轮轮廓组成：非圆弧曲线　AB、CD。
2）圆弧曲线：BC、DA。
3）基圆：半径 r_b。
4）推程：推程升程 h；推程运动角 δ_0。
5）远休止：远休止角 δ_s。
6）回程：回程运动角 δ_h。
7）近休止：近休止角 δ_s'。

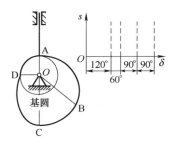

图 3-12　盘形凸轮机构

视频 9

2. 盘形凸轮机构的运动过程

盘形凸轮机构的运动过程如图 3-13 所示。

如图 3-13 所示的对心尖顶盘形凸轮机构中，以凸轮轮廓最小向径 r_b 为半径所做的圆称为基圆，r_b 称为基圆半径。凸轮机构进行一次完整的工作循环，一般包括以下 4 个运动过程。

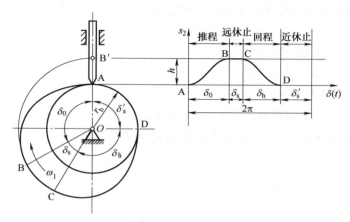

图 3-13　盘形凸轮机构的运动过程

1）推程。从动件与凸轮在 A 点处相接触时，从动件处于最低位置；当凸轮以等角速度 ω 顺时针转过 δ_0 到达 B 点时，其向径（凸轮轴心到凸轮轮廓上的点的有向线段称为向径）增加，从动件被推到最高位置，从动件的这一行程称为推程升程 h。与之对应的凸轮转角 δ_0 称为推程运动角。

2）远休止。当凸轮继续转过 δ_s，即从 B 点到达 C 点时，从动件在最高位置保持静止不动，从动件的这一行程称为远休止。与之对应的凸轮转角 δ_s 称为远休止角。

3）回程。当凸轮继续转过 δ_h，即从 C 点到达 D 点时，从动件又由最高位置下降至最低位置，从动件的这一行程称为回程。与之对应的凸轮转角 δ_h 称为回程运动角。

4）近休止。当凸轮继续转过 δ_s'，即从 D 点到达 A 点时，从动件将在距离凸轮回转中心最近的位置保持静止，从动件的这一行程称为近休止。与之对应的凸轮转角 δ_s' 称为近休止角。

当凸轮转过一周（即 2π 转角）时，机构完成一个工作循环。当凸轮继续回转时，从动件又重复进行着升—停—降—停的运动循环。按照实际需要，从动件的一个工作循环还可以设计成：升—降；升—降—停；升—停—降等多种形式。凸轮轮廓由非圆弧曲线 AB、CD 和圆弧曲线 BC、DA 组成，如图 3-13 所示。

三、从动件的运动线图

在平面直角坐标系中，以纵坐标表示从动件的运动参数（位移 s_2、速度 v_2、加速度 a_2），横坐标表示凸轮转角 δ，则可以画出从动件位移 s_2、速度 v_2、加速度 a_2 与凸轮转角 δ 之间的关系曲线，称为从动件的运动线图。从动件的运动曲线取决于凸轮轮廓曲线的形状。即：从动件的不同运动规律要求凸轮具有不同的轮廓形状。在凸轮机构完成一次完整的工作循环中，描述从动件位移 s 与凸轮转角 δ 之间关系的曲线，称为从动件位移线图（见图 3-13 右侧部分）。

1. 等速运动规律

等速运动规律是指从动件速度为定值的运动规律。

推程时，凸轮转过运动角 δ_0，从动件升程为 h。若以 t_0 表示推程运动时间，则有：

从动件的速度 $v_2 = v_0 = h/t_0 = C$（常数）

从动件的位移 $s_2 = v_0 t = ht/t_0$

从动件的加速度 $a_2 = dv_2/dt = 0$

其运动线图如图 3-14 所示。

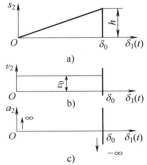

凸轮匀速转动时，ω_1 为常数，故 $\delta = \omega_1 t$，$\delta_0 = \omega_1 t_0$，由此可得以凸轮转角 δ 表示的推程时从动件的运动方程，即

$$\begin{cases} s_2 = \dfrac{h}{\delta_0}\delta \\[2mm] v_2 = \dfrac{h}{\delta_0}\omega_1 \\[2mm] a_2 = 0 \end{cases} \tag{3-1}$$

图 3-14 等速运动的运动线图

回程时，凸轮转过回程运动角 δ_h，从动件位移相应由 $s_2 = h$ 逐渐减少到零。参照式（3-1），可导出回程时从动件的运动方程为

$$\begin{cases} s_2 = h\left(1 - \dfrac{\delta}{\delta_h}\right) \\[2mm] v_2 = -\dfrac{h}{\delta_h}\omega_1 \\[2mm] a_2 = 0 \end{cases} \tag{3-2}$$

由图 3-14 可见，从动件运动开始时速度由零突变为 v_0，故 $a_2 = +\infty$；从动件的运动终止时，速度由 v_0 突变为零，$a_2 = -\infty$（由于材料有弹性变形，实际上不可能达到无穷大），导致极大的惯性力，产生强烈的冲击、噪声和磨损。这种从动件在某瞬时速度的突变，其加速度及惯性力在理论上均趋于无穷大时所引起的冲击称为刚性冲击。因此，这种运动规律不宜单独使用，在运动开始和终止段往往用其他运动规律来过渡，只适用于低速、轻载的场合。

2. 等加速等减速运动规律

等加速等减速运动规律是指从动件在一行程（推程或回程）的前半行程为等加速运动，而后半行程为等减速运动的运动规律。

从动件推程的前半行程作等加速运动时，经过的运动时间为 $\dfrac{t_0}{2}$，对应的凸轮转角为 $\dfrac{\delta_0}{2}$。后半行程作等减速运动时，与之相应的凸轮转角也相等，即各为 $\dfrac{h}{2}$；两段升程也必相等，即均为 $\dfrac{\delta_0}{2}$。从动件在前半行程作等加速运动的运动方程可表示为

$$
\begin{cases}
a_2 = C_1 = 常数 \\
v_2 = \int a_2 \mathrm{d}t = C_1 t + C_2 \\
s_2 = \int v_2 \mathrm{d}t = \dfrac{1}{2}C_1 t^2 + C_2 t + C_3
\end{cases}
\tag{3-3}
$$

当 $t=0$ 时，$v_2=0$，则 $C_2=0$；当 $t=0$ 时，$s_2=0$，则 $C_3=0$；当 $t=\dfrac{t_0}{2}$ 时，$s_2=\dfrac{h}{2}$，则 $C_1=\dfrac{4h}{t_0^2}$。

将常数 C_1、C_2 及 C_3 代入上面的方程，并由 $\delta=\omega_1 t$，$\delta_0=\omega_1 t_0$ 可得从动件在前半升程的运动方程为

$$
\begin{cases}
s_2 = \dfrac{2h}{\delta_0^2}\delta^2 = K\delta^2 \\
v_2 = \dfrac{4h\omega_1}{\delta_0^2}\delta \\
a_2 = \dfrac{4h\omega_1^2}{\delta_0^2}
\end{cases}
\tag{3-4}
$$

若设 $s_2 = K\delta^2\left(K=\dfrac{2h}{\delta}\right)$，将凸轮转角 $\dfrac{\delta_0}{2}$ 分成 3 等分，则对应位移 s_2 比值为 $1:4:9$，其位移线图就可以此作辅助线 OO'，并按比例作图找到对应交点 $1'$、$2'$、$3'$，光滑连接可得图 3-15a 所示曲线。

同理可得后半升程的运动方程为

$$
\begin{cases}
s_2 = h - \dfrac{2h}{\delta_0^2}(\delta_0-\delta)^2 \\
v_2 = \dfrac{4h\omega_1}{\delta_0^2}(\delta_0-\delta) \\
a_2 = \dfrac{4h\omega_1^2}{\delta_0^2}
\end{cases}
\tag{3-5}
$$

可见从动件的位移 s_2 与凸轮转角 δ 的二次方成正比，所以其位移曲线为一抛物线。

等加速段抛物线可按如下步骤（六步绘图法）作图绘制：

1）在横坐标轴上将长度为 $\dfrac{\delta_0}{2}$ 的线段分成若干等分，如 3 等分，是为 1、2、3 三点。

2）过这些点作横轴的垂直线，并从点 3 截取 $h/2$ 高得点 $3'$。

3）过 $3'$ 点作水平线交纵坐标轴于点 $3''$。

4）过 O 点作一斜线 OO'，任意以适当间距截取 9 个等分点，连接直线 9—$3''$，再分别过

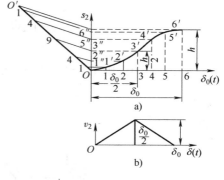

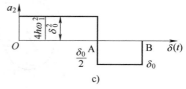

图 3-15　等加速等减速运动

点 1、4 作其平行线交纵轴于点 1″和 2″。

5）过 1″和 2″分别作水平线交过 1、2 点的横轴垂线于 1′、2′点。

6）将 1′、2′、3′点连成光滑曲线便得到前半段等加速运动的位移曲线如图 3-15a 所示。根据对称性原理，用同样方法可求得 4′、5′、6′点，连成光滑曲线得到后半段等减速运动的位移曲线。

由图 3-15b 可知，这种运动规律在凸轮转角为 $\dfrac{\delta_0}{2}$ 时，速度达到最大值。

由图 3-15c 可知，这种运动规律在 O、A、B 各点加速度出现有限的突变，这将产生有限惯性力的突变，而引起冲击。这种从动件在某瞬时加速度发生有限值的突变时所引起的冲击称为柔性冲击。因此，等加速等减速运动规律只适用于中速轻载的场合。

与上相仿，不难导出从动件回程作等加速等减速运动时的运动方程，并绘出位移线图。

3. 简谐（余弦加速度）运动规律

简谐（余弦加速度）运动规律是指从动件的加速度按余弦规律变化的运动规律。

如图 3-16 所示，从动件前半升程做加速运动，后半升程做减速运动，其运动方程可表示为

$$\begin{cases} a_2 = C_1 \cos\left(\pi\, \dfrac{t}{t_0}\right) \\[2mm] v_2 = \int a_2 \mathrm{d}t = C_1\, \dfrac{t_0}{\pi} \sin\left(\pi\, \dfrac{t}{t_0}\right) + C_2 \\[2mm] s_2 = \int v_2 \mathrm{d}t = -C_1\, \dfrac{t_0^2}{\pi^2} \cos\left(\pi\, \dfrac{t}{t_0}\right) + C_2 t + C_3 \end{cases} \qquad (3\text{-}6)$$

当 $t=0$ 时，$v_2=0$，则 $C_2=0$；当 $t=0$ 时，$s_2=0$，则 $C_3 = C_1\, \dfrac{t_0^2}{\pi^2}$；当 $t=t_0$ 时，$s_2=h$，则 $C_1 = \dfrac{\pi^2 h}{2 t_0^2}$。

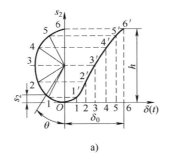 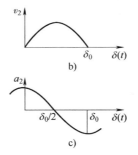

图 3-16　简谐运动

将常数 C_1、C_2 及 C_3 代入上面的方程，并由 $\delta = \omega_1 t$，$\delta_0 = \omega_1 t_0$ 可得从动件作简谐运动的

运动方程，即

$$\begin{cases} s_2 = \dfrac{h}{2}\left[1-\cos\left(\dfrac{\pi}{\delta_0}\delta\right)\right] \\[2mm] v_2 = \dfrac{\pi h\omega_1}{2\delta_0}\sin\left(\dfrac{\pi}{\delta_0}\delta\right) \\[2mm] a_2 = \dfrac{\pi^2 h\omega_1^2}{2\delta_0^2}\cos\left(\dfrac{\pi}{\delta_0}\delta\right) \end{cases} \tag{3-7}$$

可见从动件的位移 s_2 与凸轮转角 δ 是成余弦关系的，所以其位移曲线是水平线和余弦线的叠加，近似于一条余弦曲线。

简谐运动规律位移线图可按如下步骤（四步绘图法）作图绘制：

1）把从动件的行程 h 作为直径画半圆，将此半圆分成若干等分，如 6 等分得半圆上 1、2、…、6 六点。

2）把凸轮推程运动角 δ_0 也分成相应等分，得到 1~6 六点。

3）分别过半圆上 1~6 和横坐标上 1~6 各点作水平线和铅垂线得交点 1′、2′、3′、…、6′。

4）用光滑曲线连接 1′~6′各点，即得从动件的位移线图如图 3-16a 所示。

如图 3-16b 所示，这种运动规律的速度线图是一条正弦曲线。由图 3-16c 可见，一般情况下，这种运动规律的从动件在行程的始点和终点有柔性冲击；只有当加速度曲线保持连续如图 3-16c 虚线所示时，这种运动规律才能避免冲击。所以这种运动规律一般适用于中低速、中载或重载的场合。

四、选择从动件运动规律时应考虑的问题

若机器工作过程只对从动件工作行程有要求，而对运动规律无特殊要求，从动件的运动规律选择应从便于加工和具有良好的动力特性方面来考虑。对低速轻载凸轮机构，可采用圆弧、直线或其他易于加工的曲线作为凸轮的轮廓曲线；对高速凸轮机构，则应首先考虑动力特性，以避免产生过大的冲击（如刚性冲击）。

若机器工作过程对从动件的运动规律有特殊要求，当凸轮转速不高时，可直接按工作要求选择运动规律；当凸轮转速较高时，在选择主运动规律后，还需进行组合改进来确定。

为便于选择从动件运动规律，现将常用的从动件运动规律特点和适用范围列于表 3-2 中。

表 3-2　常用从动件运动规律的比较

运动规律	最大速度 v_{max}	最大加速度 a_{max}	冲击性质	适用范围
等速运动	$1.00\times\omega_1$	∞	刚性冲击	低速、轻载
等加速等减速运动	$2.00\times\omega_1$	$4.00\times\omega$	柔性冲击	中速、轻载
简谐（余弦加速度）运动	$1.57\times\omega_1$	$4.93\times\omega$	柔性冲击	中低速、中载或重载

项目 3　凸轮轮廓曲线的设计

凸轮轮廓曲线的设计过程如下：

凸轮机构的型式
凸轮转向
凸轮的基圆半径
从动件的运动规律 ⟹ 凸轮轮廓曲线

一、凸轮轮廓曲线的设计方法和反转法原理

1. 设计方法

（1）图解法　简便、直观，但设计精度较低。

（2）解析法　设计精度较高，但计算工作量较大。

2. 反转法原理

给整个凸轮机构（含机架、凸轮及从动件）加上一个绕凸轮轴心的公共角速度 ω_1，根据相对运动原理：凸轮静止不动——机架绕轴心转动——从动件作复合运动。从动件随机架以角速度 ω_1 绕凸轮轴心转动；以原运动规律相对于机架导路往复运动（见图 3-17）。

实际上，从动件尖顶的轨迹就是凸轮轮廓曲线。

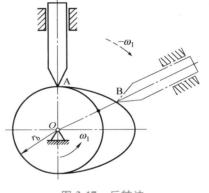

图 3-17　反转法

二、盘形凸轮轮廓曲线的设计

1. 对心直动尖顶从动件盘形凸轮轮廓曲线的绘制

图 3-18a 所示为从动件导路通过凸轮回转中心的对心直动尖顶从动件盘形凸轮机构。已知从动件的位移线图如图 3-18b 所示，凸轮的基圆半径 r_b（最小半径 r_{min}），凸轮以等角速度 ω_1 顺时针回转，要求绘出此凸轮的轮廓曲线。

凸轮轮廓曲线可按以下"四步绘图法"步骤作图绘制：

1）确定凸轮机构的初始位置。选取与位移线图相同的长度比例尺 μ_1（实际尺寸/图示尺寸）和角度比例尺 μ_δ（实际角度/图示尺寸），以 O 为圆心、r_b 为半径作基圆，取 A_0 为从动件初始位置，如图 3-18a 所示。

2）等分位移曲线，得各分点位移量。在位移线图上，将 δ_0、δ_h 分段等分，得等分点 1、2、3、4 和 5、6、7、8；由各等分点作垂线，与位移曲线相交，得转角在各等分点对应的位移量 $11'$、$22'$、$33'$、…、$77'$，如图 3-18b 所示。

3）作从动件尖顶轨迹点。在基圆上，自初始位置开始，沿 $-\omega_1$ 方向，依次取角度 δ_0、δ_h、δ_s'，按位移线图中相同等分，过 O 点对 δ_0、δ_h 作等分线，分别交基圆于 A_1'、A_2'、A_3'、A_4'、A_5'、A_6'、A_7'、A_8'；在各位置线上，分别截取位移量 $A_1A_1' = 11'$、$A_2A_2' = 22'$、$A_3A_3' = 33'$、…、$A_7A_7' = 77'$，则点 A_0、A_1、A_2、A_3、…、A_8 便是从动件尖顶的轨迹点，如图 3-18a 所示。

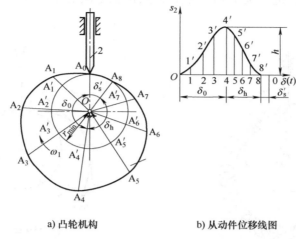

a) 凸轮机构　　　　　　　　b) 从动件位移线图

图 3-18　对心直动尖顶从动件盘形凸轮机构

4）绘制凸轮轮廓曲线。在 δ_0、δ_h 范围内，将 A_0、A_1、A_3、…、A_8 等各点连成光滑的曲线；在 δ'_s 范围内作基圆弧 $\overparen{A_0A_8}$。三段曲线围成的封闭曲线，便是凸轮轮廓曲线，如图 3-18a 所示。

2. 对心直动滚子从动件盘形凸轮轮廓曲线的绘制

若把尖顶从动件改为滚子时，其凸轮轮廓设计方法如下：

1）首先把滚子中心看作尖顶从动件的尖顶，按照前述方法求出一条轮廓曲线 β_0（也即滚子中心的轨迹），称其为凸轮的理论轮廓曲线。

2）再以曲线 β_0 上各点为圆心，以滚子半径 r_b 为半径作系列圆，最后作这些圆的内包络线 β，即为改用滚子从动件时凸轮的实际轮廓曲线，如图 3-19 所示。由作图过程可知，滚子从动件凸轮的基圆半径和压力角均应在理论轮廓曲线上度量。

3. 对心平底直动从动件盘形凸轮轮廓曲线的绘制与上述方法相似

如图 3-20 所示，首先将平底与导路中心线的交点 A_0 视为尖顶从动件的尖顶，按照尖顶从动件凸轮轮廓曲线绘制的方法，求出理论轮廓上一系列点 A_1、A_2、A_3、…、A_8；其次，过这些点画出各个位置的平底 A_1B_1、A_2B_2、A_3B_3、…、A_8B_8；然后作这些平底的包络线，便得到凸轮的实际轮廓曲线，如图 3-20 所示。图中位置 1、6 分别是平底与凸轮轮廓相切点与导路中心的距离的左最远位置和右最远位置。为了保证平底始终与凸轮轮廓接触，平底左侧长度应大于 m，右侧长度应大于 l。

4. 偏置直动尖顶从动件盘形凸轮轮廓曲线的绘制

如图 3-21 所示，从动件导路的轴线与凸轮轴心 O 的偏距为 e。基圆半径为 r_b；凸轮以角速度 ω_1 顺时针转动，从动件位移线图如图 3-21b 所示，要求绘出此凸轮轮廓曲线。

凸轮轮廓曲线可按以下"五步绘图法"步骤作图绘制：

1）确定凸轮机构的初始位置。选取长度比例尺 μ_1（通常与位移线图比例尺相同），作出偏距圆（以 e 为半径的圆）及基圆，过偏距圆上一点 K 作偏距圆的切线作为从动件导路，并与基圆相交于 B_0（也是 C_0）点，该点也就是从动件尖顶的起始位置，如图 3-21a 所示。

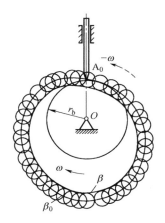

图 3-19　对心直动滚子
从动件盘形凸轮机构

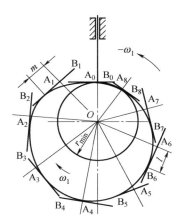

图 3-20　对心平底直动
从动件盘形凸轮机构

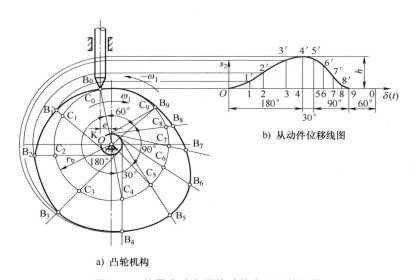

a) 凸轮机构

b) 从动件位移线图

图 3-21　偏置直动尖顶从动件盘形凸轮机构

2）等分基圆。从 O 开始按逆时针方向在基圆上画出推程运动角 $180°$（δ_0），远休止角 $30°$（δ_s），回程运动角 $90°$（δ'_h）和近休止角 $60°$（δ'_s），并在相应段与位移线图对应划分出若干等分，分别交基圆于点 C_1、C_2、C_3、…、C_9，如图 3-21a 所示。

3）作从动件导路线。过各分点 C_1、C_2、C_3、…、C_9，分别向偏距圆作切线，作为从动件反转后的导路线，如图 3-21a 所示。

4）作从动件尖顶轨迹点。在以上导路线上，分别从基圆上的点 C_1、C_2、C_3、…、C_8 向外截取相应的位移量 $B_1C_1 = 11'$、$B_2C_2 = 22'$、$B_3C_3 = 33'$、…、$B_8C_8 = 88'$，从而得到反转后从动件尖顶轨迹点 B_0、B_1、B_2、…、B_9，如图 3-21a 所示。

5）绘制凸轮轮廓曲线。将 B_0、B_1、B_2、…、B_9 等各点连成光滑的曲线，即得到该凸轮的轮廓曲线，如图 3-21a 所示。

项目4 凸轮机构基本尺寸设计

凸轮机构的设计要求如下：

一、滚子半径的选择

从接触强度来看，滚子半径选得大一些，有利于减少滚子与凸轮间的接触应力；但滚子半径的增大，将给凸轮实际轮廓曲线带来较大的影响，有时甚至使从动件不能完成预期的运动规律。

如图 3-22 所示，设滚子半径为 r_T，凸轮理论轮廓上最小曲率半径为 ρ_{min}，对应的工作轮廓曲率半径为 ρ_a，它们之间有以下关系。

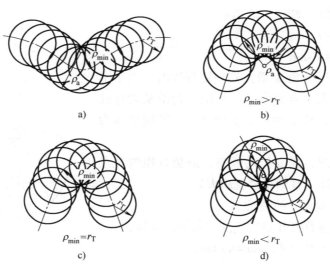

图 3-22 滚子半径的选择

1. 凸轮理论轮廓的内凹部分

由图 3-22a 得 $\rho_a = \rho_{min} + r_T$。

由此说明，工作轮廓曲率半径总是大于理论轮廓曲率半径，不论选择多大的滚子都能做出工作轮廓。

2. 凸轮理论轮廓的外凸部分

由图 3-22b 得 $\rho_a = \rho_{min} - r_T$。

当$\rho_{min} > r_T$时，$\rho_a > 0$，工作轮廓为一平滑的曲线。

当$\rho_{min} = r_T$时，$\rho_a = 0$，如图3-22c所示，在凸轮工作轮廓曲线上产生了尖点。这种尖点极易磨损，磨损后会改变从动件预定的运动规律。

当$\rho_{min} < r_T$时，$\rho_a < 0$，如图3-22d所示，凸轮工作轮廓曲线相交，阴影部分的轮廓在实际加工时会被切去而出现这部分运动规律无法实现的现象称为运动失真。

滚子半径的选择应综合考虑以下因素：

1）为保证从动件运动不失真，应使滚子半径r_T小于凸轮理论轮廓外凸部分的最小曲率半径ρ_{min}，可取$r_T \leq 0.8\rho_{min}$。

2）从滚子的强度、接触应力和凸轮结构的合理性等方面考虑，滚子半径也不宜过小，可取$r_T \leq 0.4r_b$。

3）为保证滚子结构合理及滚子轴强度足够，还应使$r_T \geq (2\sim3)r$（r为滚子轴的半径）。

注意：如果所设计出的凸轮理论轮廓的最小曲率半径过小，不能使上述条件得以综合满足，此时则应加大基圆半径。

二、压力角的选择和检验

1. 压力角与机构传力性能的关系

（1）压力角　作用力F与从动件上该力作用点线速度的方向所夹的锐角α称为凸轮机构在该位置的压力角，如图3-23所示。

有效分力　$F_t = F\cos\alpha$

有害分力　$F_n = F\sin\alpha$

（2）自锁　当压力角α增大到一定程度时，由于引起的摩擦阻力始终大于有效分力，无论凸轮给从动件施加的作用力有多大，从动件都不能运动，这种现象称为自锁。

从改善受力情况，提高传动效率，避免自锁的观点看，压力角越小越好（基圆半径就越大）。

2. 压力角与机构尺寸的关系

由速度合成定理做出B点的速度三角形，可知：

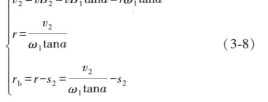

图3-23　凸轮机构的压力角

$$\begin{cases} v_2 = vB_2 = vB_1\tan a = r\omega_1\tan a \\ r = \dfrac{v_2}{\omega_1\tan a} \\ r_b = r - s_2 = \dfrac{v_2}{\omega_1\tan a} - s_2 \end{cases} \quad (3\text{-}8)$$

式（3-8）说明：当压力角α越大时，则其基圆半径越小，相应机构尺寸也越小。因此，从机构尺寸紧凑的观点看，压力角较大为好。

3. 压力角的许用值

一般地，要想获得良好的传力性能，则压力角应取较小值；要想得到紧凑的结构尺寸，则压力角应取较大值。

因此，综合考虑，在满足≤[α]的前提下，尽量采用较小的基圆半径。

直动尖顶从动件盘形凸轮机构许用压力角推荐值见表3-3。

表 3-3　直动尖顶从动件盘形凸轮机构许用压力角 [α] 推荐值

从动件种类	推程	回程	
		力封闭	几何形状封闭
移动从动件	≤30°，当要求凸轮尽可能小时，可用到45°	70°~80°	≤30°（可用到45°）
摆动从动件	35°~45°	70°~80°	35°~45°

4. 检验压力角

图 3-24 所示为用图解法检验压力角。在凸轮轮廓曲线上最陡的地方取几个点，作这几个点的法线，再用量角器检验各点法线与向径之间的夹角是否超过许用压力角。若测量结果超过许用值，应考虑修改设计，常用加大凸轮基圆半径的方法来使 α_{max} 减小。

三、设计凸轮机构时应注意的问题

1）若 v、s、ω 已知，则压力角越大，基圆半径越小，使得机构尺寸紧凑，但易产生自锁。

2）压力角越小，基圆半径越大，传动效率越高，无用分力越小，传力性能提高，可避免自锁。

3）针对凸轮机构传力性能和尺寸紧凑的矛盾，设计时通常应考虑许用压力角 [α]。

4）一般只针对推程进行压力角的校核。回程中从动件是由弹簧、自重等外力驱动，而非由凸轮驱动，故在回程中通常不产生自锁。

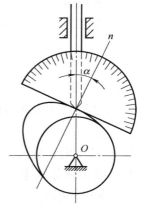

图 3-24　检验压力角

四、基圆半径的确定

1. 根据凸轮的结构确定 r_b

当凸轮与轴做成一体（凸轮轴）时：

$$r_b = r_s + r_T + (2~5) \text{mm} \tag{3-9}$$

当凸轮装在轴上时：

$$r_b = (1.5~1.7) r_s + r_T + (2~5) \text{mm} \tag{3-10}$$

r_s 为凸轮轴的半径（mm）；r_T 为从动件滚子的半径（mm）。

检查凸轮轮廓上各点的压力角和最小曲率半径。

若不满足要求，根据式（3-8）则应加大 r_b 后，重新设计。

2. 根据 $\alpha_{max} \leq [\alpha]$ 确定基圆最小半径 r_{bmin}

采用图 3-25 所示诺模图，可以近似地确定凸轮的最小基圆半径或校核该机构的最大压力角。

【任务】

设计一对心直动尖顶从动件盘形凸轮机构，已知凸轮的推程运动角为 $\delta_0 = 175°$，从动件在推程中按等加速等减速规律运动，升程 $h = 18mm$，最大压力角 $\alpha_{max} = 16°$。试确定凸轮的基圆半径 r_b。

（1）任务分析 采用图 3-25 所示诺模图，可以近似地确定凸轮的最小基圆半径 r_b。

（2）任务实施

1）按已知条件将位于圆周上的标尺 $\delta_0 = 175°$、$\alpha_{max} = 16°$ 的两点，以直线相连，如图 3-25 诺模图中虚线所示。

2）由虚线与直径上等加速等减速运动规律的标尺的交点得：$h/r_b = 0.6$。

3）计算最小基圆半径得：$r_{bmin} = h/0.6 = 18/0.6mm = 30mm$。

4）基圆半径 r_b 可按 $r_b \geqslant r_{bmin}$ 选取。

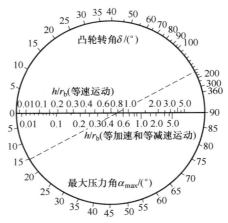

图 3-25　诺模图

【学习测试】

一、单选题

1. 凸轮机构当从动件运动规律一定时，其基圆半径 r_b 与机构压力角 α 的关系是_____。

A. r_b 越小则 α 越大　　　　B. r_b 越小则 α 越小　　　　C. r_b 变化而 α 不变

2. 作等加速等减速运动的凸轮机构从动件在加速度出现突然变化时，将产生_____冲击，引起机构振动。

A. 刚性　　　　　　　　B. 柔性　　　　　　　　C. 理性

3. 等加速等减速运动规律的位移线图是_____。

A. 斜线　　　　　　　　B. 抛物线　　　　　　　　C. 余弦曲线

4. 凸轮机构中磨损最大的是_____从动件。

A. 平底　　　　　　　　B. 滚子　　　　　　　　C. 尖顶

5. 设计滚子传动件盘形凸轮机构时，工作轮廓曲线上产生尖点或相交（交叉）是由于理论轮廓的最小曲率半径 ρ_{min} _____滚子半径 r_T。

A. 小于　　　　　　　　B. 大于　　　　　　　　C. 小于或等于

6. 为保证滚子从动件凸轮机构运动不失真和不产生尖点，应使滚子半径 r_T _____凸轮理论轮廓外凸部分的最小曲率半径 ρ_{min}。

A. 小于　　　　　　　　B. 大于　　　　　　　　C. 等于

二、判断题

1. 凸轮机构是高副机构，因而与连杆机构相比，更适用于重载场合。　　　　　　（　　）

2. 凸轮机构在工作过程中，可根据需要不设计远休止或近休止运动过程。　　（　　）

3. 凸轮机构的压力角增大到一定程度时，就会产生自锁现象。　　（　　）

4. 从动件作简谐运动时，因加速度有突变，会产生刚性冲击。　　（　　）

5. 平底直动从动件盘形凸轮机构中的压力角始终不变，所以不会发生自锁。　　（　　）

6. 在凸轮机构中，基圆半径越大，压力角越小，能提高传动效率，避免自锁。　　（　　）

三、简答题

1. 为什么不能为了机构紧凑，而任意减小盘形凸轮的基圆半径？

四、分析计算题

1. 用作图法求出如图 3-26 所示的凸轮机构从图示位置转过 45°时的压力角。

2. 绘制尖顶对心直动从动件盘形凸轮廓线。已知：凸轮基圆半径 $r_b = 40$mm，从动件升程 $h = 30$mm，凸轮以 ω_1 角速度顺时针方向转动。$\delta_0 = 180°$，$\delta_s = 30°$，$\delta_h = 120°$，$\delta_s' = 30°$，从动件推程作简谐运动，回程作等速运动。要求先绘出从动件位移线图，可不写作图步骤，保留辅助线，作图比例尺 $\mu_s = 1$mm/mm，$\mu_\delta = 3°$/mm。

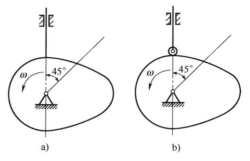

图 3-26　凸轮机构

3. 有一对心直动滚子从动件盘形凸轮机构，已知凸轮按顺时针方向转动，其基圆半径 $r_{min} = 30$mm，滚子半径 $r_T = 10$mm，从动件的行程 $h = 30$mm，运动规律如下：

凸轮转角	0°~150°	150°~180°	180°~300°	300°~360°
从动件的运动规律	等加速等减速上升 30mm	停止不动	等速下降至原来位置	停止不动

试用"反转法"设计盘形凸轮轮廓曲线。

【学习评价】

题号	一	二	三	四	五	总分
得分	1.	1.	1.	1.		
	2.	2.		2.		
	3.	3.		3.		
	4.	4.				
	5.	5.				
	6.	6.				
学习评价						

模块 4

齿轮机构、数字孪生与虚拟现实技术

认识与了解数字孪生与虚拟现实技术，主要介绍齿轮机构的组成、类型、特点和要求，渐开线的形成和性质。重点要求掌握渐开线标准直齿圆柱齿轮的形成、啮合特点、正确啮合条件、连续传动条件、切齿方法及根切等问题。

【任务描述】

1. 能够根据使用要求选用齿轮机构的类型。
2. 能够根据使用要求选择渐开线标准直齿圆柱齿轮的主要参数并进行几何尺寸计算。

【学习目标】

1. 认识与了解数字孪生与虚拟现实技术及齿轮机构。
2. 了解齿轮机构的类型与应用。
3. 掌握渐开线的性质及渐开线齿廓的分析方法。
4. 掌握渐开线标准直齿圆柱齿轮的主要参数和几何尺寸的计算。

【学习方法】

理论与实践一体化。

项目 1　数字孪生与虚拟现实技术

在当前的形势下，我们要以国家战略需求为导向，积聚力量进行原创性引领性科技攻关，坚决打赢关键核心技术攻坚战。下一阶段，量子技术、隐私计算、边缘计算、数字孪生、虚拟现实等数字技术的前沿领域将成为科技创新的热土，其中必然涉及集成电路、新型显示、通信设备、智能硬件等我国科技短板领域。因此，我们必须抓住全球数字技术推广应用的机遇，夯实基础，创新突破，为服务促进数字中国建设加倍努力学习。

一、数字孪生（Digital Twin）

数字孪生是指利用数字化技术营造的与现实世界对称的数字化镜像，可以理解成在虚拟的数字世界里按照真实的物理产品建立的一套对应的数字化表达。设备数字孪生示例如图4-1所示。

a) 机械设备数字孪生　　　　　　　　b) 哈工海渡工业机器人技能考核实训台数字孪生

图 4-1　设备数字孪生示例

通过数字孪生技术可以将现实世界中复杂的产品研发、生产制造和运营维护转换成在虚拟世界相对低成本的数字化信息。通过对虚拟的产品进行优化，可以加快产品的研发周期，降低产品的生产成本，方便对产品进行维护保养。

二、虚拟现实技术

虚拟现实（Virtual Reality，VR）技术，是一种可以创建和体验虚拟世界的计算机仿真系统。它是由计算机硬件、软件以及各种传感器构成的三维信息的人工环境——虚拟环境，可以真实地模拟现实世界可以实现的或者不可实现的、物理上的、功能上的实物和环境。VR技术是一种实用技术，广泛应用于建筑设计、工业设计、广告设计和游戏软件开发及元宇宙等领域。

"虚拟现实"的意思就是"用计算机合成的人工世界"，其主要功能是生成虚拟世界的图形，实现人机交互，具有沉浸性、交互性和想象性等特征。

三、虚拟现实技术应用

现在，虚拟现实技术已经应用到智能制造领域，尤其是自动化系统的数字化设计领域和虚拟仿真开发领域。智能工厂（无人工厂）可以将虚拟现实技术应用到生产线设计、自动化系统优化、生产过程仿真、机器人编程与仿真等场景中（见图4-2）。

a) 生产线设计　　　　　　　　b) 自动化系统优化

图 4-2　虚拟现实技术的应用

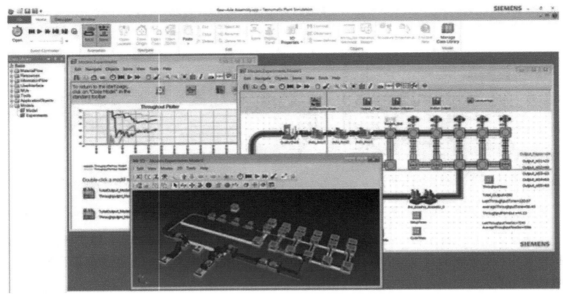

c) 生产过程仿真

图 4-2　虚拟现实技术的应用（续）

　　然而在数字孪生与虚拟现实技术出现以前，实体工厂生产中应用最广泛的一直是齿轮机构，我们将从本模块项目 2 开始学习常用机构中最重要的齿轮机构。齿轮是机械传动中最常用的零件之一，通常情况下，较重要的齿轮机构都是放在密闭的箱体中，作为闭式齿轮传动来应用的。而借助数字孪生与虚拟现实技术，我们甚至可以"进入"齿轮箱，沉浸式体验齿轮机构的传动过程。

项目 2　齿 轮 机 构

一、齿轮机构的定义

　　齿轮机构是机械传动中最重要、应用最广泛的一种传动机构。齿轮机构由主动齿轮、从动齿轮和机架组成，是通过轮齿的啮合来传递两轴间的运动和动力的（见图 4-3）。

二、齿轮机构的类型

1. 按照两齿轮轴线的相对位置和齿向分类

齿轮机构的类型如图 4-4 所示。

图 4-3　齿轮机构

视频 10

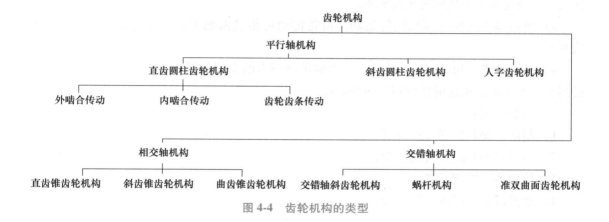

图 4-4　齿轮机构的类型

2. 按照齿轮机构的工作条件分类

（1）闭式齿轮机构　把齿轮密闭在具有足够刚度和良好润滑条件的箱体内，一般用于速度较高或重要的齿轮传动。

（2）开式齿轮机构　齿轮暴露在空气中，不能保持良好的润滑，灰尘、杂质易进入轮齿工作面，齿面容易磨损，因此一般用于低速或不重要的齿轮传动。

3. 按照齿轮的圆周速度分类

$$齿轮机构\begin{cases}极低速齿轮机构（v<0.5\mathrm{m/s}）\\低速齿轮机构（0.5\mathrm{m/s}\leqslant v<3\mathrm{m/s}）\\中速齿轮机构（3\mathrm{m/s}\leqslant v<15\mathrm{m/s}）\\高速齿轮机构（v\geqslant15\mathrm{m/s}）\end{cases}$$

4. 按照齿轮的齿廓曲线形状分类

$$齿轮机构\begin{cases}渐开线齿轮机构\\圆弧齿轮机构\\摆线齿轮机构\end{cases}$$

5. 按照齿面硬度分类

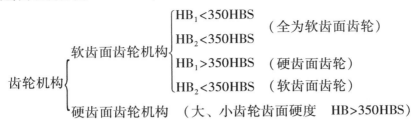

三、齿轮机构的特点

1. 齿轮机构的优点

1）传动比恒定。因此传动平稳，冲击、振动和噪声较小。

2）传动效率高、工作可靠且使用寿命长。齿轮传动的机械效率一般为 0.95~0.99，而且能可靠地连续工作几年甚至几十年。

3）可传递空间任意两轴间的运动。齿轮传动可传递两轴平行、相交和交错的运动和动力。

4）结构紧凑、功率和速度范围广。齿轮传动所占的空间位置较小，传递功率可由几千瓦到上百万千瓦，传递的速度可达 300m/s。

2. 齿轮机构的缺点

1）制造、安装精度要求较高。

2）不适于中心距较大的传动。

3）使用维护费用较高。

4）精度低时，噪声、振动较大。

四、对齿轮机构的基本要求

1. 传动平稳

要求瞬时传动比不变，保证传动精度，避免过大冲击、振动和噪声等，这主要依靠渐开线齿形及加工精度来保证。

2. 承载能力强

要求在尺寸小、重量轻的前提下，齿轮的强度高、寿命长，这主要通过合理选择材料、热处理方式及齿轮的传动参数来保证。

五、齿轮的精度等级

国家标准规定了圆柱齿轮的 13 个精度等级，按精度高低依次为 0~12 级；规定了锥齿轮的 12 个精度等级，按精度高低依次为 1~12 级。设计时应根据传动用途、平稳性要求、节圆周速度、载荷、运动精度要求等确定。对于一般用途的齿轮机构，齿轮常用的是 6~9 级精度，见表 4-1。

表 4-1 6~9 级精度齿轮的应用

精度等级	圆柱齿轮（锥齿轮平均直径处）的圆周速度/(m/s)			应用
	直齿圆柱齿轮	斜齿圆柱齿轮	直齿锥齿轮	
6 级	≤15	≤30	≤12	高速重载的齿轮传动，如飞机、汽车和机床中的重要齿轮、分度机构中的齿轮
7 级	≤10	≤15	≤8	高速中载或中速重载的齿轮传动，如标准系列减速器中的齿轮、汽车和机床中的齿轮等
8 级	≤6	≤10	≤4	机械制造中对精度无特殊要求的齿轮
9 级	≤2	≤4	≤1.5	低速不重要的齿轮

项目 3 齿廓啮合基本定律

齿廓啮合基本定律

传动比是指齿轮机构传动时两轮的瞬时角速度之比，即

$$i_{12} = \frac{\omega_1}{\omega_2}$$

对齿轮机构传动最基本的要求是：瞬时传动比恒定不变。

齿轮机构传动是靠主动齿轮齿廓推动从动齿轮齿廓，为了使瞬时传动比恒定，作为齿轮的齿廓曲线应满足一定的条件。如图 4-5 所示，我们把两条齿廓曲线的相互接触称为啮合。两相互啮合的齿廓 E_1 和 E_2 在 K 点接触，过 K 点作两齿廓的公法线 nn，它们与连心线 O_1O_2 交于 P 点。

P 点即为齿轮 1、2 的相对速度瞬心，则有：

$$v_P = \overline{O_1P} \cdot \omega_1 = \overline{O_2P} \cdot \omega_2 \qquad (4-1)$$

即

$$i_{12} = \frac{\omega_1}{\omega_2} = \frac{\overline{O_2P}}{\overline{O_1P}} \qquad (4-2)$$

式（4-2）表明：一对齿轮机构传动的瞬时角速

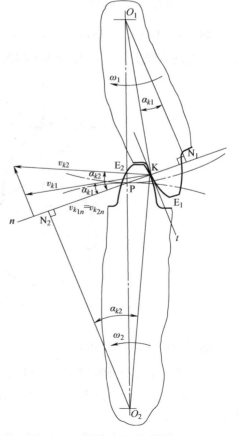

图 4-5 齿廓啮合基本定律示意图

度之比与其连心线 O_1O_2 被齿廓接触点公法线所分割的两线段长度成反比。

综上所述，齿轮机构传动要保证瞬时传动比恒定不变，其齿廓的形状必须满足：无论两齿廓在哪一点啮合，过啮合点所做的齿廓公法线都与连心线交于一定点 P（P 点称为节点）。这就是齿廓啮合基本定律。

分别以 O_1、O_2 为圆心，过节点所做的两个相切的圆称为该对齿轮的节圆。

两个节圆的圆周速度相等。故一对齿轮传动时，可视为两个节圆在作纯滚动（两节圆大小的摩擦轮传动）。

中心距 $a = O_2P + O_1P = r'_2 + r'_1$。

满足齿廓啮合基本定律（定传动比要求）的一对齿廓称为共轭齿廓。

渐开线、摆线和圆弧等满足齿廓啮合基本定律，常作为齿轮的齿廓曲线，渐开线是应用最广泛的。

项目 4　渐开线齿廓

一、渐开线的形成

如图 4-6 所示，一条动直线 L（称为发生线）沿着半径为 r_b 的圆周（称为基圆）做纯滚动时，此动直线上任一点 K 的轨迹称为该圆的渐开线。

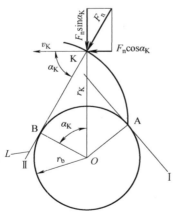

图 4-6　渐开线的形成

视频 11

渐开线的 6 条性质如下：

1）发生线沿基圆滚过的长度$\overline{KB}$等于基圆上被滚过的弧长$\overset{\frown}{AB}$，即$\overline{KB} = \overset{\frown}{AB}$。

2）渐开线上任一点 K 的法线必与基圆相切；反之，基圆的切线必为渐开线上某一点的法线。

3）渐开线上各点的曲率半径不相等（BK 是渐开线上 K 点的曲率半径），且越靠近基圆，曲率半径越小，基圆上的曲率半径为零。

4）渐开线的形状取决于基圆半径的大小。如图 4-7 所示，基圆半径越小，渐开线越弯曲；基圆半径越大，渐开线越平直；基圆半径无穷大时，渐开线是一直线。

5）基圆内无渐开线。因为渐开线是发生线向基圆外形成的，故基圆内无渐开线。

6）渐开线齿廓上各点压力角不同，越靠近基圆压力角越小，基圆上的压力角为零。当渐开线齿廓在 K 点啮合时，K 点所受的法向力 F_n 与其圆周速度之间所夹的锐角称为渐开线齿廓在 K 点的压力角。在 $\triangle OBK$ 中有 $\cos\alpha_K = \dfrac{r_b}{r_K}$。

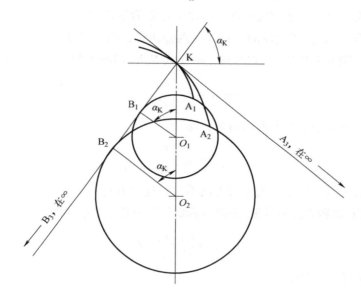

图 4-7　渐开线的形状与基圆半径的关系

二、渐开线齿廓满足齿廓啮合基本定律

如图 4-8 所示，一对齿轮的两渐开线齿廓在 K 点处接触。根据渐开线的性质可知，过 K 点的公法线 N_1N_2 必与两基圆相切，即 N_1N_2 也是两基圆的内公切线。因两基圆在同一方向的内公切线只有一条，所以不论此两轮齿廓在何处接触，过接触点所作两齿廓的公法线都一定和 N_1N_2 相重合。公法线 N_1N_2 与连心线 O_1O_2 的交点 P 为一定点，因此渐开线齿廓满足齿廓啮合基本定律，即满足定传动比的要求：

$$i = \frac{\omega_1}{\omega_2} = \frac{\overline{O_1P}}{\overline{O_2P}} = \frac{r_2'}{r_1'} = \frac{r_{b2}}{r_{b1}} = 常数 \qquad (4\text{-}3)$$

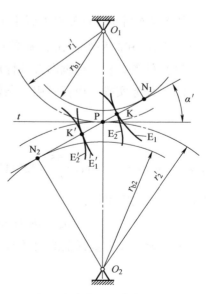

图 4-8　渐开线齿廓满足齿廓啮合基本定律

三、渐开线齿廓啮合的特点

（1）中心距的可分性　当一对齿轮制成后，其基圆半径是不能改变的，因而传动比是确定的。

在齿轮安装完毕以后，中心距稍有变化，但不会改变传动比的大小和定传动比的性质，这称为中心距的可分性。由此给齿轮的制造、安装、调试都提供了方便。

（2）传动的作用力方向不变（啮合角为常数）　啮合线：齿轮在传动过程中，各对轮齿的接触点，总是落在两基圆的内公切线上，由于各对轮齿的所有接触点，在啮合过程中总是沿着这条内公切线一点一点地依次前进，所以又称它为啮合线。

所谓"三线合一"，是指齿轮的公法线、内公切线、啮合线合一。

过节点 P 作节圆的公切线 t，它与理论啮合线 N_1N_2 间所夹的锐角 α' 称为啮合角。

$$\cos\alpha' = \frac{r_{b1}}{r_1'} = \frac{r_{b2}}{r_2'} = C \qquad (4-4)$$

啮合角在数值上等于节圆上的压力角，即

$$\cos\alpha_K = \frac{r_b}{r_K} \qquad (4-5)$$

啮合角不变表示齿廓间作用的压力方向不变，这对齿轮传动的平稳性是很有利的。

如果两轮间传递的转矩大小不变，则不仅齿廓间作用的压力方向不变，而且大小也不变。

$$\cos\alpha' = \frac{r_{b1}}{r_1'} = \frac{r_{b2}}{r_2'} = C \qquad (4-6)$$

（3）齿廓间存在相对滑动。

【任务1】

如图 4-6 所示，已知渐开线上 K 点的向径 $r_K = 65\text{mm}$，基圆半径 $r_b = 55\text{mm}$。试求：K 点的压力角 α_K 和曲率半径 ρ_K；基圆上的压力角 α_b 和曲率半径 ρ_b。

（1）任务分析　根据渐开线性质和式（4-5）换算可得到压力角和曲率半径。

（2）任务实施　由任务引入条件得：

$$\cos\alpha_K = \frac{r_b}{r_K}$$

则 $\alpha_K = \arccos = \dfrac{r_b}{r_K} = \arccos \dfrac{55}{65} = 32°11'57'' \approx 32.2°$

又由渐开线性质可得：

$$\rho_K = BK = r_b\tan\alpha_K = 55×\tan32.2 = 54.85 \ (\text{mm})。$$

因为渐开线在基圆上的向径 r_A 等于基圆半径 r_b，由式（4-5）得：

$$r_A = \frac{r_b}{\cos\alpha_A}$$

则

$$\cos\alpha_A = \frac{r_b}{r_A} = \frac{r_b}{r_b} = 1$$

$$\alpha_A = \arccos 1 = 0°$$

所以

$$\alpha_b = \alpha_A = 0°$$

$$\rho_A = BA = r_b \tan\alpha_A = 55 \times \tan 0 = 0°$$

以上计算结果可知，渐开线在基圆上的压力角和曲率半径都为零。

项目 5 渐开线标准直齿圆柱齿轮各部分的名称、参数和几何尺寸计算

一、标准直齿圆柱齿轮各部分的名称

直齿轮各部分的名称如图 4-9 所示。

1）齿顶圆（d_a）：齿顶圆柱面与端平面（垂直于齿轮轴线的平面）相交所得的圆，称为齿顶圆。

2）齿根圆（d_f）：齿根圆柱面与端平面相交所得的圆，称为齿根圆。

3）齿厚（s_K）：一个齿的两侧端面齿廓之间的弧长称为齿厚。

4）齿槽宽（e_K）：相邻两齿间的弧长称为齿槽宽。

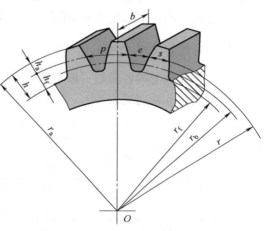

图 4-9 直齿轮

5）齿宽（b）：齿轮轮齿部分的宽度。

6）齿顶高（h_a）：齿顶圆与分度圆之间的径向距离称为齿顶高。

7）齿根高（h_f）：齿根圆与分度圆之间的径向距离称为齿根高。

8）齿距（p）：相邻两齿同侧齿廓在分度圆上的弧长称为齿距，即 $p = s + e$。

9）齿高（h）：齿顶圆与齿根圆之间的径向距离称为齿高。即 $h = h_a + h_f$。

10）分度圆（d）：为了设计、制造的方便，在齿顶圆与齿根圆之间规定了一个圆，作为计算齿轮各部分尺寸及强度计算的基准，该圆称为分度圆。在标准齿轮中分度圆上的齿厚 s 与齿槽宽 e 相等。

二、标准直齿圆柱齿轮的基本参数

1. 模数 m

对于任一圆周，有 $\pi d_K = z P_K$ 或 $d_K = \dfrac{z P_K}{\pi}$；

在不同直径的圆周上，比值$\dfrac{P_K}{\pi}$不同且包含无理数 π；在不同直径的圆周上，齿廓各点的压力角也不相等。

为便于设计、制造和检验，我们把齿轮某一圆周上的比值$\dfrac{P_K}{\pi}$制定成标准值，并使该圆上的压力角也为标准值，这个圆称为分度圆，$\dfrac{P_K}{\pi}$称为模数，以 m 表示，即

$$m = \frac{P}{\pi}$$

模数是齿轮几何尺寸计算的基础，也是齿轮承载能力大小的重要标志。齿轮的模数已标准化，模数与齿轮尺寸的关系如图 4-10 所示。

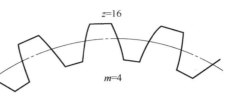
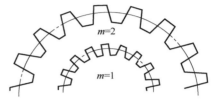

图 4-10　模数与齿轮尺寸的关系

分度圆直径为 $d = \dfrac{zP}{\pi} = mz$。

说明：分度圆上的各参数一般不加下标，文字说明时也可不加分度圆字样。

齿轮模数标准系列见表 4-2。

表 4-2　齿轮模数标准系列（摘自 GB/T 1357—2008）　　　　　（单位：mm）

第一	1	1.25	1.5	2	2.5	3	4	5	6	8
系列	10	12	16	20	25	32	40	50		
第二	1.125	1.375	1.75	2.25	2.75	3.5	4.5	5.5	(6.5)	7
系列	9	(11)	14	18	22	28	36	45		

注：本表适用于渐开线齿轮。对于斜齿圆柱齿轮是指法面模数，对于直齿锥齿轮是指大端模数。括号内的模数尽可能不用，优先采用第一系列。

2. 压力角 α

渐开线齿轮齿廓上的压力角如图 4-11 所示。

渐开线 K 点的压力角有

$$\cos\alpha_K = \frac{r_b}{r_K}$$

因此，渐开线齿轮分度圆上的压力角可表示为

$$\cos\alpha = \frac{r_b}{r}$$

注意：国家标准规定标准齿轮的压力角 $\alpha = 20°$。

三、标准直齿圆柱齿轮的几何尺寸计算

渐开线标准直齿圆柱齿轮基本参数及几何尺寸计算公式见表 4-3。

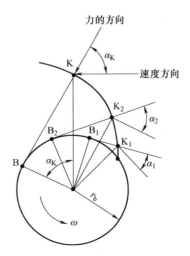

图 4-11　渐开线齿轮齿廓上的压力角

表 4-3　标准直齿圆柱齿轮基本参数及几何尺寸计算公式

	名称	符号	计算公式
基本参数	模数	m	据强度计算确定，按表 4-2 选取标准值
	齿数	z	$z_1 \geqslant z_{\min}$，$z_2 = i_{12} z_1$
	压力角	α	取标准值，$\alpha = 20°$
	齿顶高系数	h_a^*	取标准值，正常齿取 $h_a^* = 1$，短齿取 $h_a^* = 0.8$
	顶隙系数	c^*	取标准值，正常齿取 $c^* = 0.25$，短齿取 $c^* = 0.3$
几何尺寸	齿顶高	h_a	$h_a = h_a^* m$
	齿根高	h_f	$h_f = (h_a^* + c^*) m$
	齿高	h	$h = h_a + h_f = (2h_a^* + c^*) m$
	齿距	P	$P = \pi m$
	齿厚	s	$s = \pi m / 2$
	齿槽宽	e	$e = \pi m / 2$
	顶隙	c	$c = c^* m$
	分度圆直径	d	$d = 2r = mz\,(r = mz/2)$
	齿顶圆直径	d_a	$d_a = 2r_a = d + 2h_a = (z + 2h_a^*) m$　　$d_a = (z - 2h_a^*) m$（内齿轮）
	齿根圆直径	d_f	$d_f = 2r_f = (z - 2h_a^* - 2c^*) m$　　$d_f = (z + 2h_a^* + 2c^*) m$（内齿轮）
	基圆直径	d_b	$d_b = 2r_b = mz\cos\alpha$
	标准中心距	a	$a = \dfrac{d_1 + d_2}{2} = (z_1 + z_2) m / 2$　　$a = (z_2 - z_1) m / 2$（内齿轮）

注：顶隙（c），一对齿轮啮合时，一个齿轮的齿顶圆到另一个齿轮的齿根圆之间的径向距离，称为顶隙。其作用是避免传动时轮齿顶撞及贮存润滑油。标准齿轮，指模数、压力角、齿顶高系数、顶隙系数都是标准值，且分度圆上的齿厚等于齿槽宽的齿轮。

四、标准直齿圆柱齿轮的公法线长度

在设计、制造和检验齿轮时，经常需要知道齿轮的齿厚（如控制齿侧间隙、控制进刀量和检验加工精度等），因无法直接测量弧齿厚，故常需测量齿轮的公法线长度。所谓公法线长度 W 是指齿轮卡尺跨过几个齿所量得的齿廓间的法向距离（见图 4-12）。

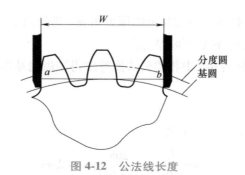

图 4-12　公法线长度

W 大于设计值时，必须在径向进刀；W 小于设计值时，则进刀过深，产生废品。

设跨齿数为 K，卡脚与齿廓切点 a、b 的距离 ab 即为所测得的公法线长度，用 W 表示为

$$W = m[2.9521(K-0.5)+0.014z] \qquad (4-7)$$

跨齿数 K 不能任意选取，$K = 0.111z+0.5$。

计算后需圆整处理。

【任务2】

一对渐开线标准直齿圆柱齿轮（正常齿）传动，已知 $m = 7\text{mm}$，$z_1 = 21$，$z_2 = 37$。试计算分度圆直径、齿顶圆直径、齿根圆直径、基圆直径、齿厚齿槽宽、齿距和标准中心距。

（1）任务分析　任务要求的齿轮几何尺寸可直接根据表4-3相关公式换算解得。

（2）任务实施　由任务引入条件得：

分度圆直径：$d_1 = mz_1 = 7 \times 21\text{mm} = 147\text{mm}$

$\qquad\qquad d_2 = mz_2 = 7 \times 37\text{mm} = 259\text{mm}$

齿顶圆直径：$d_{a1} = (z_1 + 2h_a^*)m = (21 + 2 \times 1) \times 7\text{mm} = 161\text{mm}$

$\qquad\qquad d_{a2} = (z_2 + 2h_a^*)m = (37 + 2 \times 1) \times 7\text{mm} = 273\text{mm}$

齿根圆直径：$d_{f1} = (z_1 - 2h_a^* - 2c^*)m = (21 - 2 \times 1 - 2 \times 0.25) \times 7\text{mm} = 129.5\text{mm}$

$\qquad\qquad d_{f2} = (z_2 - 2h_a^* - 2c^*)m = (37 - 2 \times 1 - 2 \times 0.25) \times 7\text{mm} = 241.5\text{mm}$

基圆直径：$d_{b1} = d_1\cos\alpha = 147 \times \cos 20° \text{mm} = 138.13\text{mm}$

$\qquad\qquad d_{b2} = d_2\cos\alpha = 259 \times \cos 20° \text{mm} = 243.38\text{mm}$

齿厚、齿槽宽：$s_1 = e_1 = s_2 = e_2 = \pi m/2 = \pi \times 7/2\text{mm} = 10.99\text{mm}$

齿距：$P = \pi m = \pi \times 7\text{mm} = 21.98\text{mm}$

标准中心距：$a = \dfrac{z_1 + z_2}{2}m = \dfrac{21 + 37}{2} \times 7\text{mm} = 203\text{mm}$

【任务3】

一个渐开线直齿圆柱齿轮如图4-13所示，用卡尺测量3个齿和2个齿的公法线长度分别为 $w_3 = 61.84\text{mm}$，$w_2 = 37.56\text{mm}$，齿顶圆直径 $d_a = 208\text{mm}$，齿根圆直径 $d_f = 172\text{mm}$，齿数 $z = 24$。

试求：1）该齿轮的模数 m、分度圆上的压力角 α、齿顶高系数 h_a^* 和顶隙系数 c^*。

2）该齿轮的基圆齿距 p_b 和基圆齿厚 s_b。

（1）任务分析　可根据表4-3中相关公式换算解得该齿轮基本参数，再计算基圆上的齿距和齿厚。

（2）任务实施

1）设 $h_a^* = 1$，由 $d_a = m(z + 2h_a^*)$ 得：

$$m = \frac{d_a}{z + 2h_a^*} = \frac{208}{24 + 2 \times 1}\text{mm} = 8\text{mm}$$

设 $h_a^* = 0.8$，则：

$$m = \frac{d_a}{2h_a^*} = \frac{208}{24+2\times0.8}\text{mm} = 8.125\text{mm}$$

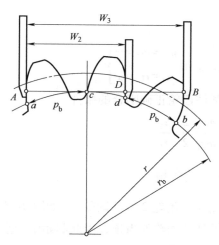

图 4-13　渐开线直齿圆柱齿轮

由于模数应取标准值，故 $m=8\text{mm}$，$h_a^*=1$。

由

$$d_f = mz - 2m(h_a^* + c^*)$$

得

$$c^* = \frac{mz - d_f - 2mh_a^*}{2m} = \frac{8\times24-172-2\times8\times1}{2\times8} = 0.25$$

2）$W_3 = 2p_b + s_b = 61.84\text{mm}$，$W_2 = p_b + s_b = 37.56\text{mm}$

则 $p_b = 24.28\text{mm}$，$s_b = W_2 - p_b = (37.56 - 24.28)\text{mm} = 13.28\text{mm}$

又由 $p_b = \pi m \cos\alpha$，可得：

$$\alpha = \arccos[p_b/(\pi m)] = \arccos 0.9647 = 15°$$

项目 6　渐开线标准直齿圆柱齿轮的啮合传动

一、正确啮合的条件

如图 4-14 所示，齿轮保持连续转动，要求当前一对齿廓在啮合线上的 K 点啮合时，后一对齿廓应在啮合线上的 K′点啮合。

$$K_1 K_1' = K_2 K_2'$$

由渐开线性质可知，KK′既等于主动轮上的基圆齿距 P_{b1}，又等于从动轮上的基圆齿距 P_{b2}，故渐开线标准直齿圆柱齿轮的正确啮合条件为

$$KK' = P_{b1} = P_{b2} ，$$

则
$$P_{b1} = \frac{\pi d_{b1}}{z_1} = \frac{\pi m_1 z_1 \cos\alpha_1}{z_1} = \pi m_1 \cos\alpha_1$$

同理 $P_{b2} = \pi m_2 \cos\alpha_2$，

所以 $m_1 \cos\alpha_1 = m_2 \cos\alpha_2$

因为 m 和 α 都已标准化，故有 $\left.\begin{array}{c} m_1 = m_2 = m \\ \alpha_1 = \alpha_2 = \alpha \end{array}\right\}$

这就是渐开线标准直齿圆柱齿轮正确啮合的条件。

传动比 $i_{12} = \dfrac{\omega_1}{\omega_2} = \dfrac{r_{b2}}{r_{b1}} = \dfrac{r_2}{r_1} = \dfrac{mz_2/2}{mz_1/2} = \dfrac{z_2}{z_1}$

二、连续传动的条件（重合度）

啮合过程（齿轮 1 为主动轮，齿轮 2 为从动轮）：如图 4-15 所示，当一对齿轮开始啮合时，先以主动轮的齿根部分推动从动轮的齿顶，因此起始啮合点是从动轮的齿顶圆与啮合线的交点 K_1。

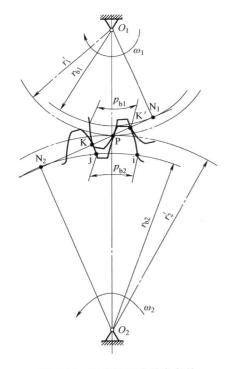

图 4-14 直齿轮正确啮合条件

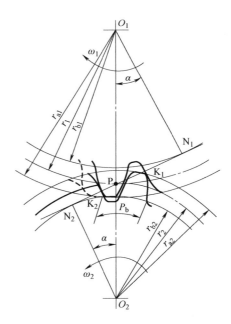

图 4-15 直齿轮连续传动条件

两轮继续转动时，主动轮轮齿上的啮合点向齿顶移动，而从动轮轮齿上的啮合点向齿根部移动。终止啮合点是主动轮的齿顶圆与啮合线的交点 K_2，此后两轮齿将脱离接触。线段 K_1K_2 为齿轮啮合点的实际轨迹，称为实际啮合线段。

若将两齿顶圆加大，则 K_1K_2 就越接近点 N_1 和 N_2。但因基圆内无渐开线，故线段 N_1N_2 为理论最大的啮合线段，称为理论啮合线段。

为保证齿轮的连续传动，必须使前一对轮齿在尚未脱离啮合时，后一对轮齿就已经进入啮合状态，即要求 $K_1K_2 \geqslant P_b$。否则，齿轮传动就会时动时停，导致传动失效。通常用重合度 ε 来判定齿轮能否实现连续传动。

所谓重合度，是指实际啮合线段 K_1K_2 与基圆齿距 P_b 的比值称为重合度，用 ε 表示，即

$$\varepsilon = \frac{K_1K_2}{P_b} \tag{4-8}$$

连续传动条件：$\varepsilon = \dfrac{K_1K_2}{P_b} \geqslant 1$

考虑到齿轮的加工和装配误差，工程上必须保证 $\varepsilon > 1$，一般 ε 为 1.1~1.4。重合度 ε 越大，表明同时进入啮合的齿轮对数越多，齿轮传动的连续性和平稳性就越好。另外，重合度 ε 还与齿数有关，其中 z 越大，ε 越大。

三、齿轮传动的无侧隙啮合条件及标准中心距

一对齿轮传动时，一个齿轮节圆上的齿槽宽 e' 与另一个齿轮节圆上的齿厚 s' 之差，称为齿侧间隙（简称侧隙），即

$$e_2' - s_1' = e_1' - s_2'$$

侧隙有利于齿间润滑，可补偿加工及装配误差中轮齿的热膨胀和热变形等。由于侧隙很小，常靠公差来控制，所以在计算齿轮几何尺寸时都不予考虑，即认为是无侧隙啮合，此时 $e_2' = s_1'$，$e_1' = s_2'$。由前面的知识可知，标准直齿圆柱齿轮的 $s_1 = e_2 = s_2 = e_1 = \pi m/2$，可以无侧隙安装，此时两轮的分度圆相切，节圆和分度圆重合，我们将这种安装称为标准安装。如图 4-16 所示，标准安装时的中心距称为标准中心距，用 a 表示，即

$$a = r_2' + r_1' = r_2 + r_1 = \frac{m}{2}(z_2 + z_1) \tag{4-9}$$

由于制造、安装、磨损等原因，往往使得两轮的实际中心距 a' 与标准中心距并不一致。但是，由于渐开线齿轮具有中心距的可分离性，所以传动比仍能保持恒定不变，但此时分度圆与节圆就不重合了。若 $a' > a$，则 $\alpha' > \alpha$；反之，若 $a' < a$，则 $\alpha' < \alpha$。

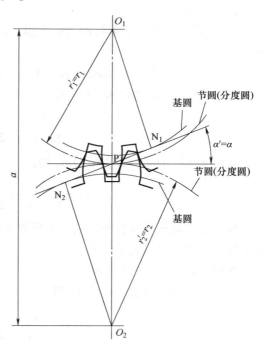

图 4-16　标准安装中心距

对内啮合圆柱齿轮传动的标准安装，其中心距计算公式为

$$a = r_2 - r_1 = \frac{m}{2}(z_2 - z_1) \tag{4-10}$$

由上述分析可知：单个齿轮有固定的分度圆和分度圆压力角，而无节圆和啮合角；只有两齿轮啮合时才有节圆和啮合角。

【任务4】

某工厂需要一对标准直齿圆柱齿轮机构，传动比为2，要求其中心距为150mm。已知厂备件库有表4-4所列规格的4个齿轮，试分析在4个齿轮中是否有符合要求的一对齿轮？

表4-4 齿轮指标

序号	齿数	齿高/mm
1	25	9
2	48	9
3	50	11.25
4	50	9

（1）任务分析 可根据标准齿轮正确啮合的条件之模数必须相等来分别选择齿轮配对，运用齿高公式计算齿轮模数，使配对的齿轮中心距得到满足就可以了。

（2）任务实施

1）满足传动比为2条件的有：Ⅰ组，1号齿轮与3号齿轮配对；Ⅱ组，1号齿轮与4号齿轮配对。

2）满足中心距为150mm的有：Ⅰ组，1号齿轮与3号齿轮配对。

由 $h_1 = h_{a1} + h_{f1} = (2h_a^* + c^*)m_1$ 得：

$$m_1 = \frac{h_1}{2h_a^* + c^*} = \frac{9}{2 \times 1 + 0.25}\text{mm} = 4\text{mm}$$

又由 $h_3 = h_{a3} + h_{f3} = (2h_a^* + c^*)m_3$ 得：

$$m_3 = \frac{h_3}{2h_a^* + c^*} = \frac{11.25}{2 \times 1 + 0.25}\text{mm} = 5\text{mm}$$

标准直齿轮正确啮合条件之一是模数必须相等，而1号齿轮与3号齿轮的模数不相等，则1号齿轮与3号齿轮不能配对。

Ⅱ组，1号齿轮与4号齿轮配对。

由 $h_4 = h_{a4} + h_{f4} = (2h_a^* + c^*)m_4$ 得：

$$m_4 = \frac{h_4}{2h_a^* + c^*} = \frac{9}{2 \times 1 + 0.25}\text{mm} = 4\text{mm}$$

由于

$$m_1 = m_4 = 4\text{mm}, \quad \alpha_1 = \alpha_4 = 20°$$

则齿轮1和4配对符合齿轮正确啮合条件。

又因为
$$a_{14} = \frac{m}{2}(z_1 + z_4) = \frac{4}{2} \times (25 + 50)\, mm = 150mm$$

即 1 号齿轮与 4 号齿轮配对后也能满足中心距为 150mm 的要求。

所以，这 4 个齿轮中有符合要求的一对齿轮，它们是 1 号和 4 号齿轮。

项目 7 渐开线齿轮的加工方法

一、渐开线齿轮的两种加工方法

1. 仿形法（成形法）

仿形法切齿是在铣床上用成形铣刀（将铣刀加工成具有渐开线齿轮的齿槽形状）加工轮齿的方法（见图 4-17）。

仿形法的特点是：方法简单，不需要专用机床；但生产率及精度较低。

因此，仿形法只适合于单件生产和精度要求不高的齿轮加工。

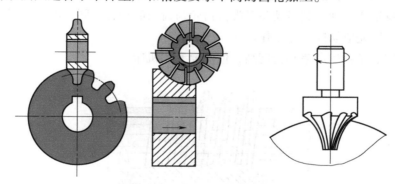

图 4-17　仿形法加工齿轮

2. 范成法（展成法或包络法）

（1）插齿　图 4-18 所示为用齿轮插刀加工外齿轮的情形。刀具形状和齿轮相似，并且具有切削的刀刃。加工齿轮时，齿轮插刀沿被切齿轮轴线上、下往复运动，同时齿轮插刀和被切齿轮以一定的传动比做旋转运动。

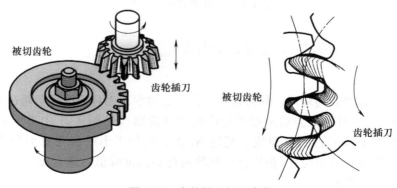

图 4-18　齿轮插刀加工齿轮

图 4-19 所示为用齿条插刀加工齿轮的情形。用齿条插刀加工齿轮也是利用渐开线齿轮的啮合原理来加工渐开线齿轮。

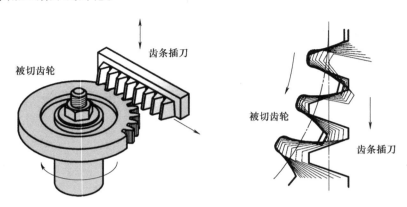

图 4-19　齿条插刀加工齿轮

（2）滚齿　图 4-20 所示为齿轮滚刀在滚齿机上加工齿轮的情形。滚刀外形类似开出若干槽的螺旋，其轴向剖面的齿形与齿条插刀相同。用齿轮滚刀加工齿轮时，被切齿轮和齿轮滚刀分别绕本身轴线转动，其运动关系类似齿轮与齿条的啮合，同时齿轮滚刀又沿着被切齿轮的轴线移动，以完成切削齿轮工作。

范成法的特点是：生产率和精度高，但需要专用机床。

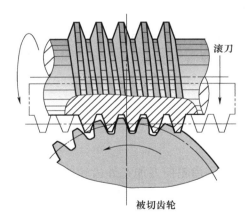

图 4-20　齿轮滚刀加工齿轮

二、根切现象与不发生根切的最少齿数 z_{min}

1. 根切现象

用范成法加工标准直齿轮时，如被切齿轮的齿数过少，刀具顶线就会超过啮合线与被切齿轮基圆的切点 N_1，刀刃将会切去被切轮齿的根部齿廓（见图 4-21 中虚线表示的情况），这种现象称为根切现象。若刀具顶线不超过 N_1 点，所加工出的齿轮就不会产生根切现象（见图 4-21 中实线表示的情况）。根切会导致轮齿弯曲强度降低，重合度减小，传动质量变差，因此应当避免发生根切现象。

2. 不发生根切的最少齿数 z_{min}

用齿条插刀或齿轮滚刀加工标准直齿轮时，将不产生根切现象的极限齿数称为最少齿数，用 z_{min} 表示。如图 4-22 所示，当用齿条插刀加工标准直齿轮时，刀具的中线必须与被切齿轮的分度圆相切，不产生根切的条件是刀具齿顶线与啮合线的交点 A 必须在 PN 之内（即应使 PN≥PA），经推导可得：

$$z_{min} = \frac{2h_a^*}{\sin^2\alpha} \tag{4-11}$$

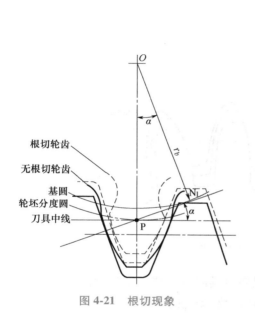

图 4-21　根切现象

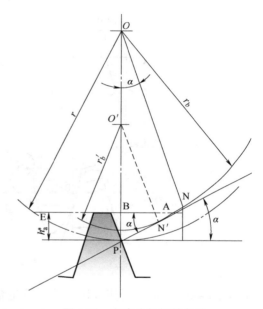

图 4-22　不产生根切的条件

不发生根切的最少齿数 z_{min} 见表 4-5。

表 4-5　不发生根切的最少齿数 z_{min}

α	h_a^*	z_{min}
20°	1	17
20°	0.8	14
15°	1	30
15°	0.5	24

由此可知，标准齿轮避免发生根切的措施是使齿轮齿数大于或等于最少齿数。

三、变位齿轮简介

齿条插刀加工标准齿轮时，刀具中线与被加工齿轮的分度圆相切并作纯滚动，加工出来的分度圆上齿厚等于齿条中的齿槽宽（见图 4-23 中双点画线）。但当刀具在虚线所示位置时，由于其齿顶线超过了啮合极限点 N_1，所以切制出的标准齿轮发生了根切现象。

现使刀具从切削标准齿轮的位置沿径向平移一段距离，称以 x_m 表示刀具的变位量。其中 m 为模数，x 为变位系数，并规定刀具远离轮坯中心的变位系数为正（正变位），刀具靠近轮坯中心的变位系数为负（负变位）。当刀具变位后，与分度圆相切并作纯滚动的已不是刀具的中线，而是与刀具中线相平行的另一条直线（节线或机床节线）。由此切出的齿轮称为变位齿轮（见图 4-23 中实线所示）。如图 4-23 所示，要使被切齿轮不发生根切，只要刀具向下平移一定的距离，使其刀顶线不超过啮合极限点 N_1 即可。因而采用变位齿轮可以使齿数 $z<z_{min}$ 的齿轮不产生根切。

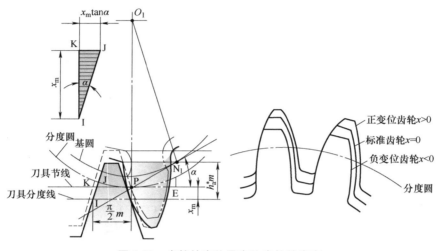

图 4-23 齿轮的变位及变位齿轮的齿廓

如图 4-24 所示，要使被切齿轮不发生根切，只要刀具向下平移一定的距离，使其刀顶线不超过啮合极限点即可。因而采用变位齿轮可以使齿数 $z<z_{min}$ 的齿轮不产生根切。

图 4-24 轮齿折断

变位齿轮与标准齿轮相比有以下特点：

1）模数、压力角、分度圆、基圆和齿数都与标准直齿轮相同。

2）正变位齿轮的齿顶圆、齿根圆、齿顶高和齿根厚度均增大，而齿根高和齿顶厚度则减小。

3）负变位齿轮的齿顶圆、齿根圆、齿顶高和齿根厚度均减小，而齿根高和齿顶厚度均增加。

4）变位齿轮必须成对设计、加工及使用。

5）变位齿轮一般应用于避免根切、配凑中心距和修复旧齿轮等情况。

【学习测试】

一、单选题

1. 渐开线标准直齿圆柱齿轮基圆上的压力角_____。

A. 大于 20°   B. 等于 20°   C. 等于 0°

2. 一对渐开线齿轮传动，安装中心距大于标准中心距时，齿轮的节圆半径大于分度圆半径，啮合角_____压力角。

A. 大于   B. 等于   C. 小于

3. 两渐开线标准直齿圆柱齿轮正确啮合的条件是_____。

A. 模数相等   B. 压力角相等   C. 模数和压力角分别相等

4. 考虑到齿轮的加工和装配误差，工程上必须保证_____。

A. $\varepsilon > 1$ B. $\varepsilon \geq 1$ C. $\varepsilon < 1$

5. 通常所说的压力角是指渐开线齿轮分度圆上的压力角 α。因此国家标准规定标准齿轮的压力角 $\alpha = $_____。

A. 30°   B. 40°   C. 20°

6. 标准齿轮是指_____都是标准值，且分度圆上的齿厚等于齿槽宽的齿轮。

A. 模数、压力角

B. 模数、压力角、齿顶高系数

C. 模数、压力角、齿顶高系数、顶隙系数

二、判断题

1. 齿轮传动中，经过热处理的齿面称为硬齿面，而未经热处理的齿面称为软齿面。

( )

2. 同一条渐开线上各点的压力角不相等。   ( )

3. 用仿形法加工标准直齿圆柱齿轮（正常齿）时，当齿数少于 17 时将产生根切。

( )

4. 渐开线齿轮上具有标准模数和标准压力角的圆称为分度圆。   ( )

5. 仿形法加工的齿轮比范成法加工的齿轮精度高。   ( )

三、简答题

1. 什么是虚拟现实技术？

2. 什么是分度圆？什么是节圆？在什么情况下分度圆与节圆重合？此时压力角与啮合角是否相等？

3. 切削加工齿轮的方法有几种？

4. 什么是根切现象？产生根切的原因是什么？有什么危害？该如何避免？

四、分析计算题

1. 一对外啮合标准直齿圆柱齿轮传动，标准安装，$a = 112.5\mathrm{mm}$，$z_1 = 38$，$d_{a1} = 100\mathrm{mm}$，大齿轮已丢失，试确定它的模数和齿数。

2. 有一标准直齿圆柱齿轮的 $h_a^* = 1$，$\alpha = 20°$。试问齿数满足什么条件时齿根圆大于基圆？齿数满足什么条件时基圆大于齿根圆？

3. 一对正确啮合的标准直齿圆柱齿轮传动，其传动比 $i_{12} = 3.5$，模数 $m = 4mm$，齿数之和 $z_1 + z_2 = 99$，试求两齿轮分度圆直径 d_1、d_2 和中心距 a 的值。

【学习评价】

题号	一	二	三	四	五	总分
得分	1.	1.	1.	1.		
	2.	2.	2.	2.		
	3.	3.	3.	3.		
	4.	4.	4.			
	5.	5.				
	6.					
学习评价						

模块 5

齿轮传动与计算机技术

认识并了解齿轮传动与计算机技术，主要介绍轮齿失效、设计准则、强度计算及结构设计等问题，重点和难点都是结构设计问题。

 【任务描述】

1. 能够根据齿轮传动应用的场合，选择齿轮材料和齿轮精度。
2. 能够设计简单的齿轮传动，并采取措施避免齿轮传动的失效。
3. 能够根据需要选择适当的齿轮结构与润滑形式。

 【学习目标】

1. 认识并了解计算机技术与芯片。
2. 理解齿轮传动失效形式和设计准则。
3. 了解误差对齿轮传动的影响和齿轮精度的选择。
4. 掌握直齿圆柱齿轮传动的强度计算和设计步骤。
5. 了解斜齿圆柱齿轮、直齿锥齿轮和蜗杆传动的设计。
6. 认识齿轮的结构和齿轮传动的润滑。

【学习方法】

理论与实践一体化。

项目1　计算机技术与芯片

一、计算机技术

计算机技术的内容非常广泛，可粗略分为计算机系统技术、计算机器件技术、计算机部件技术和计算机组装技术等几个方面。计算机技术包括：运算方法的基本原理与运算器设计、指令系统、中央处理器（CPU）设计流水线原理及其在CPU设计中的应用、存储体系、总线与输入输出。

二、芯片

什么是芯片？CPU 与芯片的关系是什么？

芯片又称为微电路（microcircuit）、微芯片（microchip）、集成电路（integratedcircuit，IC），就是指含有集成电路的硅单晶，容积不大，经常是电子计算机或别的电子产品的一部分。芯片（chip）是半导体元器件商品的通称，是集成电路的质粒载体，由圆晶切分而成。

芯片的原料是晶圆，晶圆的成分是硅，硅是由石英砂精炼出来的，晶圆是硅元素加以纯化（99.999%），并将这些纯硅制成硅晶棒，成为制造集成电路的石英半导体材料，切片后成为芯片制作所需要的晶圆。晶圆越薄生产成本越低，但工艺成本却越高。

CPU 是一种数字芯片，是众多芯片中的一类。CPU 不带外围器件（例如存储器阵列），是高度集成的通用结构的处理器。

通俗地讲，如果把中央处理器 CPU 比喻为整个计算机系统的心脏，那么主板上的芯片组就是整个身体的躯干。

三、芯片与 CPU 的区别

1. 功能不同

CPU 的功能是顺序控制、操作控制、时间控制、数据加工，解释计算机指令以及处理计算机软件中的数据。计算机中所有操作都由 CPU 负责读取指令，对指令译码并执行指令的核心部件。而芯片的功能是提供对 CPU 的类型和主频、内存的类型和最大容量、ISA/PCI/AGP 插槽、ECC 纠错等支持。

2. 构成不同

芯片是指将电子逻辑门电路用激光刻录到硅片上，从而构成各种各样的芯片，当今集成度最高、功能最强大的当属 CPU 芯片。CPU 是指所有时期，各种电子元器件构成的计算机中央处理器的统称。

3. 定义不同

芯片在电子学中是一种把电路（主要包括半导体设备，也包括被动组件等）小型化的方式，并通常制造在半导体晶圆表面上，集成电路块的代称。CPU 是电子计算机的主要设备之一，是计算机的运算与控制核心。

4. 制作组成不同

芯片的制备主要依赖于微细加工、自动化及化学合成技术，而 CPU 包括运算逻辑部件、寄存器部件、运算器和控制部件。以无人驾驶汽车为例，动力电池和智能芯片（控制器）在汽车智造上的应用将使无人驾驶成为现实，如图 5-1 所示。

齿轮机构最主要的传动应用是各种机器的减（变）速器；齿轮机构最主要的执行应用是各种机器的差（分）速器。目前，大多数机器仍然将这些机械（机器）作为其最有效的传动部分和执行部分在使用。

a) 汽车外形

b) 控制关系

图 5-1 无人驾驶汽车

项目 2 齿 轮 传 动

一、齿轮传动的定义

齿轮传动是机械传动中最重要、应用最广泛的一种传动形式。齿轮传动的适用范围很广，圆周速度可达150m/s（最高可达300m/s），传递功率可达数万千瓦，单级传动比可达8或更大，直径可做到10m以上（见图5-2）。

图 5-2 差速器

视频 12

二、齿轮传动的特点

1. 齿轮传动的优点

齿轮传动的优点是：工作可靠，使用寿命长，瞬时传动比恒定，传动效率高（可达

98%以上），结构紧凑，适用的功率和速度范围大。

2. 齿轮传动的缺点

齿轮传动的缺点是：需要采用专用设备加工，制造成本较高；精度低时，振动和噪声大；不宜用于轴间距大的传动等。

三、齿轮传动的分类

1. 按齿轮传动轴线的相对位置划分

按齿轮传动轴线的相对位置划分，齿轮传动可分为平面齿轮传动（两轴平行）、空间齿轮传动（两轴不平行，包括两轴相交和两轴相错），见表 5-1。齿轮传动可以实现转动—转动、转动—移动、移动—转动的运动形式变换。

表 5-1　齿轮传动的分类

圆柱齿轮				两轴相交（锥齿轮）		两轴相错	
平面齿轮传动（两轴平行）				空间齿轮传动（两轴不平行）			
直齿外啮合		斜齿		直齿		螺旋齿轮传动	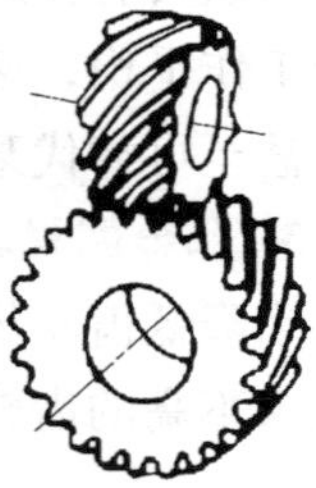
直齿内啮合	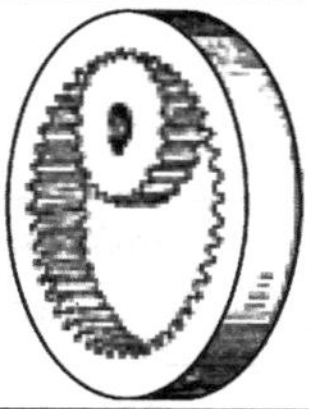			斜齿	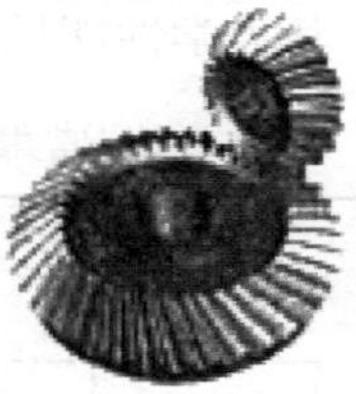	双曲线圆锥齿轮传动	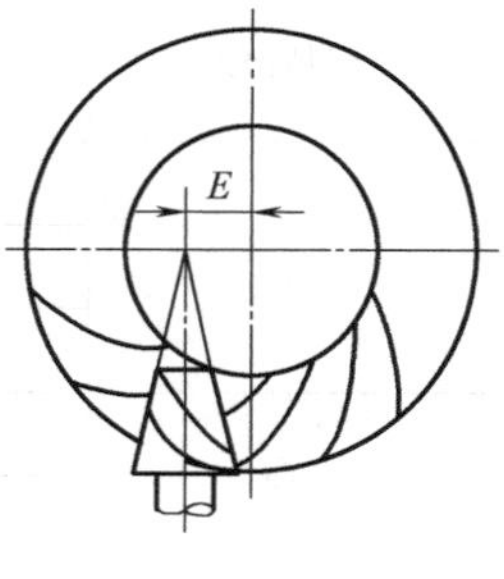
齿轮齿条		人字齿		曲线			

2. 按工作条件划分

按工作条件划分，齿轮传动可分为开式传动、半开式传动和闭式传动。

开式传动时齿轮完全暴露在外，不可能保证良好的润滑，也不能防止杂物进入齿轮啮合区，所以通常磨损较大。当传动装置封闭在箱壳内，并能保证良好润滑时称为闭式传动。闭式传动具有良好的润滑和防护条件，重要的齿轮传动通常采用闭式传动。半开式传动介于开式和闭式传动之间，通常是将齿轮浸入油池并安装简单的防护罩。

项目3 齿轮的材料与失效

一、常用的齿轮材料

1. 钢

钢材的韧性好，耐冲击，可通过热处理或表面处理改善力学性能和提高齿面硬度，是制造齿轮的最常用材料。

（1）锻钢 各种牌号的优质碳素钢和合金钢。锻钢的强度高，韧性好，并能通过热处理改善它的力学性能。

（2）铸钢 铸钢用于尺寸较大和结构复杂的齿轮。其耐磨性及强度均较好。常常需要进行正火或回火处理，以消除内应力。

2. 铸铁

铸铁具有很好的耐磨、抗胶合和减振性能，但弯曲强度和抗冲击性能较差。灰铸铁一般用于工作平稳，速度较低，功率不大的场合。球墨铸铁的力学性能和抗冲击性能远强于灰铸铁，甚至可替代某些钢制大齿轮。

3. 非金属材料

为降低齿轮传动高速运转的噪声，可用非金属材料制造齿轮。它常用于高速、轻载及精度要求不高的齿轮传动中。其力学性能见表5-2。

表5-2 常用齿轮材料及其力学性能

材料牌号	热处理方法	硬度	弯曲疲劳极限 σ_{Flim}/MPa	接触疲劳极限 σ_{Hlim}/MPa
45	正火	162~217HBW	280~340	350~400
	调质	217~255HBW	400~460	560~620
	表面淬火	40~50HRC	700~720	1070~1150
40Cr	调质	241~286HBW	580~620	680~760
	表面淬火	18~55HRC	700~740	1150~1210
40MnB	调质	241~286HBW	580~620	680~760
	表面淬火	45~55HRC	690~720	1130~1210
38SiMnMo	调质	217~269HBW	550~600	650~720
	表面淬火	45~55HRC	690~720	1130~1210
	碳氮共渗	57~63HRC	790	880~950
20CrMnTi	渗氮	>850HV	715	1000
	渗碳、淬火、回火	56~62HRC	850	1500
20Cr	渗碳、淬火、回火	56~62HRC	850	1500
ZG340-640	正火	179~207HBW	240~270	310~340

（续）

材料牌号	热处理方法	硬度	弯曲疲劳极限 σ_{Flim}/MPa	接触疲劳极限 σ_{Hlim}/MPa
ZG42SiMn	调质	197~248HBW	450~490	550~620
	表面淬火	45~53HBW	690~720	1130~1190
HT300	时效	187~255HBW	100~150	330~390
QT600-3	正火	190~270HBW	280~310	490~580

二、齿轮材料的选用原则

1）满足工作要求。根据齿轮工作特点，轮齿芯部要有足够的抗弯曲强度和冲击韧性，齿面要有足够的硬度和耐磨性。

2）合理选择配对齿轮的材料，尽量使它们的寿命一致。但由于小齿轮齿数较少，齿根较薄，受载次数多，其轮齿的磨损大，疲劳强度低。因而小齿轮应比大齿轮选用较好一些的材料。小齿轮的齿面硬度应比大齿轮的齿面硬度大 25~40HBS。

3）具有良好的工艺性和热处理性。

4）材料来源充足，物美价廉，以降低生产成本，提高经济效益。

5）根据齿轮热处理后齿面硬度的高低，可将齿轮分为软齿面齿轮（齿面硬度 ≤ 350HBS）和硬齿面齿轮（齿面硬度 >350HBS）两类。

三、齿轮的失效

什么是失效？机械零件由于某种原因不能正常工作时，称为失效。常见的齿轮失效形式有轮齿折断、齿面疲劳点蚀、齿面磨损和齿面胶合等。

1. 轮齿折断

（1）定义　所谓轮齿折断，是指齿轮的一个或多个齿的整体或局部的断裂。它有疲劳折断和过载折断两种。如图 5-3 所示，轮齿折断不仅使齿轮传动丧失工作能力，而且可能引起设备和人身事故，所以应设法避免。

（2）产生原因　齿根处受到弯曲交变应力的反复作用，在齿根受拉侧首先出现疲劳裂纹，随着应力循环次数的增加，裂纹不断扩展，齿根剩余断面上的应力超过齿轮材料的极限应力时，轮齿就会产生疲劳折断。这种情况一

图 5-3　轮齿折断

般发生在闭式硬齿面齿轮传动中。当短时过载或过大冲击载荷作用在轮齿上时，在弯曲应力的作用下发生的轮齿突然折断，称为过载折断。

（3）改进措施　增大齿根圆角半径和降低齿根表面粗糙度，以降低齿根的应力集中；对齿根表面进行辗压或喷丸处理，以提高齿根强度；采用正变位齿轮或适当增大压力角，以增大齿根厚度，降低齿根危险截面上的弯曲应力；使用中避免意外的严重过载或冲击等。

2. 齿面疲劳点蚀

（1）定义 所谓齿面疲劳点蚀，是一种齿面呈麻点状的齿面疲劳破坏，实质上是一些细小的金属颗粒剥落而形成的小凹坑（见图5-4）。

齿面疲劳点蚀是闭式软齿面齿轮传动的主要失效形式，常发生在靠近节线处的齿根表面上，然后逐渐向其他部位蔓延和扩展。

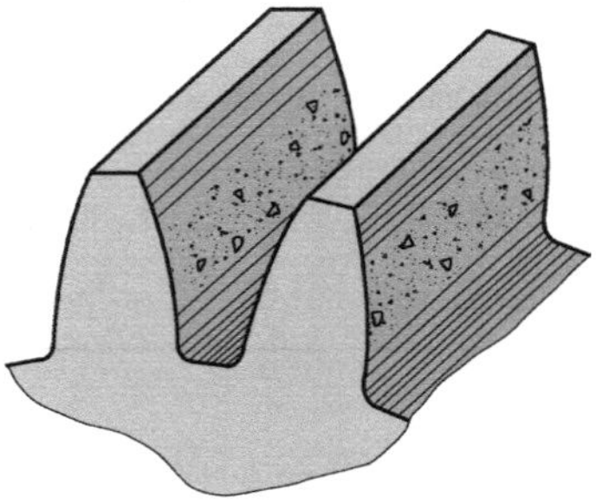

（2）产生原因 齿轮工作时，两齿廓接触面的接触应力是按脉动循环变化的，由于交变应力的反复作用，当接触应力的最大值超过了齿面的接触疲劳极限应力时，齿面金属脱落而形成麻点，发生疲劳点蚀，引起振动和噪声。

（3）改进措施 提高齿面的硬度以增大轮齿的疲劳极限；提高润滑油的黏度或添加适宜的添加剂，使啮合齿面形成较厚的牢固的油膜，以增大其承载面积；降低轮齿的表面粗糙度，提高齿形精度，以改善齿面的接触情况等。

图 5-4 齿面疲劳点蚀

3. 齿面磨损

（1）定义 所谓齿面磨损，是指齿轮啮合传动时，两渐开线齿廓之间存在相对滑动，在载荷作用下，齿面间的灰尘、硬屑粒引起的磨损。

（2）产生原因 由于金属微粒、灰尘、污物等进入齿轮工作表面，在齿轮运转时，将齿面材料逐渐磨损，使渐开线齿廓失去正确形状，并由此而产生冲击和噪声。如图5-5所示，在齿面严重磨损时，轮齿变薄，致使轮齿折断。齿面磨损是开式齿轮传动的主要失效形式。

（3）改进措施 加防护罩，以改善齿轮的工作条件；提高齿面硬度和降低表面粗糙度，以提高齿面的耐磨性；供给足够的润滑油并保持润滑油的清洁，以改善润滑条件等。

4. 齿面胶合

（1）定义 所谓齿面胶合，是相互啮合齿面的金属在一定的压力下直接接触而发生黏着，并随着齿面的相对滑动，使金属从齿面上撕落而引起的一种破坏，如图5-6所示。齿面胶合一般有热胶合和冷胶合两种形式。

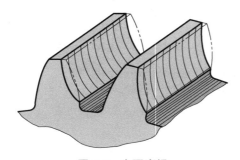

图 5-5 齿面磨损

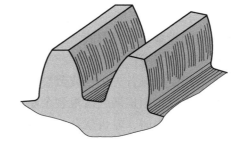

图 5-6 齿面胶合

（2）产生原因 在高速重载齿轮传动中，由于齿面间的压力大，瞬时温度高，使润滑油的黏度降低而失去润滑作用，导致两接触齿面金属熔焊而黏着，从而产生热胶合。在低速重载齿轮传动中，由于啮合处的局部压力很高，而速度又低，因而使两接触表面间不易形成油膜而产生黏着，从而出现冷胶合。胶合产生以后，渐开线齿廓被破坏，振动和噪声增大，会很快导致齿轮的报废。

为了减少胶合，使配对的大小齿轮寿命相当，通常使小齿轮齿面硬度比大齿轮齿面硬度高出 3~50HBW。对于高速、重载或重要的齿轮传动，可采用硬齿面齿轮组合，使齿面硬度大致相同。

（3）改进措施　采用黏度较大或抗胶合性能好的润滑油；降低表面粗糙度以造成良好的润滑条件；提高齿面硬度以增强其抗胶合能力。

项目 4　标准直齿圆柱齿轮传动的设计

一、齿轮传动的设计准则

1. 闭式齿轮传动的设计准则

1）对闭式软齿面齿轮传动，其设计准则是先按齿面接触疲劳强度进行设计，然后再校核轮齿根部的弯曲疲劳强度。

2）对闭式硬齿面齿轮传动，其设计准则是先按齿根部的弯曲疲劳强度进行设计，然后再校核齿面的接触疲劳强度。

2. 开式齿轮传动的设计准则

开式齿轮传动设计准则通常是只按轮齿弯曲疲劳强度的设计公式计算模数，然后据实际情况把求得的模数加大 10%~20%，以考虑磨损量，不需进行齿面接触疲劳强度校核计算。

图 5-7 所示为一对外啮合标准直齿圆柱齿轮传动，标准安装，齿轮 1 是主动轮，齿轮 2 是从动轮。若主动轮 1 所传递的功率为 $P(\mathrm{kW})$，转速为 $n_1(\mathrm{r/min})$，则作用在主动轮上的转矩 T_1 为

$$T_1 = 9.55 \times 10^6 \frac{P}{n_1} \tag{5-1}$$

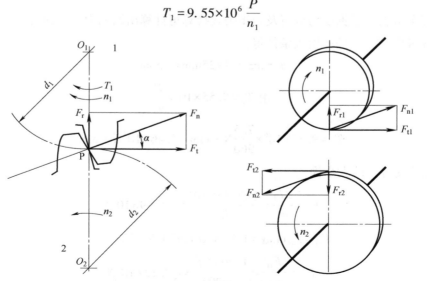

图 5-7　直齿轮受力分析

若摩擦忽略不计，则主动轮齿所受的总作用力 F_{n1} 必将沿齿面接触点的法线方向，故称为法向力。法向力 F_{n1} 可分解成互相垂直的两个分力，即圆周力 F_{t1} 和径向力 F_{r1}。

由齿轮平衡条件，得圆周力 F_{t1} 为

$$F_{t1} = \frac{2T_1}{d_1} \tag{5-2}$$

式中 d_1 为分度圆直径（mm）。

标准安装时，由图中的几何关系分别得径向力 F_{r1} 和法向力 F_{n1} 为

$$\begin{cases} F_{r1} = F_{t1}\tan\alpha \\ F_{n1} = \dfrac{F_{t1}}{\cos\alpha} \end{cases} \tag{5-3}$$

式中 α 为齿轮分度圆的压力角（度），对渐开线标准直齿圆柱齿轮 $\alpha = 20°$。

各力的方向如图 5-7 所示。由于两齿轮上所受的法向力 F_{n1} 和 F_{n2} 是作用力和反作用力，所以它们必定是大小相等，方向相反，分别作用在各自的工作齿面上。显然，其分力 F_{t1}、F_{r1} 和 F_{t2}、F_{r2} 也必定是大小相等，方向相反的两对作用力和反作用力，即

$$F_{n1} = -F_{n2}, F_{t1} = -F_{t2}, F_{r1} = -F_{r2} \tag{5-4}$$

圆周力 F_t 的方向在主动轮上与啮合点的圆周速度方向相反，在从动轮上与啮合点的圆周速度方向相同；径向力 F_r 的方向分别指向各自的轮心。内齿轮 F_r 的方向背离轮心。

【任务1】

一对标准直齿轮传动，标准安装，已知 $m = 3\text{mm}$，$Z_1 = 25$，转速 $n_1 = 960\text{r/min}$，传递的功率为 $P = 7.5\text{kW}$，试计算作用于轮齿上的各力，并指出圆周力和径向力对轴产生的作用。

（1）任务分析　根据受力分析及力矩公式换算可计算出圆周力和径向力。

（2）任务实施　由任务引入条件得：

$$d_1 = mz_1 = 3 \times 25\text{mm} = 75\text{mm}$$

由 $T_1 = 9.55 \times 10^6 \times \dfrac{P}{n_1}$

得

$$T_1 = 9.55 \times 10^6 \times \frac{7.5}{960}\text{N} \cdot \text{mm} = 7.46 \times 10^4 \text{N} \cdot \text{mm}$$

主动轮所受各力的大小为

$$F_{t1} = \frac{2T_1}{d_1} = \frac{2 \times 7.46 \times 10^4}{75}\text{N} = 1.99 \times 10^3 \text{N}$$

$$F_{r1} = F_{t1}\tan\alpha = 1.99 \times 10^3 \tan 20°\text{N} = 724.3\text{N}$$

$$F_{n1} = \frac{F_{t1}}{\cos\alpha} = \frac{1.99 \times 10^3}{\cos 20°}\text{N} = 2.12 \times 10^3 \text{N}$$

从动轮所受各力的大小为

$$F_{t2} = F_{t1} = 1.99 \times 10^3 N$$

$$F_{r2} = F_{r1} = 724.3N$$

$$F_{n2} = F_{n1} = 2.12 \times 10^3 N$$

圆周力对轴产生弯曲和扭转作用，径向力对轴只产生弯曲作用；由圆周力所引起的轴的弯曲平面与径向力引起的轴的弯曲平面互相垂直，不在同一平面内。

二、计算载荷的修正

法向力 F_n 是齿轮传动在理想状态下的名义载荷，而在实际传动时，由于原动机和工作机的性能，齿轮的加工误差，轮齿、轴和轴承受载后的变形，以及传动中工作载荷的变化等都会使齿轮上所受的实际载荷大于名义载荷 F_n。为此，在齿轮的强度计算中，引入载荷系数 K，将名义载荷 F_n 进行修正得到计算载荷 F_{nca}，即

$$F_{nca} = KF_n \tag{5-5}$$

载荷系数 K 值可近似地按表 5-3 选取。

表 5-3　载荷系数 K

工作机械的载荷特性	原动机		
	电动机	多缸内燃机	单缸内燃机
均匀	1~1.2	1.2~1.6	1.6~1.8
中等冲击	1.2~1.6	1.6~1.8	1.8~2.0
大冲击	1.6~1.8	1.9~2.1	2.2~2.4

三、齿面接触疲劳强度的计算

闭式软齿面齿轮传动的主要失效形式是齿面疲劳点蚀，是为了防止齿面发生疲劳点蚀，这就要求齿面节圆柱（标准安装时，节圆柱面与分度圆柱面重合）接触处所产生的最大接触应力 σ_H 小于齿轮的许用接触应力 $[\sigma]_H$。对于渐开线标准直齿圆柱齿轮传动的齿面接触疲劳强度的校核公式为

$$\sigma_H = 3.52 z_E \sqrt{\frac{KT_1}{bd_1^2} \cdot \frac{u\pm1}{u}} \le [\sigma]_H \tag{5-6}$$

式中　σ_H——齿面工作时在节线处产生的最大接触应力（MPa）；

　　　$[\sigma]_H$——齿轮的许用接触应力（MPa），$[\sigma]_H = \dfrac{\sigma_{Hlim}}{S_H}$，$\sigma_{Hlim}$ 见表 5-2，S_H 是接触疲劳强度安全系数，一般可取为 1；

　　　T_1——小齿轮传递的转矩（N·mm）；

　　　K——载荷系数，见表 5-3；

　　　b——大齿轮宽度（工作宽度）（mm）；

　　　d_1——小齿轮的分度圆直径（mm）；

u——齿数比，即大齿轮齿数与小齿轮齿数之比；对于减速传动 $u=i$；对于增速传

动，$u=\dfrac{1}{i}$；

z_E——齿轮的材料系数，见表 5-4；

±——"+"号用于外啮合，"–"用于内啮合。

表 5-4　齿轮的材料系数 z_E （单位：MPa）

两轮材料组合	z_E
钢对钢	189.8
钢对铸铁	165.4
铸铁对铸铁	143

当 d_1 不变，而相应改变 m 和 z_1 时，σ_H 将保持不变，这表明在齿轮分度圆直径不变的情况下，接触应力 σ_H 的大小与齿轮模数 m 的大小无关。

现引入齿宽系数 $\varphi_d=\dfrac{b}{d_1}$，得 $b=\varphi_d d_1$，代入式（5-6）中，得到计算小齿轮分度圆直径 d_1 的设计公式，即

$$d_1 \geqslant \sqrt[3]{\left(\frac{3.52 z_E}{[\sigma]_H}\right)^2 \frac{KT_1}{\varphi_d} \cdot \frac{u\pm 1}{u}} \tag{5-7}$$

注意：应用上述设计公式时，必须将 $[\sigma]_{H_1}$、$[\sigma]_{H_2}$ 两者中较小值代入公式进行计算。

四、轮齿根部弯曲疲劳强度的计算

闭式硬齿面齿轮传动的主要失效形式是轮齿疲劳折断。为了防止轮齿疲劳折断，应对轮齿根部的弯曲疲劳强度进行校核计算，其计算方法是使轮齿根部所产生的弯曲应力小于或等于齿轮的许用弯曲应力（见图 5-8）。

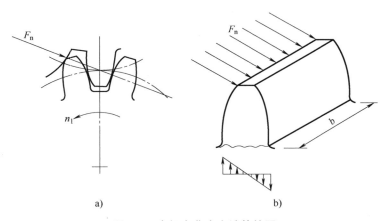

a)　　　　　　　　　　　　b)

图 5-8　齿根弯曲应力计算简图

轮齿根部是危险截面，它的弯曲强度校核公式为

$$\sigma_{\mathrm{F}} = \frac{2KT_1 Y_{\mathrm{FS}}}{bm^2 z_1} \leqslant [\sigma]_{\mathrm{F}} \tag{5-8}$$

式中 σ_{F}——轮齿根部危险截面上的最大弯曲应力（MPa）；

$[\sigma]_{\mathrm{F}}$——齿轮的许用弯曲应力（MPa），$[\sigma]_{\mathrm{F}} = \dfrac{\sigma_{\mathrm{Flim}}}{S_{\mathrm{F}}}$，$\sigma_{\mathrm{Flim}}$ 见表 5-2，S_{H} 是弯曲疲劳强度

安全系数，一般取 1.25~1.5；

Y_{FS}——复合齿形系数，它是量纲为 1 的参数，见表 5-5。

表 5-5   复合齿形系数 Y_{FS}

当量齿数 z_v	Y_{FS}	当量齿数 z_v	Y_{FS}
17	4.51	30	4.09
18	4.45	35	4.04
19	4.39	40	4.01
20	4.34	45	4.00
21	4.30	50	4.00
22	4.27	60	3.94
23	4.24	70	3.92
24	4.19	80	3.92
25	4.16	90	3.91
26	4.14	100	3.90
27	4.11	150	3.91
28	4.10	200	3.95
29	4.09	∞	4.05

由表 5-5 可知，一对啮合齿轮的齿数通常是不相等的，则它们的复合齿形系数 Y_{FS} 也不相同，故大、小齿轮的齿根弯曲应力也不相等。当齿轮的材料及热处理方式不同时，许用弯曲应力也不一样，要校核齿轮的弯曲强度是否足够，必须比较 $Y_{\mathrm{FS1}}/[\sigma]_{\mathrm{F1}}$ 和 $Y_{\mathrm{FS2}}/[\sigma]_{\mathrm{F2}}$ 的比值，应选择比值大的齿轮进行弯曲强度校核。

注意：应用式（5-8）时，不论是计算小齿轮或大齿轮的齿根弯曲应力，都应将 T_1 和 z_1 代入。这是因为圆周力 F_{t} 的计算是以小齿轮为依据的。

由 $\varphi_{\mathrm{d}} = \dfrac{b}{d_1}$，得 $b = \varphi_{\mathrm{d}} m z_1$ 代入式 $\sigma_{\mathrm{F}} = \dfrac{2KT_1 Y_{\mathrm{FS}}}{bm^2 z_1} \leqslant [\sigma]_{\mathrm{F}}$，经整理得出模数 m 的设计公式为

$$m \geqslant 1.26 \sqrt[3]{\frac{KT_1}{\varphi_{\mathrm{d}} z_1^2} \cdot \frac{Y_{\mathrm{FS}}}{[\sigma]_{\mathrm{F}}}} \tag{5-9}$$

注意：应用式 $\sigma_{\mathrm{F}} = \dfrac{2KT_1 Y_{\mathrm{FS}}}{bm^2 z_1} \leqslant [\sigma]_{\mathrm{F}}$ 时也应以两个齿轮中比值 $Y_{\mathrm{FS}}/[\sigma]_{\mathrm{F}}$ 大的代入。

由式（5-9）得出的模数应按表 4-2 圆整为最接近的标准模数。

五、齿轮传动主要参数的选择

1. 齿数和模数

对闭式软齿面齿轮传动，一般先按齿面的接触疲劳强度计算出齿轮的分度圆直径，然后再确定齿数和模数，而且应在满足弯曲强度的条件下，尽量选取较多的齿数。这是因为：在分度圆直径不变时，齿数越多，模数就越小，重合度就越大，传动越平稳。但模数越小，则轮齿的弯曲强度就越弱。

$$m = (0.007 \sim 0.020)a \tag{5-10}$$

式中 a——中心距（mm）。

对于传递动力的齿轮，为防止意外折断，$m \geq 1.5 \sim 2.0$，按式（5-10）计算出的 m 应调整为标准模数，然后由式（5-11）确定齿数：

$$z_2 = uz_1 \tag{5-11}$$

注意：由式（5-11）计算出的值为小数时，应圆整为整数。

对闭式硬齿面齿轮或铸铁齿轮和开式齿轮传动，齿数宜取小一些，一般取值为 $17 \sim 25$。

2. 齿宽系数 φ_d

$$b_2 = b = \varphi_d d_1, b_1 = b_2 + (5 \sim 10)\text{mm} \tag{5-12}$$

齿宽系数 φ_d 的取值见表 5-6。

表 5-6 齿宽系数 φ_d 的取值

齿轮相对于支承的位置	工作齿面硬度	
	软齿面（HB≤350）	硬齿面（HB>350）
对称布置	0.8~1.4	0.4~0.9
非对称布置	0.6~1.2	0.3~0.6
悬臂布置	0.3~0.4	0.2~0.25

3. 传动比 i

当传动比 $i<8$ 时可采用一级齿轮传动；$8 \leq i \leq 40$ 时，采用二级齿轮传动；$i>40$ 时，采用三级或三级以上传动。

一般取一对直齿圆柱齿轮传动的传动比 $i<3$，$i_{max}=5$；斜齿轮传动，$i \leq 5$，$i_{max}=8$；直齿锥齿轮传动的传动比 $i \leq 3$，$i_{max}=5 \sim 7.5$。

一般齿轮传动，若对传动比不作严格要求时，则实际传动比 i 允许有 $\pm 2.5\%$（$i \leq 4.5$ 时）或 $\pm 4\%$（$i>4.5$ 时）的误差。其计算误差公式为

$$\Delta i = \frac{i_{理} - i_{实}}{i_{理}} \times 100\% \tag{5-13}$$

六、圆柱齿轮的结构设计

齿轮的结构一般由轮缘（轮齿）、轮辐和轮毂三部分组成。结构设计的方法主要是按经验公式或经验数据来确定齿轮的各部分形状和尺寸。齿轮结构型式有齿轮轴式、实心式、腹

板式和轮辐式等。

1. 齿轮轴式齿轮

对于小直径的钢齿轮，若齿根圆直径与轴相差不大，致使在键槽处的尺寸 $\delta_1 < 2.5m$（m 为模数）时，则可将齿轮和轴制成一体，称为齿轮轴，如图 5-9 所示。齿轮轴的刚度较好，但齿轮损坏时，轴将与其同时报废，结果造成浪费。对直径较大（$d_a > 2d_3$）的齿轮，为了便于制造和装配，应将齿轮和轴分开制造。

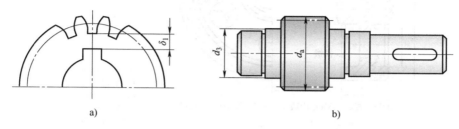

a)   b)

图 5-9　小齿轮及齿轮轴

2. 实心式齿轮

对于 $d_a \leqslant 200mm$ 的钢齿轮，可采用锻造毛坯的实心式结构。如图 5-10 所示，材料常用钢，有时也用轧制圆钢。

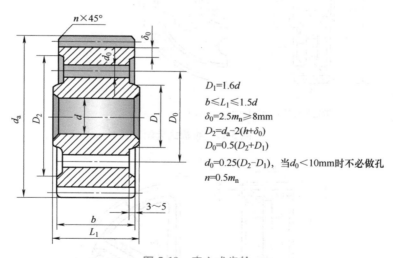

$D_1 = 1.6d$

$b \leqslant L_1 \leqslant 1.5d$

$\delta_0 = 2.5m_n \geqslant 8mm$

$D_2 = d_a - 2(h + \delta_0)$

$D_0 = 0.5(D_2 + D_1)$

$d_0 = 0.25(D_2 - D_1)$，当 $d_0 < 10mm$ 时不必做孔

$n = 0.5m_n$

图 5-10　实心式齿轮

3. 腹板式齿轮

齿顶圆直径 $200mm < d_a < 500mm$ 的齿轮，一般采用腹板式结构。为了减轻重量节省材料和便于搬运，在腹板上常制出圆孔，如图 5-11 所示。

4. 轮辐式齿轮

为了节省材料和减轻重量，齿顶圆直径 $d_a \geqslant 500mm$ 的齿轮可采用轮辐式结构，如图 5-12 所示。

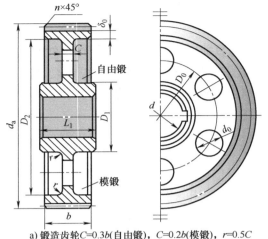

a) 锻造齿轮C=0.3b(自由锻)，C=0.2b(模锻)，r=0.5C

$D_1=1.6d$(钢或铸钢)
$D_2=1.8d$(铸铁)
$b\leqslant L_1\leqslant 1.5d$
$\delta_0=(3\sim4)m_n\geqslant 8mm$
$D_0=0.5(D_2+D_1)$
$d_0=(0.25\sim0.35)(D_2-D_1)$
$n=0.5m_n$

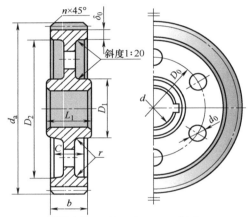

b) 锻造齿轮C=0.2b≥10mm，r≈0.5C

图 5-11　腹板式齿轮

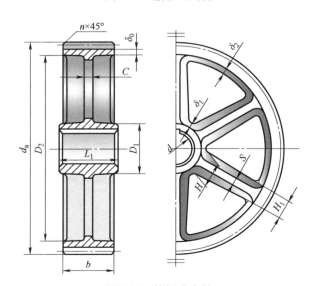

图 5-12　轮辐式齿轮

【任务 2】

图 5-13 所示为带式输送机传动装置，试设计减速器的高速级直齿圆柱齿轮传动。已知输入功率 $P_1 = 15kW$，小齿轮转速 $n_1 = 960r/min$，传动比 $i = 3.2$，电动机驱动，预期工作寿命 10 年，每年工作 300 天，两班制工作。带式输送机传动平稳，单向转动，要求结构尺寸紧凑。

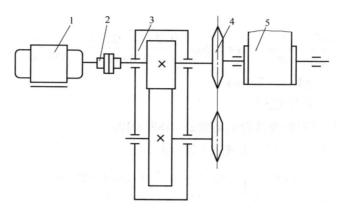

图 5-13　带式输送机传动装置

1—电动机　2—联轴器　3—减速器　4—链传动　5——输送带

（1）任务分析　根据任务引入，要求结构紧凑，该对齿轮可采用硬齿面。再根据精度等级和材料的选择确定许用应力，并按满足许用应力的步骤进行设计计算就能得到所需输送机传动装置。

（2）任务实施　由于任务引入要求结构紧凑，所以该齿轮可采用硬齿面。

1）选择齿轮精度等级和材料，并确定许用应力。

① 选择齿轮精度等级。输送机为一般工作机器，速度不高，故初选 8 级精度。

② 选择齿数。初选 $z_1 = 19$，则 $z_2 = iz_1 = 3.2 \times 19 = 60.8$，取 $z_2 = 61$，则实际传动比为 $i = z_2/z_1 = 3.21$。

③ 选择材料并确定许用应力。根据表 5-2，大、小齿轮均选用 20Cr 渗碳淬火，硬度为 56~62HRC，弯曲疲劳极限 $\sigma_{Flim} = 850MPa$；接触疲劳极限 $\sigma_{Flim} = 1500MPa$。

取弯曲疲劳强度安全系数 $S_F = 1.3$，接触疲劳强度安全系数 $S_H = 1$。

则

$$[\sigma]_{F1} = [\sigma]_{F2} = \frac{\sigma_{Flim}}{S_F} = \frac{850}{1.3}MPa = 653.85MPa$$

$$[\sigma]_{H1} = [\sigma]_{H2} = \frac{\sigma_{Hlim}}{S_H} = \frac{1500}{1}MPa = 1500MPa$$

2）按齿根弯曲疲劳强度计算。

① 由表 5-3 选取载荷系数 $K = 1.2$。

② 计算小齿轮传递的转矩，即

$$T_1 = 9.55 \times 10^6 \frac{P_1}{n_1} = 9.55 \times 10^6 \times \frac{15}{960} \text{N} \cdot \text{mm} = 14.922 \times 10^4 \text{N} \cdot \text{mm}$$

③ 由表5-6选取齿宽系数 $\varphi_d = 0.6$。

④ 由表5-5选取复合齿形系数 $Y_{FS1} = 4.39$，$Y_{FS2} = 3.94$。

由于 $Y_{FS1} > Y_{FS2}$，故取 $Y_{FS1} = 4.39$ 代入式（5-9）计算。

⑤ 计算模数。

$$m \geq 1.26 \sqrt[3]{\frac{KT_1}{\varphi_d z_1^2} \cdot \frac{Y_{FS}}{[\sigma]_F}} \quad m = 1.26 \times \sqrt[3]{\frac{1.2 \times 14.922 \times 10^4}{0.6 \times 19^2} \times \frac{4.39}{653.85}} \text{mm} = 2.33 \text{mm}$$

按表4-2，取标准模数 $m = 2.5 \text{mm}$。

3）按齿面接触疲劳强度计算。

① 由表5-4选取材料的弹性影响系数 $z_E = 189.8 \text{MPa}$。

② 计算小齿轮分度圆直径。由式（5-7）得：

$$d_1 \geq \sqrt[3]{\left(\frac{3.52 z_E}{[\sigma]_H}\right)^2 \frac{KT_1}{\varphi_d} \cdot \frac{u+1}{u}} = \sqrt[3]{\left(\frac{3.52 \times 189.8}{1500}\right)^2 \times \frac{1.2 \times 14.922 \times 10^4}{0.6} \times \frac{3.21+1}{3.21}} \text{mm} = 42.79 \text{mm}$$

③ 确定齿数。按既满足弯曲疲劳强度的模数 $m = 2.5 \text{mm}$，同时又满足接触疲劳强度的小齿轮分度圆直径 $d_1 = 42.79 \text{mm}$，确定所需要的齿数为

$$z_1 = \frac{d_1}{m} = \frac{42.79 \text{mm}}{2.5 \text{mm}} = 17.116$$

取 $z_1 = 18$，则 $z_2 = iz_1 = 57.78$，取 $z_2 = 58$，实际传动比 $i = 58/18 = 3.22$，与初选值接近，不必返回修正计算。

4）计算几何尺寸。

① 计算分度圆直径。$d_1 = mz_1 = 2.5 \text{mm} \times 18 = 45 \text{mm}$（基本参数 m、z 确定后，计算出 d_1 值应不小于由接触疲劳强度计算出的 $d_1 = 42.79 \text{mm}$，否则，不满足接触疲劳强度）；$d_2 = mz_2 = 2.5 \text{mm} \times 58 = 145 \text{mm}$。

② 计算齿宽。$b = \varphi_d d_1 = 0.6 \times 45 \text{mm} = 27 \text{mm}$，圆整取 $b_2 = 30 \text{mm}$；$b_1 = b_2 + (5 \sim 10) \text{mm} = (35 \sim 40) \text{mm}$，取 $b_1 = 35 \text{mm}$

③ 计算中心距。

$$a = \frac{m}{2}(z_1 + z_2) = \frac{2.5 \text{mm}}{2}(18 + 58) = 95 \text{mm}$$

5）计算圆周速度。

$$v = \frac{\pi d_1 n_1}{60 \times 1000} = \frac{\pi \times 45 \times 960}{60 \times 1000} \text{m/s} = 2.262 \text{m/s}$$

对照表4-1，选用8级精度是合适的。

6）结构设计及绘制齿轮零件图（略）。

项目 5　平行轴标准斜齿圆柱齿轮传动

一、齿廓形成与啮合特点

如图 5-14 所示，直齿圆柱齿轮的齿廓曲面是相切于基圆柱 NN 线的发生面沿基圆柱做纯滚动时，发生面上任一与基圆柱平行的，直线 KK 的轨迹就是直齿轮齿廓曲面渐开面。直齿轮的齿线方向与轴 K 线平行，齿轮啮合时，沿齿宽方向的瞬时接触线是与轴线平行的直线。因此轮齿上的力是突然加上、突然卸掉，从而在高速传动中引起冲击、振动和噪声，传动极不平稳。为适应机器高速运转和功率增加的需要，设计产生了斜齿圆柱齿轮。

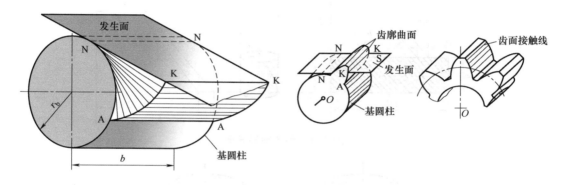

图 5-14　直齿轮齿廓曲面的形成

如图 5-15 所示，斜齿轮齿廓曲面的形成是发生面在基圆柱上做纯滚动，发生面上有一直线 KK 与基圆柱直母线方向 A 成倾斜角 β_b（基圆柱上的螺旋角）。当发生面沿着基圆柱进行纯滚动时，直线 KK 形成了斜齿轮的渐开螺旋面齿廓。一对斜齿圆柱齿轮啮合时，齿面接触线与齿轮直母线相倾斜，其长度由零逐渐增大，到某一位置后达到最大，又逐渐缩短到零直至退出啮合。所以，斜齿圆柱齿轮传动具有噪声小、传动平稳、承载能力大等优点，一般适用于高速重载场合。但由于有螺旋角，斜齿轮的轮齿工作时会产生轴向力，对支承轴将产生拉伸或压缩作用，从而影响轴承的寿命。

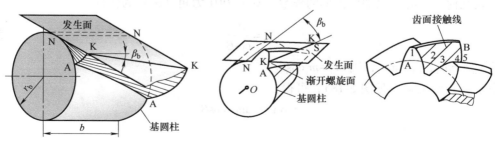

图 5-15　斜齿轮齿廓曲面的形成

二、斜齿圆柱齿轮的主参数、几何尺寸和正确啮合条件

1. 螺旋角（β）

如图 5-16 所示，将斜齿轮沿其分度圆柱展开，该圆柱上的螺旋线成为一条直线，它与齿轮轴线间的夹角就称为分度圆柱上的螺旋角，简称螺旋角 β。β 值越大，重合度就越大，传动过程越平稳，轴向力也会增大，一般取 $\beta = 8° \sim 20°$（最大不超过 30°）。

斜齿圆柱齿轮的螺旋线方向有左旋和右旋之分，如图 5-17 所示。其判别方法是：将齿轮沿轴线方向垂直摆放，螺旋线倾斜方向成左下右上者为右旋，左上右下者为左旋（见图 5-17）。

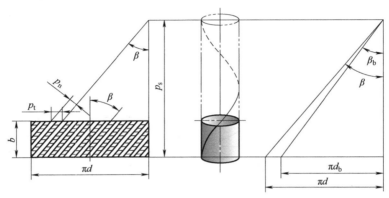

图 5-16 斜齿轮展开图

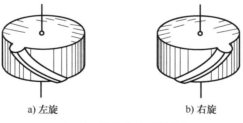

a) 左旋   b) 右旋

图 5-17 斜齿轮轮齿的旋向

2. 模数（m_n、m_t）和压力角（α_n、α_t）

斜齿圆柱齿轮，有端面（垂直于齿轮轴线的平面）和法面（垂直于齿线方向的平面）齿形之分，选择刀具时应以法面齿形的模数（m_n）和压力角（α_n）为主参数，取为标准值。计算齿轮几何尺寸时应以端面齿形的模数（m_t）和压力角（α_t）为依据，则

$$p_t = \frac{p_n}{\cos\beta} \tag{5-14}$$

而 $p_n = \pi m_n$，$p_t = \pi m_t$，则 $m_n = m_t \cos\beta$。

由空间几何关系（见图 5-18），可得：

$$\tan\alpha_n = \tan\alpha_t \cos\beta \tag{5-15}$$

3. 正确啮合条件

标准斜齿轮正确啮合条件是：法面模数和法面压力角必须相等，螺旋角还必须大小相等，旋向相同（内啮合）或相反（外啮合），即

$$\begin{cases} \alpha_{n1} = \alpha_{n2} = \alpha_n = 20° \\ m_{n1} = m_{n2} = m_n = m \\ \beta_1 = \pm\beta_2 \binom{内啮合}{外啮合} \end{cases} \tag{5-16}$$

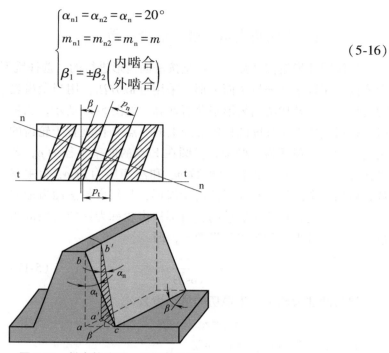

图 5-18　斜齿轮法面、端面的关系

标准斜齿轮几何尺寸计算公式见表 5-7。

表 5-7　标准斜齿轮几何尺寸计算公式

名称		符号	计算公式
基本参数	法面模数	m_n	据强度决定，按表 4-2 选取标准值
	法面压力角	α_n	选标准值 $\alpha_n = 20°$
	齿数	z	$z_1 \geqslant z_{min}$，$z_2 = iz_1$
	齿顶高系数	h_{an}^*	选标准值 $h_{an}^* = 1$
	顶隙系数	C_n^*	取标准值 $C_n^* = 0.25$
	分度圆柱螺旋角	β	一般取 $\beta = 8° \sim 20°$
几何尺寸	端面模数	m_t	$m_t = \dfrac{m_n}{\cos\beta}$
	分度圆直径	d	$d = m_t z = \dfrac{m_n z}{\cos\beta}$
	齿顶高	h_a	$h_a = h_{an}^* m_n$
	齿根高	h_f	$h_f = (h_{an}^* + c_n^*) m_n$
	齿高	h	$h = h_a + h_f = (2h_{an}^* + c_n^*) m_n$
	齿顶圆直径	d_a	$d_a = d + 2h_a = d + 2m_n$
	齿根圆直径	d_f	$d_f = d - 2h_f = d - 2.5m_n$
	标准中心距	a	$a = \dfrac{d_1 + d_2}{2} = \dfrac{m_n(z_1 + z_2)}{2\cos\beta}$

三、当量齿轮及当量齿数、最少齿数

斜齿圆柱齿轮传动强度计算是按法面齿形进行的，选择铣刀刀号也是以法面齿形的参数为依据，所以必须分析法面齿形，采用近似方法，用当量齿轮的齿形去近似替代法面齿形来分析计算。如图 5-19 所示，当量齿轮是指过斜齿轮分度圆柱螺旋线上的一点 P 作垂直于轮齿的法向断面，该断面为一椭圆，椭圆在 P 点的曲率半径为 ρ，若以 ρ 为分度圆半径，以法面模数 m_n 和法面压力角 α_n 为主参数，做出一个假想的直齿圆柱齿轮齿形，与斜齿轮法面齿形非常接近，我们就把这个假想的直齿圆柱齿轮称为该斜齿轮的当量直齿轮，其齿数称为当量齿数 z_v，即

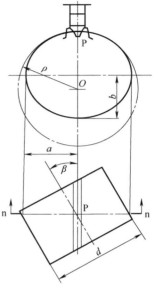

$$z_v = \frac{z}{\cos^3\beta} \qquad (5\text{-}17)$$

斜齿圆柱齿轮不发生根切的最小齿数 $z_{\min}$ 为

$$z_{\min} = z_{v\min}\cos^3\beta \qquad (5\text{-}18)$$

若 $z_{v\min} = 17$，则 $z_{\min} = 17\cos^3\beta$。

四、斜齿圆柱齿轮传动的强度计算

图 5-19　斜齿轮的当量齿数

1. 受力分析

图 5-20 所示为一对斜齿圆柱齿轮的受力分析，主动轮为右旋齿轮，按图示方向转动，忽略摩擦不计，作用于主动轮齿上的总压力 F_{n1} 必沿接触点的法线方向，指向工作齿面，称为法向压力 F_{n1}。将它分解为互相垂直的两个分力，F_{r1} 和 F'_1；F'_1 又可分解为互相垂直的两个分力 F_{t1}（圆周力）和 F_{a1}（轴向力）。

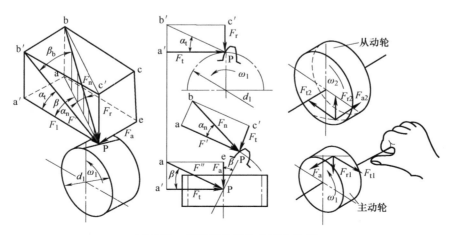

图 5-20　斜齿圆柱齿轮的受力分析

主动轮所受各力大小计算公式为

$$
\begin{cases}
T_1 = 9.55 \times 10^6 \dfrac{P_1}{n_1} \\[2mm]
F_{t1} = \dfrac{2T_1}{d_1} \\[2mm]
F_{r1} = F_{t1} \dfrac{\tan\alpha_n}{\tan\beta} \\[2mm]
F_{a1} = F_{t1}\tan\beta
\end{cases}
\tag{5-19}
$$

从动轮各力大小与主动轮各力大小等值反向，即

$$
F_{t2} = -F_{t1}, F_{r2} = -F_{r1}, F_{a2} = -F_{a1}, F_{n2} = -F_{n1}
\tag{5-20}
$$

各力方向确定如下：圆周力在主动轮上与啮合点圆周速度方向反向，在从动轮上同向；径向力指向各自轮心（内齿轮背离轮心）；轴向力方向可采用主动轮左、右手定则来判定。具体方法是：若主动轮为右旋，将右手握成拳状，弯曲的四指与转向一致，大拇指与弯曲四指组成的平面垂直，它的指向即为主动轮所受的轴向力方向。对主动轮为左旋的齿轮，用左手按照此法来判定。若要判断从动轮所受轴向力的方向，可根据作用力和反作用力原理来应用。

2. 强度计算

标准斜齿圆柱齿轮传动强度计算与直齿圆柱齿轮相似，是以法面齿形（当量直齿圆柱齿轮）为依据计算的。

1）齿面接触疲劳强度计算：

① 校核公式

$$
\sigma_H = 3.17 z_E \sqrt{\dfrac{KT_1 u \pm 1}{b a_1^2 u}} \leqslant [\sigma]_H
\tag{5-21}
$$

② 设计公式

$$
d_1 \geqslant \sqrt[3]{\dfrac{KT_1 u \pm 1}{\varphi_d u}\left(\dfrac{3.17 z_E}{[\sigma]_H}\right)^2}
\tag{5-22}
$$

2）齿根弯曲疲劳强度计算：

① 校核公式

$$
\sigma_F = \dfrac{1.6 KT_1}{b m_n d_1} Y_{FS} \leqslant [\sigma]_H
\tag{5-23}
$$

② 设计公式

$$
m_n \geqslant 1.17 \sqrt[3]{\dfrac{KT_1 \cos^2\beta Y_{FS}}{\varphi_d z_1^2 [\sigma]_F}}
\tag{5-24}
$$

注意：Y_{FS}——复合齿形系数，应据当量齿数查表 5-5；求出的 m_n 应按表 4-2 取标准值。

【任务 3】

有一标准直齿轮机构，已知：$z_1 = 30$，$z_2 = 60$，$m = 3\text{mm}$，$\alpha = 20°$。为提高齿轮机构的平稳性，要求在传动比和模数都不变的条件下，将标准直齿轮机构改换成标准斜齿轮机构。试设计这对斜齿轮的齿数 z_1'、z_2' 和螺旋角 β。

（1）任务分析 要把直齿轮机构变为斜齿轮机构，则直齿轮的压力角应等于斜齿轮的法向压力角。由此可初取斜齿轮的螺旋角按中心距公式计算出其齿数并圆整后，再代入公式

计算出螺旋角。

（2）任务实施　由任务引入条件可知，要把直齿轮机构变为斜齿轮机构，除给出的已知条件外，还要考虑齿轮传动中心距不变的条件，即 $a_{直}=a_{斜}$。

由 $i_{12}=\dfrac{z_2}{z_1}$，可得：

$$i_{12}=\frac{60}{30}=2$$

由 $a=\dfrac{m}{2}(z_1+z_2)$，可得：

$$a_{直}=\frac{m}{2}(z_1+z_2)=\frac{3}{2}\times(30+60)\,\mathrm{mm}=135\,\mathrm{mm}$$

则斜齿轮机构的已知条件为

$$i_{斜}=i_{直}=2,\quad m_{\mathrm{n}}=m=3\,\mathrm{mm}$$
$$a_{斜}=a_{直}=135\,\mathrm{mm}$$

由此可得：
$$a_{斜}=\frac{m_{\mathrm{n}}(z_1'+z_2')}{2\cos\beta}=\frac{3\times(z_1'+z_2')}{2\cos\beta}=135\,\mathrm{mm}$$

由 $i_{斜}=\dfrac{z_2'}{z_1'}=2$，可得

$$z_2'=2z_1'$$

代入式中，可得：

$$\frac{3\times(z_1'+2z_1')}{2\cos\beta}=135,\quad \frac{z_1'}{\cos\beta}=30,\quad z_1'=30\cos\beta$$

初取 $\beta=15°$，则 $z_1'=30\cos15°=28.98$；取 $z_1'=29$，则 $z_2'=2z_1'=2\times29=58$，则有：

$$\beta=\arccos\frac{m_{\mathrm{n}}(z_1'+z_2')}{2a_{斜}}=\arccos\frac{3\times(29+58)}{2\times135}=14°50'24''$$

因此，设计的斜齿轮机构的齿数 $z_1'=29$，$z_2'=58$，$\beta=14°50'24''$。

【任务4】

设计某二级减速器的高速级斜齿圆柱齿轮。已知输入功率 $P_1=10\,\mathrm{kW}$，小齿轮转速 $n_1=960\,\mathrm{r/min}$，传动比 $i=3.2$，电动机驱动，预期工作寿命 15 年，每年工作 300 天，两班制工作，单向转动，载荷为中等冲击。

（1）任务分析　根据任务引入情况，齿轮可采用软齿面。再由齿轮材料、齿数和精度的选择确定许用应力。由此可按满足许用应力的设计步骤计算出相关参数。

（2）任务实施　由任务引入条件分析，齿轮可采用软齿面。

1）选择齿轮精度见表 4-1，齿数和材料，并确定许用应力。

① 选择齿轮精度。初选 8 级精度。

② 选择齿数。初选小轮齿数 $z_1=24$，则大轮齿数 $z_2=z_1i=24\times3.2=76.8$，取 $z_2=77$，实

际传动比 $i = z_2/z_1 = 77/24 = 3.208$。

③ 选择材料并确定许用应力。根据表 5-2，选择小齿轮用 45 钢调质，硬度 217~255HBW；大齿轮用 45 钢正火，硬度 162~217HBW，则 $\sigma_{\text{Flim1}} = 430\text{MPa}$，$\sigma_{\text{Flim2}} = 310\text{MPa}$；$\sigma_{\text{Hlim1}} = 590\text{MPa}$，$\sigma_{\text{Hlim2}} = 380\text{MPa}$。

取弯曲疲劳强度安全系数 $S_F = 1.4$，接触疲劳强度安全系数 $S_H = 1$，则许用应力为

$$[\sigma]_{F1} = \frac{\sigma_{\text{Flim1}}}{S_F} = \frac{430}{1.4}\text{MPa} = 307.14\text{MPa}$$

$$[\sigma]_{F2} = \frac{\sigma_{\text{Flim2}}}{S_F} = \frac{310}{1.4}\text{MPa} = 221.43\text{MPa}$$

$$[\sigma]_{H1} = \frac{\sigma_{\text{Hlim1}}}{S_H} = \frac{590}{1}\text{MPa} = 590\text{MPa}$$

$$[\sigma]_{H2} = \frac{\sigma_{\text{Hlim1}}}{S_H} = \frac{380}{1}\text{MPa} = 380\text{MPa}$$

2）计算齿面接触疲劳强度。

① 由表 5-3 选载荷系数 $K = 1.5$。

② 由式（5-19）计算小齿轮传递的转矩，即

$$T_1 = 9.55 \times 10^6 \times \frac{P_1}{n_1} = 9.55 \times 10^6 \times \frac{10}{960}\text{N} \cdot \text{mm} = 9.948 \times 10^4 \text{N} \cdot \text{mm}$$

③ 由表 5-6 选取齿宽系数 $\varphi_d = 1$。

④ 由表 5-4 选取齿轮的材料系数 $z_E = 189.8\text{MPa}$。

⑤ 初选螺旋角 $\beta = 14°$

⑥ 齿面接触疲劳许用应力 $[\sigma]_{H1} = 590\text{MPa}$，$[\sigma]_{H2} = 380\text{MPa}$，取 $[\sigma]_H = 380\text{MPa}$。

⑦ 计算小齿轮分度圆直径，即

$$d_1 \geq \sqrt[3]{\frac{KT_1}{\varphi_d}\left(\frac{i+1}{i}\right)\left(\frac{3.17 z_E}{[\sigma]_H}\right)^2}$$

$$= \sqrt[3]{\frac{1.5 \times 9.948 \times 10^4}{1}\left(\frac{3.208+1}{3.208}\right)\left(\frac{3.17 \times 189.8}{380}\right)^2}\text{mm}$$

$$= 78.87\text{mm}$$

3）计算齿根弯曲疲劳强度。

① 计算当量齿数，即

$$z_{v1} = \frac{z_1}{\cos^3\beta} = \frac{24}{\cos^3 14°} = 26.27$$

$$z_{v2} = \frac{z_2}{\cos^3\beta} = \frac{77}{\cos^3 14°} = 84.29$$

则由表 5-5 选取复合齿形系数 $Y_{FS1} = 4.19$，$Y_{FS2} = 3.92$。

② 计算并比较两齿轮的 $\dfrac{Y_{FS}}{[\sigma]_F}$ 值，即

$$\frac{Y_{FS1}}{[\sigma]_{F1}} = \frac{4.19}{307.14\text{MPa}} = 0.01362/\text{MPa}$$

$$\frac{Y_{FS2}}{[\sigma]_{F2}} = \frac{3.92}{221.43\text{MPa}} = 0.017703/\text{MPa}$$

显然，大齿轮 2 的值较大，弯曲疲劳强度较低。

③ 计算模数，即

$$m_n \geqslant 1.17 \sqrt[3]{\frac{KT_1\cos^2\beta Y_{FS2}}{\varphi_d z_1^2 [\sigma]_{F2}}} = \sqrt[3]{\frac{1.17 \times 1.5 \times 9.948 \times 10^4 \times 0.9703^2}{1 \times 24^2} \times 0.017703}\ \text{mm} = 1.91\text{mm}$$

按表 4-2，取标准模数 $m_n = 2\text{mm}$。

④ 计算齿数，即

$$z_1 = \frac{d_1\cos\beta}{m_n} = \frac{78.87\text{mm} \times \cos14°}{2\text{mm}} = 38.27$$

取 $z_1 = 39$，则 $z_2 = iz_1 = 3.2 \times 39 = 124.8$，取 $z_2 = 125$。

4）计算几何尺寸。

① 计算中心距，即

$$a = \frac{m_n}{2\cos\beta}(z_1 + z_2) = \frac{2}{2\cos14°}(39 + 125)\ \text{mm} = 169.07\text{mm}$$

圆整中心距，取 $a = 170\text{mm}$（圆整的目的是便于加工检测）。

② 计算螺旋角，即

$$\beta = \arccos\frac{m_n(z_1 + z_2)}{2a} = \arccos\frac{2\text{mm} \times (39 + 125)}{2 \times 170\text{mm}} = 15.26°$$

螺旋角 β 大于初选值，引起参数 z_β 的变化很小，而且有利于强度提高，因此不必修正。

③ 计算分度圆直径，即

$$d_1 = \frac{m_n z_1}{\cos\beta} = \frac{2 \times 39}{\cos15.26°}\ \text{mm} = 80.85\text{mm}$$

当基本参数确定后，计算出的此 d_1 值应不小于由接触疲劳强度计算出的 $d_1 = 78.87\text{mm}$，否则，不满足接触疲劳强度。

$$d_2 = \frac{m_n z_2}{\cos\beta} = \frac{2 \times 125}{\cos15.26°}\ \text{mm} = 258.53\text{mm}$$

④ 计算齿轮宽度，即

$$b = \varphi_d d_1 = 1 \times 80.85\text{mm} = 80.85\text{mm}$$

圆整取 $b_2 = 85\text{mm}$，$b_1 = 90\text{mm}$。

⑤ 计算圆周速度，即

$$v = \frac{\pi d_1 n_1}{60 \times 1000} = \frac{3.14 \times 80.85 \times 960}{60 \times 1000}\ \text{m/s} = 4.06\text{m/s}$$

对照表 4-1，选用 8 级精度是合适的。

⑥ 结构设计及绘制齿轮零件图（略）。

项目 6　直齿锥齿轮传动

一、直齿锥齿轮传动的传动比

锥齿轮传动是用来传递空间两相交轴之间的运动和动力的，两轴的夹角可由工作要求确定。由于轮齿分布在圆锥面上，它的齿形是由小端到大端逐渐增大。它们的回转平面不在同一平面内，锥齿轮的轮齿分为直齿、斜齿和曲齿等。轴间角为 90° 的直齿锥齿轮传动应用最广。如图 5-21 所示，轴间角 $\Sigma = 90°$ 的直齿锥齿轮传动的传动比为

$$i_{12} = \frac{n_1}{n_2} = \frac{d_2}{d_1} = \frac{z_2}{z_1} = \cot\delta_1 = \tan\delta_2 \qquad (5\text{-}25)$$

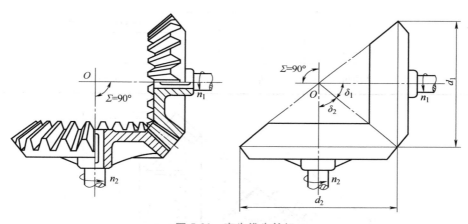

图 5-21　直齿锥齿轮机

二、主参数及几何尺寸计算

如图 5-22 所示，由于直齿锥齿轮有小端和大端齿形，它的主参数和几何尺寸以大端为依据，它是以大端的模数为标准值，压力角 $\alpha = 20°$，$h = 1$，$c^* = 0.2$，$\Sigma = 90°$。这种标准直齿锥齿轮几何尺寸计算公式见表 5-8。

表 5-8　标准直齿锥齿轮几何尺寸计算公式

名称		符号	计算公式
基本参数	模数	m	按表 4-2 选取大端模数为标准值
	压力角	α	选标准值 $\alpha = 20°$
	齿数	z	按规定选取
	齿顶高系数	h_a^*	选标准值 $h_a^* = 1$
	顶隙系数	c^*	取标准值 $c^* = 0.2$

（续）

名称		符号	计算公式
几何尺寸	分锥角	δ	$\delta_1 = \arctan(z_1/z_2)$，$\delta_2 = 90° - \delta_1$
	分度圆直径	d	$d_1 = mz_1$，$d_2 = mz_2$
	齿顶高	h_a	$h_a = h_a^* m = m$
	齿根高	h_f	$h_f = (h_a^* + c^*)m = 1.2m$
	齿高	h	$h_a + h_f$
	齿顶圆直径	d_a	$d_{a1} = d_1 + 2h_a\cos\delta_1$ $d_{a2} = d_2 + 2h_a\cos\delta_2$
	齿根圆直径	d_f	$d_{f1} = d_1 + 2h_a\cos\delta_1$ $d_{f2} = d_2 + 2h_f\cos\delta_2$
	锥距	R	$R = \dfrac{m}{2}\sqrt{z_1^2 + z_2^2} = \dfrac{d_1}{2\sin\delta_1} = \dfrac{d_2}{2\sin\delta_2}$
	齿宽	b	$b = \varphi_R R = (0.25 \sim 0.35)R$
	齿顶角	θ_a	$\theta_a = \arctan\dfrac{h_a}{R}$
	齿根角	θ_f	$\theta_f = \arctan\dfrac{h_f}{R}$

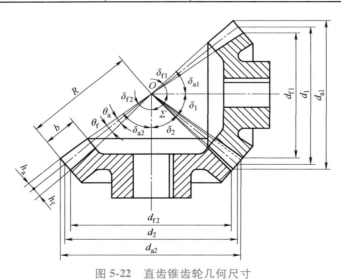

图 5-22　直齿锥齿轮几何尺寸

项目 7　齿轮传动的润滑

一、齿轮传动的润滑方式

闭式齿轮传动一般采用浸油润滑和喷油润滑两种方式。浸油润滑是将齿轮浸入箱内油池中，当齿轮转动时，借助油的黏着力将油带到啮合处进行润滑。它适于齿轮圆周速度 $v<10\mathrm{m/s}$ 的场合。减速箱内油池要有一定的深度和储油量，油池太浅易将底面油泥搅起，引起磨粒磨损，且不易散热。通常要求大齿轮齿顶圆到油池底部的高度 $h=30\sim50\mathrm{mm}$，且浸没一个齿高。若多级传动各大齿轮的直径相差较大，而使高速级大齿轮不能浸入油中，这时可采用带油轮、带油环等结构形式保证实现各级啮合齿轮的润滑。当齿轮的速度 $v>12\mathrm{m/s}$ 时，采用喷油润滑。喷油润滑是由油泵或中心供油站经喷嘴将油喷到啮合的轮齿齿面上。喷油润滑效果良好，但需要专门的管道、滤油器、冷却器及油量调节装置等，因而制造成本较高。

对于开式齿轮传动以及小型、低速、轻载减速器采用涂抹、填充油脂或滴油润滑。

二、齿轮传动的润滑剂

润滑剂的种类有润滑油、润滑脂。各种润滑油、润滑脂的牌号及选择原则参见相关机械设计手册。

项目 8   蜗杆传动简介

一、蜗杆传动的组成和特点

1. 蜗杆传动的组成

蜗杆传动由蜗杆、蜗轮和机架组成。蜗杆传动是用来传递两交错轴之间的运动和动力的，其两轴交角为 90°。如图 5-23 所示，一般以蜗杆主动，具有自锁性，作减速运动。蜗杆传动广泛应用于汽车、机床、起重及矿山机械、仪器仪表等设备。

2. 蜗杆传动的特点

蜗杆传动的优点是：结构紧凑、传动比大（用于传递动力时 $i=10\sim80$，用于分度传动时 i 可达 1000）；传动平稳、振动小、噪声低。蜗杆传动的缺点是：传动效率低；材料要求高，制造成本较高。

图 5-23   蜗杆传动

蜗轮从动的旋转方向可通过主动蜗杆的螺旋线旋向和旋转方向，结合左、右手定则来判断。如图 5-24a 所示，当蜗杆为右旋，顺时针方向旋转时，用右手 4 个手指沿蜗杆转向握住，大拇指沿蜗杆轴线所指方向的反方向即为蜗轮上节点处的速度方向（逆时针方向旋转）。当蜗杆为左旋，如图 5-24b，则用左手按相同方法对蜗轮转向进行判定。

二、蜗杆传动的类型

按蜗杆形状的不同，蜗杆传动可分为圆柱蜗杆传动（见图 5-25a）、环面蜗杆传动（见图 5-25b）和锥蜗杆传动（见图 5-25c）等。其中圆柱蜗杆传动制造简单，应用最广。

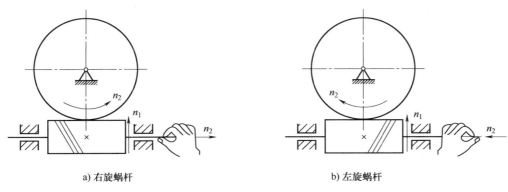

a) 右旋蜗杆　　　　　　　　　　　b) 左旋蜗杆

图 5-24　蜗轮旋向判断

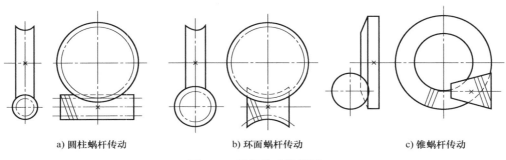

a) 圆柱蜗杆传动　　　　　b) 环面蜗杆传动　　　　　c) 锥蜗杆传动

图 5-25　蜗杆传动的类型

三、圆柱蜗杆传动的主参数、正确啮合条件和几何尺寸

如图 5-26 所示，通过蜗杆轴线并垂直于蜗轮轴线的平面称为主平面或中间平面。在中间平面内，蜗轮与蜗杆啮合相当于齿轮与齿条的啮合。因此，在设计蜗杆传动时，都是以中间平面的参数和尺寸作为依据。

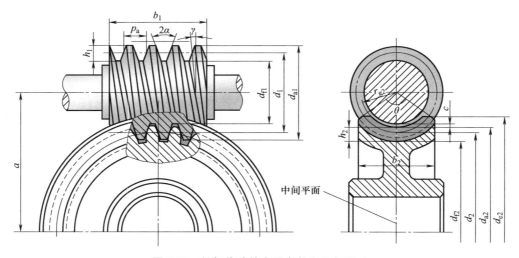

图 5-26　蜗杆传动的主要参数和几何尺寸

1. 主要参数

（1）模数 m 和压力角 α 在主平面上蜗杆的轴向齿距 p_{a1} 应等于蜗轮的端面齿距 p_{t2}，则

$$\begin{cases} m_{a1} = m_{t2} = m \\ \alpha_{a1} = \alpha_{t2} = \alpha = 20° \end{cases} \tag{5-26}$$

（2）蜗杆的头数 z_1 和传动比 i 蜗杆头数即蜗杆螺旋线数目，一般取 1、2、4。蜗杆传动的传动比 i 等于蜗杆与蜗轮的转速之比。设蜗杆为主动件，蜗轮齿数为 z_2，它们的转速分别为 n_1 和 n_2。当蜗杆转一周时，蜗轮就转过 z_1 个齿，即转过 z_1/z_2 周，则传动比 i 为

$$i = \frac{n_1}{n_2} = \frac{1}{z_1/z_2} = \frac{z_2}{z_1} \tag{5-27}$$

式中，n_1、n_2 分别为蜗杆、蜗轮的转速（r/min），z_1、z_2 可根据传动比 i 按表 5-9 选取。

表 5-9   蜗杆头数 z_1、蜗轮齿数 z_2 推荐值

传动比 $i = \dfrac{z_2}{z_1}$	7~13	14~27	28~40	>40
蜗杆头数 z_1	4	2	2、1	1
蜗轮齿数 z_2	28~52	28~54	28~80	>40

注：蜗杆传动的传动比 i 仅与 z_1 和 z_2 有关，而不等于蜗轮与蜗杆分度圆直径之比，即 $i = z_2/z_1 \neq d_2/d_1$。

（3）蜗杆螺旋线升角 γ 蜗杆分度圆柱螺旋线上任意一点的切线与端平面所夹的锐角称为螺旋线升角 γ。令 z_1 为蜗杆头数，L 为蜗杆螺旋线的导程，将蜗杆分度圆柱展开如图 5-27 所示，则有：

$$\tan\gamma = \frac{mz_1}{d_1} \tag{5-28}$$

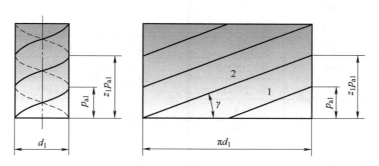

图 5-27   蜗杆分度圆柱展开图

（4）蜗杆分度圆直径 d_1 和直径系数 q 由式（5-28）知，m 一定时，改变 z_1 和 γ，d_1 将随之变化。为保证蜗杆与蜗轮正确啮合，加工蜗轮滚刀的尺寸应与相啮合蜗杆的尺寸基本相同（滚刀的齿顶高稍大于蜗杆齿顶高）。因此，同一模数的蜗杆，就得配备很多把蜗轮滚刀。为了减少刀具数目，便于刀具标准化，标准规定除了蜗杆分度圆直径 d_1 必须

采用标准值外，还引入了蜗杆直径系数 q，它等于蜗杆头数与蜗杆螺旋线升角 γ 的正切值的比值，即

$$q = \frac{z_1}{\tan\gamma} \tag{5-29}$$

蜗杆蜗轮的模数 m、分度圆直径 d_1 和直径系数 q 的部分值见表 5-10。

表 5-10 蜗杆蜗轮的模数 m、分度圆直径 d_1 和直径系数 q

模数 m/mm	分度圆直径 d_1/mm	直径系数 q	模数 m/mm	分度圆直径 d_1/mm	直径系数 q
1	18	18	6.3	(80)	12.698
1.25	20	16		112	17.778
	22.4	17.92	8	(63)	7.875
1.6	20	12.5		80	10
	28	17.5		(100)	12.5
2	(18)	9		140	17.5
	22.4	11.2	10	(71)	7.1
	(28)	14		90	9
	35.5	17.75		(112)	11.2
2.5	(22.4)	8.96		160	16
	28	11.2	12.5	(90)	7.2
	(35.5)	14.2		112	8.96
	45	18		(140)	11.2
3.15	(28)	8.889		200	16
	35.5	11.27	16	(112)	7
	45	14.286		140	8.75
	56	17.778		(180)	11.25
4	(31.5)	7.875		250	15.625
	40	10	20	(140)	7
	50	12.5		160	8
	71	17.75		(224)	11.2
5	(40)	8		315	15.75
	50	10	25	(180)	7.2
	(63)	12.6		200	8
	90	18		(280)	11.2
6.3	(50)	7.936		400	16
	63	10			

2. 正确啮合条件

在中间平面上，蜗杆轴向模数 m_{a1}、压力角 α_{a1} 与蜗轮端面模数 m_{t2}、压力角 α_{t2} 分别相等，蜗杆导程角 γ 等于蜗轮的螺旋角 β 且旋向相同，即

$$\begin{cases} m_{a1} = m_{t2} = m \\ \alpha_{a1} = \alpha_{t2} = \alpha \\ \beta = \gamma \end{cases} \tag{5-30}$$

3. 几何尺寸

蜗杆蜗轮机构几何尺寸计算公式见表 5-11。

表 5-11 蜗杆蜗轮机构几何尺寸计算公式

名称		符号	计算公式
基本参数	模数	m	取蜗轮端面模数为标准值,查表 4-2
	压力角	α	选标准值 $\alpha = 20°$
	蜗杆头数	z_1	一般取 $z_1 = 1$, 2, 4
	蜗轮齿数	z_2	$z_1 - iz_1$
	蜗杆直径系数	q	$q = d_1/m$, 查表 4-2
	齿顶高系数	h_a^*	选标准值 $h_a^* = 1$
	顶隙系数	c^*	取标准值 $c^* = 0.2$
几何尺寸	齿顶高	h_a	$h_a = hm = m$
	齿根高	h_f	$h_f = (h + c^*)m = 1.2m$
	齿高	h	$h = h_a + h_f = 2.2m$
	蜗杆分度圆直径	d_1	$d_1 = mq$, 查表 4-2
	蜗杆齿顶圆直径	d_{a1}	$d_{a1} = d_1 + 2h_a$
	蜗杆齿根圆直径	d_{f1}	$d_{f1} = d_1 - 2h_f$
	蜗杆轴向齿距	P_a	$P_a = \pi m$
	蜗杆分度圆	γ	$\gamma = \arctan(mz_1/d_1)$
	螺旋导程角	γ	$\gamma = \beta$(蜗轮分度圆上轮齿的螺旋角)
	蜗轮分度圆直径	d_2	$d_2 = mz_2$
	蜗轮齿顶圆直径	d_{a2}	$d_{a2} = d_2 + 2h_a = (z_2 + 2)m$
	蜗轮齿根圆直径	d_{f2}	$d_{f2} = d_2 - 2h_f = (z_2 - 2.4)m$
	中心距	a	$a = (d_1 + d_2)/2 (q + z_2)m/2$

【任务 5】

一蜗杆蜗轮机构,已知 $m = 6.3\text{mm}$, $q = 10$, $z_1 = 1$, $z_2 = 30$, $h = 1$, $c^* = 0.2$。试计算其主要几何尺寸。

(1)任务分析 可根据相关公式设计计算其主要几何尺寸。

(2)任务实施 由任务引入条件分析,根据表 5-10 中的公式来计算该蜗杆蜗轮机构的主要几何尺寸,见表 5-12。

表 5-12　蜗杆传动主要几何尺寸

序号	计算项目	计算内容及结果
1	蜗杆几何尺寸	
	分度圆直径	$d_1 = mq = 6.3 \times 10\text{mm} = 63\text{mm}$
	齿顶圆直径	$d_{a1} = m(q+2) = 6.3 \times (10+2)\text{mm} = 75.6\text{mm}$
	齿根圆直径	$d_{f1} = m(q-2.4) = 6.3 \times (10-2.4)\text{mm} = 47.88\text{mm}$
	分度圆螺旋导程角	$\gamma = \arctan(mz_1/d_1) = \arctan(6.3 \times 1/63) = 5°42'38''$
	蜗杆轴向齿距	$P_a = \pi m = 3.14 \times 6.3\text{mm} = 19.78\text{mm}$
2	蜗轮几何尺寸	
	分度圆上螺旋角	$\beta = \gamma = 5°42'38''$
	分度圆直径	$d_2 = mz_2 = 6.3 \times 30\text{mm} = 189\text{mm}$
	齿顶圆直径	$d_{a2} = m(z_2+2) = 6.3 \times (30+2)\text{mm} = 201.6\text{mm}$
	齿根圆直径	$d_{f2} = m(z_2-2.4) = 6.3 \times (30-2.4)\text{mm} = 173.88\text{mm}$
3	中心距	$a = (q+z_2)m/2 = (10+30) \times 6.3 \div 2\text{mm} = 126\text{mm}$

【学习测试】

一、单选题

1. 对于闭式软齿面齿轮传动，其主要失效形式是＿＿＿＿＿＿＿＿。

A. 轮齿疲劳折断　　　B. 齿面疲劳点蚀　　　C. 齿面磨损　　　　　D. 齿面胶合

2. 在高速、重载齿轮传动中，当润滑油失去润滑作用时，最可能出现的失效形式是＿＿＿＿＿＿＿＿。

A. 轮齿疲劳折断　　　B. 齿面疲劳点蚀　　　C. 齿面磨损　　　　　D. 齿面胶合

3. 齿轮的齿面疲劳点蚀经常发生在靠近＿＿＿＿＿＿＿＿。

A. 齿顶处　　　　　　　　　　　　　B. 齿根处

C. 节线处的齿根一侧　　　　　　　　D. 节线处的齿顶一侧

4. 设计一对软齿面减速齿轮传动，从等强度要求出发，通常使＿＿＿＿＿＿＿＿。

A. 小齿轮硬度高于大齿轮硬度

B. 大、小齿轮的硬度相等

C. 大齿轮硬度高于小齿轮硬度

D. 小齿轮用硬齿面，大齿轮用软齿面

5. 对于开式齿轮传动，在工程设计中，一般＿＿＿＿＿＿＿＿。

A. 先按弯曲疲劳强度设计，再校核接触疲劳强度

B. 只需按弯曲疲劳强度设计

C. 先按接触疲劳强度设计，再校核弯曲疲劳强度

D. 只需按接触疲劳强度设计

6. 一对减速齿轮传动中，当分度圆直径 d_1 不变，而减少齿数并增大模数时，其齿面接触应力将＿＿＿＿＿＿＿＿。

A. 增大   B. 保持不变   C. 减小   D. 略有减小

二、判断题

1. 齿轮传动中，经过热处理的齿面称为硬齿面，而未经热处理的齿面称为软齿面。

                                                                       (   )

2. 齿轮传动中，主、从动齿轮齿面上产生塑性变形的方向是相同的。   (   )

3. 齿轮传动主要是用来传递任意两根轴之间的运动和动力。   (   )

4. 直齿锥齿轮传动及蜗杆传动的正确啮合条件是大端模数和压力角分别相等。   (   )

5. 蜗杆分度圆直径 $d_1 = mz_1 = mq$。   (   )

6. 齿面接触疲劳强度计算的目的是防止齿面发生疲劳点蚀。   (   )

三、简答题

1. 什么是计算机技术？什么是芯片？

2. 齿轮传动精度有多少等级？等级的数值大小与精度高低有何关系？

3. 齿轮传动的计算准则是什么？按哪些失效形式计算？

4. 在对齿轮进行齿面接触疲劳强度和轮齿根部弯曲疲劳强度校核计算时，通常大、小齿轮齿数不等，热处理方式不同，应选用哪个齿轮进行校核计算？为什么？

5. 在两级圆柱齿轮传动中，若其中一级用斜齿圆柱齿轮传动，一般是用在高速级还是低速级？为什么？

6. 蜗杆传动的特点是什么？如何判断斜齿轮及蜗杆、蜗轮的旋向？

四、分析计算题

1. 一对渐开线标准斜齿圆柱齿轮外啮合传动，已知齿轮的法向模数 $m_n = 4mm$，小齿轮齿数 $z_1 = 19$，大齿轮齿数 $z_2 = 60$，标准中心距 $a = 160mm$。试求：斜齿轮的螺旋角；两齿轮的分度圆直径 d_1、d_2 和齿顶圆直径 d_{a1}、d_{a2}。

2. 某机床中有一蜗杆传动，已知 $m = 4$，$\alpha = 20°$，$z_1 = 2$，$d_1 = 40mm$，$i = 20.5$，$h = 1$，$c^* = 0.2$。试求此机构的主要参数和中心距。

3. 设计带式输送机用减速器中的一对标准斜齿圆柱齿轮传动。已知小齿轮的转速 $n_1 = 420r/min$，$P_1 = 13kW$，大齿轮 $n_2 = 120r/min$。载荷平稳，齿轮对称布置，8 级制造精度。

【学习评价】

题号	一	二	三	四	五	总分
得分	1.	1.	1.	1.		
	2.	2.	2.	2.		
	3.	3.	3.	3.		
	4.	4.	4.			
	5.	5.	5.			
	6.	6.	6.			
学习评价						

模块 6

齿轮系与减速器

 【教学指南】

主要介绍齿轮系的类型及应用，重点要求掌握定轴齿轮系、周转齿轮系、组合齿轮系传动比的计算及正确判断主、从动轮的转向，难点是周转齿轮系的传动比计算公式的应用。还要认识了解减速器。

 【任务描述】

1. 能够根据机构要实现的运动形式，选择合适的齿轮系。
2. 能够根据需求设计简单的齿轮系。
3. 认识减速器的结构和原理。

 【学习目标】

1. 了解齿轮系的类型和应用，并能正确区分各基本齿轮系。
2. 掌握定轴齿轮系、周转齿轮系、组合齿轮系等传动比的计算，并能正确判断主动轮、从动轮的转向。
3. 了解周转齿轮系的结构，能正确区分行星齿轮系和差动齿轮系。
4. 认识与了解减速器，完成其装拆实验。

【学习方法】

理论与实践一体化。

项目 1　认识齿轮系

一、齿轮系定义

在许多机械中，为获得较大的传动比，或变换转速、转向，通常采用一系列互相啮合的齿轮将主动轴和从动轴连接起来。这种由一系列齿轮组成的传动系统称为齿轮系（或轮系）。

如果齿轮系中各齿轮的轴线互相平行，则称为平面齿轮系，否则称为空间齿轮系。根据支承齿轮轴线相对于机架的位置是否固定，齿轮系又可分为定轴齿轮系和周转齿轮系两大类。

二、定轴齿轮系

当齿轮系运转时，若各个齿轮的轴线的位置都是固定的，这种齿轮系称为定轴齿轮系或普通齿轮系（见图 6-1）。由轴线相互平行的圆柱齿轮组成的定轴轮系称为平面定轴齿轮系。而将包含有锥齿轮或蜗杆蜗轮等相交轴齿轮、交错轴齿轮的定轴齿轮系称为空间定轴齿轮系。

a) 平面定轴齿轮系　　　　　　b) 空间定轴齿轮系

图 6-1　定轴齿轮系

视频 13

三、周转齿轮系

齿轮系中，至少有一个齿轮的几何轴线绕位置固定的另一齿轮的几何轴线转动的齿轮系称为周转齿轮系（见图 6-2）。

图 6-2　周转齿轮系

视频 14

四、组合（混合）齿轮系

在实际应用中，常把定轴齿轮系和周转齿轮系或 n 个单一的周转齿轮系组成的齿轮系统称为组合齿轮系（见图 6-3）。

综上所述，齿轮系是一种应用非常广泛的传动系统，它深入减速器及汽车、飞机等机器的运转之中，具有不同的形式、大小、重量和功能。电脑是由一系列精

图 6-3　组合齿轮系

131

致和集成度较高的模块组成的，非常便于个人组装使用；而汽车、飞机是由成千上万直至几百万个不同形式、大小、重量和功能的零部件及传动系统组成，需要不同的工厂分别加工制造，最后在总装工厂（智能工厂）进行组装而成。所以，齿轮系组成的发动机变速器系统可以让汽车跑得更快，让飞机飞得更高！

项目 2 定轴齿轮系的传动比计算

一、传动比的概念

齿轮系中首轮输入轴和末轮输出轴的转速或角速度之比，称为齿轮系的传动比，常用"i_{SM}"表示，即

$$i_{SM} = \frac{n_S}{n_M} = \frac{\omega_S}{\omega_M}$$

式中，n_S、ω_S 分别为首轮的转速、角速度；n_M、ω_M 分别为末轮的转速、角速度。由于转速或角速度是矢量，所以传动比既要计算其大小，又要确定首、末轮的转向。

计算定轴齿轮系的传动比，不仅要确定传动比数值的大小，而且要确定首末齿轮转向的异同（即它的正负号）。

二、齿轮啮合的传动比大小及转向确定方法

齿轮啮合的传动比大小及转向确定方法见表 6-1。

表 6-1 齿轮啮合的传动比大小及转向确定方法

圆柱齿轮传动		锥齿轮传动	蜗杆传动	
外啮合	内啮合		右旋蜗杆（右手）	左旋蜗杆（左手）
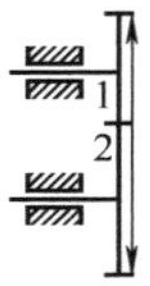	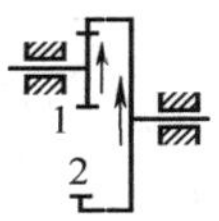	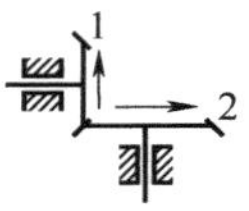	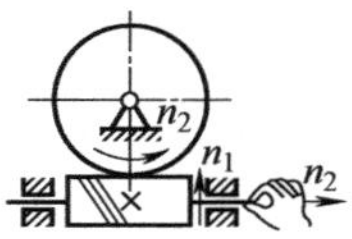	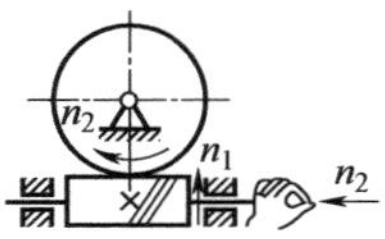
$i_{12} = \dfrac{\omega_1}{\omega_2} = -\dfrac{z_2}{z_1}$	$i_{12} = \dfrac{\omega_1}{\omega_2} = +\dfrac{z_2}{z_1}$		$i_{12} = \dfrac{\omega_1}{\omega_2} = \dfrac{z_2}{z_1}$	

注意：两轮轴线不平行时，画箭头确定转向。锥齿轮传动的箭头是同时指向节点或背离节点；蜗杆传动采用主动蜗杆左、右手定则判定蜗轮的旋转方向；轴线平行的圆柱齿轮传动，可用正、负号表明齿轮 1 与齿轮 2 是同向或异向。

三、定轴齿轮系传动比的计算

如图 6-4 所示，假设齿轮 1 为首齿轮（即主动轮），齿轮 5 为末齿轮（即从动轮）。该齿

轮系传动比 i_{15} 的计算方法是：

$$i_{12} = \frac{n_1}{n_2} = -\frac{z_2}{z_1}$$

$$i_{2'3} = \frac{n_{2'}}{n_3} = \frac{z_3}{z_{2'}}$$

$$i_{3'4} = \frac{n_3}{n_4} = -\frac{z_4}{z_{3'}}$$

$$i_{45} = \frac{n_4}{n_5} = -\frac{z_5}{z_4}$$

各式两边连乘后可得：

$$i_{12}i_{2'3}i_{3'4}i_{45} = \frac{n_1 n_{2'} n_3 n_4}{n_2 n_3 n_4 n_5} = \left(-\frac{z_2}{z_1}\right)\left(\frac{z_3}{z_{2'}}\right)\left(-\frac{z_4}{z_{3'}}\right)\left(-\frac{z_5}{z_4}\right) = (-1)^3 \frac{z_2 z_3 z_4 z_5}{z_1 z_{2'} z_{3'} z_4}$$

而 $n_2 = n_{2'}$，$n_3 = n_{3'}$

所以
$$i_{15} = \frac{n_1}{n_5} = i_{12} \cdot i_{2'3} \cdot i_{3'4} \cdot i_{45} = (-1)^3 \frac{z_2 z_3 z_5}{z_1 z_{2'} z_{3'}}$$

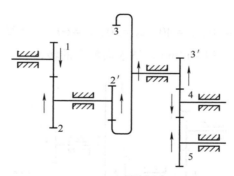

图 6-4　定轴齿轮系

由以上分析可知，定轴齿轮系的传动比等于齿轮系中各对啮合齿轮传动比的连乘积，也等于齿轮系中所有从动轮齿数的连乘积与所有主动轮齿数的连乘积之比，传动比的正负号取决于外啮合齿轮对数，$(-1)^3 = -1$ 表示齿轮 1 与齿轮 5 异向。在该齿轮系中，齿轮 4 虽然参与啮合传动，但却不影响其传动比的大小，只起到改变转向的作用，这样的齿轮称为惰轮。将上述计算推广到一般情况可得到定轴齿轮系的传动比计算公式为

$$i_{SM} = \frac{n_S}{n_M} = (-1)^w \frac{\text{从 } S \text{ 轮到 } M \text{ 轮之间所有从动轮齿数的连乘积}}{\text{从 } S \text{ 轮到 } M \text{ 轮之间所有主动轮齿数的连乘积}} \tag{6-1}$$

其中，w ——外啮合齿轮对数。

四、空间定轴齿轮系传动比的计算

空间定轴齿轮系传动比计算也可用上面的公式进行计算，但是由于各齿轮的轴线不都是平行的，所以首末两齿轮的转向不能用 $(-1)^w$ 来确定，而是采用在图上画箭头的方法来确定（见图 6-5）。其传动比的大小计算式为

$$i_{SM} = \frac{n_S}{n_M} = \frac{\text{从 } S \text{ 轮到 } M \text{ 轮之间所有从动轮齿数的连乘积}}{\text{从 } S \text{ 轮到 } M \text{ 轮之间所有主动轮齿数的连乘积}} \qquad (6\text{-}2)$$

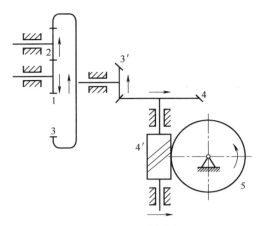

图 6-5　空间定轴齿轮系

【任务1】

如图 6-6 所示，已知 $z_1 = 20$，$z_2 = 40$，$z_{2'} = 30$，$z_3 = 60$，$z_{3'} = 25$，$z_5 = 50$，均为标准齿轮传动。若已知齿轮 1 的转速 $n_1 = 1440\text{r/min}$，试求齿轮 5 的转速 n_5。

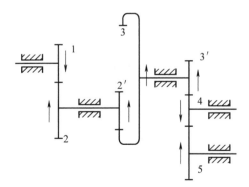

图 6-6　定轴齿轮系

（1）任务分析　此定轴齿轮系各轮轴线相互平行，且齿轮 4 为惰轮，齿轮系中有 3 对外啮合齿轮，所以由传动比计算公式换算可解得齿轮 5 的转速 n_5。

（2）任务实施　由任务引入条件可得：

$$i_{15} = \frac{n_1}{n_5} = (-1)^3 \frac{z_2 z_3 z_4 z_5}{z_1 z_{2'} z_{3'} z_4} = (-1)^3 \frac{40 \times 60 \times 30 \times 50}{20 \times 30 \times 25 \times 30} = -8$$

$$n_5 = \frac{n_1}{i_{15}} = \frac{1440}{(-8)} \text{r/min} = -180\text{r/min}$$

上式中负号表示齿轮 1 和齿轮 5 的转向相反。

【任务 2】

图 6-7 所示为一手摇提升装置，已知 $n_1 = 900 \text{r/min}$，$z_1 = z_2 = 20$，$z_3 = 60$，$z_{3'} = 20$，$z_4 = 50$，$z_{4'} = 1$（单头右旋），$z_5 = 40$。试求 n_5 的大小和方向。

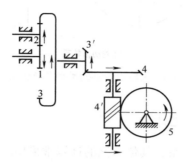

图 6-7　手摇提升装置

（1）任务分析　该齿轮系属于输入轴与输出轴不平行的空间定轴齿轮系，可用公式先计算其传动比，再求出 n_5 的大小，然后画箭头判断 n_5 的方向。

（2）任务实施　由任务引入条件可得：

$$i_{15} = \frac{n_1}{n_5} = \frac{z_2 z_3 z_4 z_5}{z_1 z_2 z_{3'} z_{4'}} = \frac{20 \times 60 \times 50 \times 40}{20 \times 20 \times 20 \times 1} = 300$$

所以

$$n_5 = \frac{n_1}{i_{15}} = \frac{900 \text{r/min}}{300} = 3 \text{r/min}$$

确定 n_5 的方向。n_5 的方向如图 6-7 中箭头所示（逆时针转向）。

项目 3　周转齿轮系的传动比计算

一、周转齿轮系的组成

如图 6-8 所示，轴线位置固定的齿轮 1、3 是太阳轮，既绕 O_2 轴自转又绕 O_H 轴线公转的齿轮 2 称为行星轮，绕固定几何轴线 O_H 转动。支撑行星轮的构件 H 称为行星架（系杆）。

二、周转齿轮系的分类

周转齿轮系按其自由度的不同分为行星齿轮系和差动齿轮系两种类型。

1）行星齿轮系：自由度 $F = 1$ 的周转齿轮系称为行星齿轮系。如图 6-8a 所示，轮系中有固定的太阳轮。

2）差动齿轮系：自由度 $F = 2$ 的周转齿轮系称为差动齿轮系。如图 6-8b 所示，轮系中太阳轮均不固定。

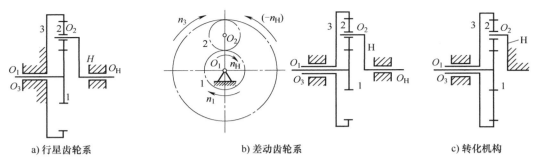

图 6-8　周转齿轮系的类型及转化机构

三、周转齿轮系的传动比计算

对于图 6-8 所示的周转齿轮系，其传动比的计算常采用转化机构法，将周转齿轮系转化为定轴齿轮系，再根据定轴齿轮系传动比的计算方法来计算其传动比。即运用相对运动原理，假想给整个周转齿轮系加上一个与行星架 H 的转速 n_H 大小相等、方向相反的公共转速 "$-n_H$"，则行星架相对静止不动，而各构件间的相对运动关系不发生改变。所以，原来的周转齿轮系就可视为一个假想的定轴齿轮系，这样的定轴齿轮系称为原周转齿轮系的转化机构，如图 6-8c 所示。周转齿轮系转化前后轮系中各构件的转速见表 6-2。

表 6-2　周转齿轮系转化前后轮系中各构件的转速

构件代号	原有转速	转化后的转速
1	n_1	$n_1^H = n_1 - n_H$
3	n_3	$n_3^H = n_3 - n_H$
2	n_2	$n_2^H = n_2 - n_H$
H	n_H	$n_H^H = n_H - n_H = 0$
4	$n_4 = 0$	$n_4^H = n_4 - n_H = -n_H$

转化机构中 1、3 两轮的

$$i_{13}^H = \frac{n_1^H}{n_3^H} = \frac{n_1 - n_H}{n_3 - n_H} = (-1)^1 \frac{z_2 z_3}{z_1 z_2} = -\frac{z_3}{z_1}$$

"$-$" 号表示齿轮 1、3 在转化机构中的转向相反。

推广到一般情况，得：

$$i_{SM}^H = \frac{n_S^H}{n_M^H} = \frac{n_S - n_H}{n_M - n_H} = (-1)^w \frac{\text{从 } S \text{ 轮到 } M \text{ 轮之间所有从动轮齿数的连乘积}}{\text{从 } S \text{ 轮到 } M \text{ 轮之间所有主动轮齿数的连乘积}} \tag{6-3}$$

使用公式时应注意以下几点：

1）设齿轮 S 为轮系的主动齿轮（首轮），齿轮 M 为轮系的从动齿轮（末轮），中间各齿轮的主、从动地位必须从齿轮 S 起按传动顺序判定。

2）将已知转速代入式中求解未知转速时，要特别注意转速的正负号，当假定某一方向的转动为正时，则相反的转动方向为负。必须将转速大小连同正负号一并代入公式计算。

3）在推导公式时，对各构件所加的公共转速（$-n_H$）与各构件原来的转速是代数相加的，所以式（6-3）只适用于首、末轮的轴线相互平行的情况。

4）应用于锥齿轮，公式中的 $(-1)^w$ 由 "±" 号直接代替。若转化机构中首、末轮同向为 "+"，反之则为 "−"（在转化机构中画箭头确定）。

【任务 3】

如图 6-9 所示的差速器中，已知 $z_1 = 48$，$z_2 = 42$，$z_{2'} = 18$，$z_3 = 21$，$n_1 = 100\text{r/min}$，$n_3 = 80\text{r/min}$，其转向如图实线箭头所示，求 n_H。

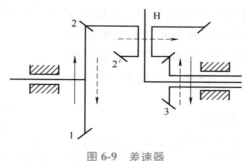

图 6-9 差速器

（1）任务分析 该齿轮系为首、末轮轴线平行的周转齿轮系，由周转齿轮系的转化机构传动比计算公式可换算求得 n_H。

（2）任务实施 由周转齿轮系的转化机构传动比计算公式得：

$$i_{13}^H = \frac{n_1^H}{n_3^H} = \frac{n_1 - n_H}{n_3 - n_H} = \frac{z_2 z_3}{z_1 z_{2'}}$$

说明：由于在转化机构中首、末轮可用画箭头的方法确定转向，经分析可知两者转向相反，故在式中加一负号。

由已知条件，齿轮 1 与齿轮 3 的转向相反，设 n_1 为正，则有：

$$\frac{100 - n_H}{-80 - n_H} = -\frac{42 \times 21}{48 \times 18} = -\frac{49}{48}$$

得

$$n_H = -9.072\text{r/min} \approx -9\text{r/min}$$

计算结果得 "−"，表明 n_H 与 n_1 转向相反，方向向下。

【任务 4】

如图 6-10 的行星齿轮搅拌机中，已知 $z_a = 40$，$z_g = 20$，当 H 以 $\omega_H = 31\text{rad/s}$ 回转时，试求搅拌器 F 的角速度 ω_g。

（1）任务分析 该齿轮系为行星齿轮系，可由周转齿轮系转化机构传动比计算公式换算得到 ω_g。

（2）任务实施 由行星轮系的转化机构传动比计算公式得：

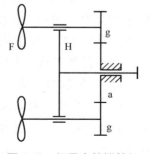

图 6-10 行星齿轮搅拌机

$$i_{ag}^H = \frac{\omega_a^H}{\omega_g^H} = \frac{\omega_a - \omega_H}{\omega_g - \omega_H} = -\frac{z_g}{z_a} = -\frac{20}{40} = -\frac{1}{2}$$

因

$$\omega_a = 0$$

则有
$$\frac{0-\omega_{\mathrm{H}}}{\omega_{\mathrm{g}}-\omega_{\mathrm{H}}}=-\frac{1}{2}$$

得
$$\omega_{\mathrm{g}}=3\omega_{\mathrm{H}}=3\times31\mathrm{rad/s}=93\mathrm{rad/s}$$

项目 4　组合齿轮系的传动比计算

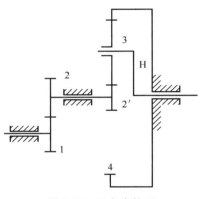

图 6-11 所示为组合齿轮系。在该轮系中，齿轮 1、2 的几何轴线位置均固定，是为定轴齿轮系。齿轮 2′、3、4 和行星架 H 及机架组成周转齿轮系。齿轮 3 的几何轴线不固定，它在行星架 H 的带动下绕 OH 转动。轮 3 与轮 2′ 和轮 4 啮合，轮 2′、4 轴线与行星架 H 轴线重合。

组合齿轮系分析计算步骤如下：

1）划分基本齿轮系。首先找到行星轮，再找到支承行星轮的行星架 H，与行星轮相啮合的齿轮为太阳轮，它们与机架一起组成一个周转齿轮系。依此类推，直到找不到行星轮为止，余下的齿轮系就是定轴齿轮系（或无定轴齿轮系）。

图 6-11　组合齿轮系

2）分别列出方程式。分别按单一齿轮系列出传动比方程式。

3）找关系联立求解。找出联系各单一齿轮系的联系方程，联立求解。

【任务 5】

如图 6-12 所示的电动卷扬机减速器中，齿轮 1 为主动轮，动力由卷筒 H 输出。各轮齿数为 $z_1=24$，$z_2=33$，$z_{2'}=21$，$z_3=78$，$z_{3'}=18$，$z_4=30$，$z_5=78$，求 $i_{1\mathrm{H}}$。

（1）任务分析　该组合齿轮系可划分为由齿轮 1、2—2′、3、行星架 H 组成的一个差动齿轮系和由齿轮 3′、4、5 组成的一个定轴齿轮系，再分别列出方程式，联立求解可解得 $i_{1\mathrm{H}}$。

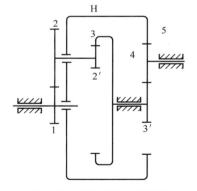

（2）任务实施　由任务引入得：

1）区分基本轮系。

在该轮系中，双联齿轮 2—2′ 的几何轴线是绕着齿轮 1

图 6-12　电动卷扬机减速器

和 3 的轴线转动的，所以是行星轮；支持它运动的构件（卷筒 H）为行星架；和行星轮相啮合且绕固定轴线转动的齿轮 1 和 3 是两个太阳轮。这两个太阳轮都能转动，所以齿轮 1、2—2′、3 和行星架 H 组成一个双排内外啮合的差动轮系。剩下的齿轮 3′、4、5 是一个定轴轮系。两者合在一起便构成一个混合轮系。

定轴轮系中内齿轮 5 与差动轮系中行星架 H 是同一构件，因而 $n_5=n_{\mathrm{H}}$；定轴轮系中齿轮

3'与差动轮系太阳轮 3 是同一构件，因而 $n_{3'} = n_3$。

2）计算两个基本轮系的传动比。

对定轴轮系，可得：

$$i_{3'5} = \frac{n_{3'}}{n_5} = \frac{z_5}{z_{3'}} = -\frac{78}{18} = -\frac{13}{3}$$

则

$$n_{3'} = n_3 = -\frac{13}{3}n_{\mathrm{H}}$$

对差动轮系，可得：

$$i_{13}^{\mathrm{H}} = i_{13}^5 = \frac{n_1 - n_{\mathrm{H}}}{n_3 - n_{\mathrm{H}}} = \frac{z_2 z_3}{z_1 z_{2'}} = -\frac{33 \times 78}{24 \times 21} = -\frac{143}{28}$$

则

$$\frac{n_1 - n_{\mathrm{H}}}{n_3 - n_{\mathrm{H}}} = -\frac{143}{28}$$

3）求传动比。

由两式联立求解得：

$$\frac{n_1 - n_{\mathrm{H}}}{-\frac{13}{3}n_{\mathrm{H}} - n_{\mathrm{H}}} = -\frac{143}{28}$$

$$i_{1\mathrm{H}} = 28.24$$

项目 5　齿轮系的应用

一、实现距离较远的两轴之间的传动

当主动轴、从动轴之间的距离较远时，若用一对齿轮来传递运动和动力，齿轮的尺寸会很大，又使机器的结构尺寸和重量增大，同时又浪费材料，且制造安装都不方便。而采用若干对齿轮组成的齿轮系传动，可以使齿轮尺寸减小，制造安装也很方便。图 6-13 所示为两种齿轮传动方案比较。

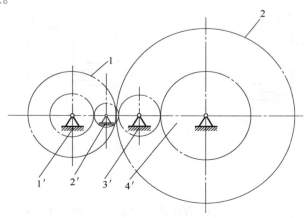

图 6-13　两种齿轮传动方案比较

二、实现变速运动

如图 6-14 所示，当主动轴以一种转速转动时，采用齿轮系可使从动轴获得多种工作转速。如机床主轴箱、汽车变速箱等设备都应用了这种变速传动。

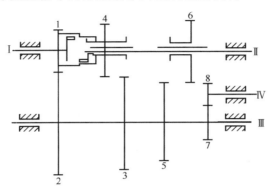

图 6-14　汽车变速机构

三、获得大的传动比

当两轴间需要实现大传动比时，可采用周转齿轮系来实现。如图 6-15 所示的周转齿轮系，其传动比 i_{Ha} 可达到 10000。它只适于减速传动及分度机构传递运动的场合。其传力效率低，能量损失大，增速传动时还可能发生自锁。

四、实现运动的合成与分解

1. 运动的合成

在差动轮系中，给出中心轮和系杆的任意两构件的转动后，另一个构件的转动将是这任意两构件转动的合成。如图 6-16 所示的差动轮系，当 $z_1 = z_3$，则有 $n_H = \dfrac{1}{2}(n_1 + n_3)$，即行星架 H 转速之两倍就是齿轮 1、3 转速的和。这种合成作用在机床、计算机构和补偿装置中得到广泛应用。

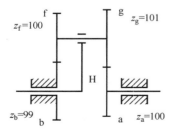

图 6-15　周转齿轮系

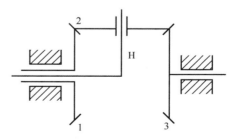

图 6-16　实现运动合成的周转齿轮系

2. 运动的分解

差动齿轮系不仅能将两个独立的转动合成一个转动，而且还可将一个构件的转动按所需的比例分解为另两构件的转动。汽车后桥上的差速器是差动轮系用作运动分解的典型实例，如图 6-17 所示。

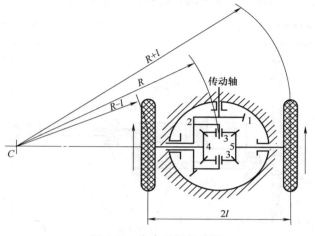

图 6-17　汽车后桥差速器

齿轮变速器也是齿轮系重要的应用之一，分为减速器和增速器两种，主要是减速器的应用，减速器一般是应用在机器的减速装置中。本书将在任务 6 和后面的内容中进一步阐述它们的应用。

【任务 6】

图 6-18 所示为汽车变速器机构示意图和传动简图。I 轴为动力输入轴，II 轴为输出轴，齿轮 1 和 2 为长啮合齿轮，通过操纵各档同步器，可以使 II 轴获得 5 种前进转速、一种倒车转速。各齿轮齿数 $z_1 = 20, z_2 = 35, z_3 = 18, z_4 = 37, z_5 = 23, z_6 = 32, z_7 = 28, z_8 = 27, z_9 = 33, z_{10} = 22, z_{11} = 36, z_{12} = 19, z_{13} = 14, z_{15} = 27$。若已知 I 轴的转速 $n_1 = 1000 \text{r/min}$，列出变速器的变速传动路线，并求出各档传动比及输出轴 II 的各档转速和转向。

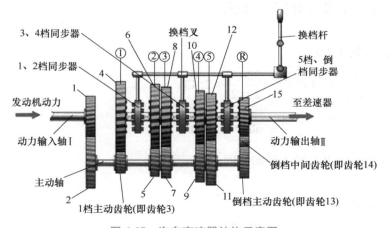

图 6-18　汽车变速器结构示意图

（1）任务分析　齿轮系在汽车的变速器、主减速器、差速器等总成上有效地实现了动力传递、变速、差速等功能。图 6-19 所示为汽车变速器传动系统，试根据定轴齿轮系传动比公式计算汽车变速器各档传动比及输出轴的各档转速和转向。

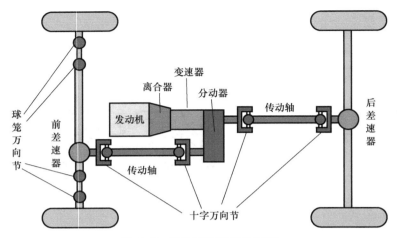

图 6-19　汽车变速器传动系统

（2）任务实施　由任务引入条件可知：汽车变速器传动系统是由圆柱齿轮组成的平面定轴轮系。

1）5 种前进档传动比及 II 轴的各档转速。

① 第一档：

传动路线：齿轮 1-2-3-4。

传动比：$i_{1档} = \dfrac{n_{\mathrm{I}}}{n_{\mathrm{II}}} = (-1)^2 \dfrac{z_2 z_4}{z_1 z_3} = \dfrac{35 \times 37}{20 \times 18} = 3.6$

轴 II 的转速：$n_{\mathrm{II}} = \dfrac{n_{\mathrm{I}}}{i_{1档}} = \dfrac{1000}{3.6}\mathrm{r/min} = 278\mathrm{r/min}$

传动比为正值，轴 II 与轴 I 转向相同。

② 第二档：

传动路线：齿轮 1-2-5-6。

传动比：$i_{2档} = \dfrac{n_{\mathrm{I}}}{n_{\mathrm{II}}} = (-1)^2 \dfrac{z_2 z_6}{z_1 z_5} = \dfrac{35 \times 32}{20 \times 23} = 2.43$

轴 II 的转速：$n_{\mathrm{II}} = \dfrac{n_{\mathrm{I}}}{i_{2档}} = \dfrac{1000}{2.43}\mathrm{r/min} = 411\mathrm{r/min}$

传动比为正值，轴 II 与轴 I 转向相同。

③ 第三档：

传动路线：齿轮 1-2-7-8。

传动比：$i_{3档} = \dfrac{n_{\mathrm{I}}}{n_{\mathrm{II}}} = (-1)^2 \dfrac{z_2 z_8}{z_1 z_7} = \dfrac{35 \times 27}{20 \times 28} = 1.69$

轴Ⅱ的转速：$n_Ⅱ = \dfrac{n_Ⅰ}{i_{3档}} = \dfrac{1000}{1.69}$r/min $= 592$r/min

传动比为正值，轴Ⅱ与轴Ⅰ转向相同。

④ 第四档：

传动路线：齿轮 1-2-9-10。

传动比：$i_{4档} = \dfrac{n_Ⅰ}{n_Ⅱ} = (-1)^2 \dfrac{z_2 z_{10}}{z_1 z_9} = \dfrac{35 \times 22}{20 \times 33} = 1.17$

轴Ⅱ的转速：$n_Ⅱ = \dfrac{n_Ⅰ}{i_{4档}} = \dfrac{1000}{1.17}$r/min $= 855$r/min

传动比为正值，轴Ⅱ与轴Ⅰ转向相同。

⑤ 第五档：

传动路线：齿轮 1-2-11-12。

传动比：$i_{5档} = \dfrac{n_Ⅰ}{n_Ⅱ} = (-1)^2 \dfrac{z_2 z_{12}}{z_1 z_{11}} = \dfrac{35 \times 19}{20 \times 36} = 0.92$

轴Ⅱ的转速：$n_Ⅱ = \dfrac{n_Ⅰ}{i_{5档}} = \dfrac{1000}{0.92}$r/min $= 1087$r/min

传动比为正值，轴Ⅱ与轴Ⅰ转向相同。

2）倒档传动比及轴Ⅱ的转速

倒档传动路线：齿轮 1-2-13-14-15。

传动比：$i_{倒档} = \dfrac{n_Ⅰ}{n_Ⅱ} = (-1)^3 \dfrac{z_2 z_{14} z_{15}}{z_1 z_{13} z_{14}} = -\dfrac{z_2 z_{15}}{z_1 z_{13}} = -\dfrac{35 \times 27}{20 \times 14} = -3.38$

轴Ⅱ的转速：$n_Ⅱ = \dfrac{n_Ⅰ}{i_{倒档}} = \dfrac{1000}{3.38}$r/min $= 296$r/min

传动比为负值，轴Ⅱ与轴Ⅰ转向相反。

然而借助虚拟现实技术的仿真实验，我们甚至可以深入齿轮系沉浸式体验自动变速器齿轮变速机构虚拟拆装系统的全过程。

【任务7】

图 6-20 所示为汽车后桥差速器机构运动简图。齿轮 5 与传动轴固连，齿轮 4 活套在后车轮轴上，行星架 H 与齿轮 4 固连，齿轮 1、3 分别与左、右后车轮固连。若汽车后轮中心距为 $2L$，锥齿轮齿数 $z_1 = z_2 = z_3$，$z_5 = 14$，$z_4 = 42$，发动机传递给传动轴的转速 $n_5 = 1200$r/min。试求：当汽车绕图示 P 点向左转弯时，若平均转弯半径 $r = 10L$，求左后车轮转速 n_1 和右后车轮转速 n_3；当汽车直线前进时，求两后车轮的转速 n_1 和 n_3。

（1）任务分析　发动机的动力通过传动轴驱动锥齿轮 5，再带动锥齿轮 4，齿轮 5 和 4 组成空间定轴轮系。齿轮 4 上固连着行星架 H，锥齿轮 2 的轴线位置不固定，为行星轮，与行星轮 2 相啮合的锥齿轮 1、3 为太阳轮。故齿轮 1、2、3 和行星架 H 组成一个空间差动轮系。因此，组成汽车差速器的轮系为一空间复合轮系。该任务是通过计算复合轮系的传动比求出汽车左转弯和直行时后车轮的转速。

（2）任务实施

1）列出空间定轴轮系和行星轮系的传动比计算式。

① 锥齿轮 5 和 4 组成空间定轴轮系，其传动比的大小为

$$i_{54} = \frac{n_5}{n_4} = \frac{z_4}{z_5} = \frac{42}{14} = 3$$

$$n_4 = \frac{n_5}{i_{54}} = \frac{1200}{3} \text{r/min} = 400 \text{r/min}$$

因行星架 H 固连在齿轮 4 上，故 $n_H = n_4 = 400 \text{r/min}$。

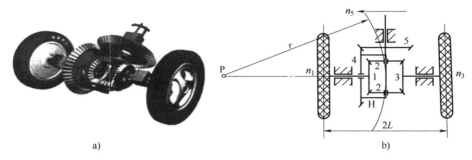

图 6-20　汽车后桥差速器机构运动简图

② 齿轮 1、2、3 和行星架 H 组成行星轮系，其转化轮系的传动比为

$$i_{13}^{H} = \frac{n_1 - n_H}{n_3 - n_H} = \frac{n_1 - 400}{n_3 - 400} = -\frac{z_3}{z_1} = -1$$

式中的 "–" 号表示齿轮 1、3 在转化轮系中的转向相反。整理得：

$$n_1 + n_3 = 2n_H = 800 \text{r/min}$$

2）汽车向左转弯时左、右后车轮的转速 n_1、n_3。

当汽车绕图示 P 点向左转弯时，由于右车轮的转弯半径比左车轮大，为了保证车轮与地面作纯滚动，以减少因轮胎与地面间的滑动摩擦而导致的磨损，就要求右车轮的转速比左车轮的转速高。

当齿轮 5 为主动轮时，其转速比为

$$\frac{n_1}{n_3} = \frac{r-L}{r+L} = \frac{10L-L}{10L+L} = \frac{9}{11}$$

由行星轮系传动比，可得：

$$n_1 = \frac{r-L}{r}n_H = \frac{10L-L}{10L}n_H = \frac{9}{10}n_H = 360 \text{r/min}$$

$$n_3 = \frac{r+L}{r}n_H = \frac{10L+L}{10L}n_H = \frac{11}{10}n_H = 440 \text{r/min}$$

计算结果为正值，表明两后车轮与锥齿轮 4 转向相同。

3）汽车直线前进时，左、右后车轮的转速 n_1、n_3。

当汽车直线行驶时，左、右两车轮滚过的距离相等，所以两后车轮的转速相等，即

$$n_1 = n_3 = 400 \text{r/min}$$

此时齿轮 1、2、3 和 4 如同固连在一起的一个整体，一起随齿轮 4 转动，此时 $n_1 = n_3 = n_4$，行星轮 2 不绕自身轴线回转。

*项目 6 减 速 器

一、减速器的定义

齿轮系最重要、最广泛的应用是减速器的应用。那什么是减速器呢？

减速器是一种由封闭在箱体内的齿轮、蜗杆蜗轮等传动零件组成的传动装置（见图 6-21），是安装在原动机和工作机之间用来改变轴的转速和转矩，以适应工作机需要的机器。单体减速器具有结构紧凑、传动效率高、使用维护方便等特点，在机械传动中得到广泛的应用。

图 6-21　减速器

二、减速器的类型

减速器有圆柱齿轮减速器、圆锥齿轮减速器和蜗杆减速器 3 种类型。

在圆柱齿轮减速器中，按齿轮传动级数可分为一级、二级和多级。通过观察减速器外部结构，可以判断减速器的传动级数、输入轴、输出轴及安装方式。

一级圆柱齿轮减速器按其轴线在空间相对位置的不同分为卧式减速器和立式减速器。前者两轴线构成的平面与水平面平行，后者两轴线构成的平面与水平面垂直，一般使用较多的是卧式减速器，故以卧式减速器作为主要介绍对象。

一级圆柱齿轮减速器可以采用直齿、斜齿或人字齿圆柱齿轮，其装配示意图如图 6-22 所示。减速器一般由箱体、齿轮、轴、轴承和附件组成。

三、减速器的工作原理

如图 6-23 所示，电动机的动力通过带传动传递到齿轮轴 1 上，由该轴上的小齿轮 1 与齿轮 2 啮合，将动力传递到中间轴 2 上，再由该轴上的齿轮 3 与齿轮 4 啮合，将动力传递到

输出轴 3 上。减速器的减速原理是通过互相啮合齿轮的齿数差异来实现的，如果小齿轮的齿数为 z_1，转速为 n_1，大齿轮的齿数为 z_2，转速为 n_2，则 $n_1/n_2 = z_2/z_1$。如此进行两级传递最终实现减速的目的。

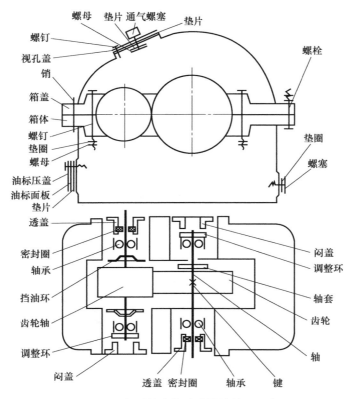

图 6-22　一级圆柱齿轮减速器的装配示意图

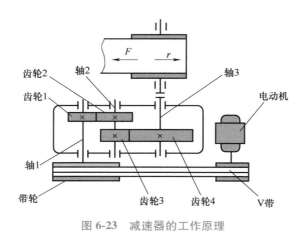

图 6-23　减速器的工作原理

良好的减速器能实现稳定的高减速比传动（如 FLENDER 弗兰德减速器、ALPHA 阿尔法减速器），其啮合传动的零件往往需要进行等寿命设计。

四、减速器装拆实验

1. 拆卸工具

减速器相对比较复杂，零件较多，所以准备的工具也较多一些，用到的工具有钳工锤、锤子、套筒扳手、活扳手、成套呆扳手、内六角扳手、起盖螺钉、螺钉旋具、铜棒、轴承拉拔器和盛油容器等。

2. 拆卸顺序和方法

1）放出箱体内的油：准备好盛油容器，拧下放油螺塞和垫片，将减速器里的油放到容器里，如图 6-24 所示。

2）做好标记：以便安装时对号入座，避免发生错乱。在拆卸时，如果原记号已有错乱和不清晰者，则应该按原样重新标记，如图 6-25 所示。

图 6-24　拆卸放油螺塞

图 6-25　做好标记

3）拆箱盖的视孔盖和透气塞：用扳手将螺钉卸下，拆下视孔盖和垫片，然后再拆出视孔盖上的透气塞。

4）拆卸箱盖：用套筒扳手（或成套呆扳手）、内六角扳手等工具将两侧的轴承端盖与箱体间联接螺钉拆下，分别取下两端的闷盖和透盖以及毡圈，有序摆放好；再拆卸减速器箱盖、箱体间的联接螺钉（或螺栓），拆卸螺钉（或螺栓）时同样要注意拆卸顺序；用铁钉、手锤等敲出箱体间的定位销，最后用螺钉旋具、手锤、起盖螺钉将箱盖与箱体顶开。将拆卸的零件摆放整齐有序。

注意：在箱盖和箱体分离时，操作应戴上手套，以免划伤手。箱盖拆下后要平稳地放在试验台上。

5）拆卸输入轴：从箱体内把输入轴（也称为齿轮轴和高速轴）系的零件取出，如图 6-26 所示。然后分别卸下两端小定距环、调整垫片，用拉拔器分别把两个轴承取出，如图 6-27 所示，卸下两个甩油环。

拉拔器简介：拉拔器是一种常用于机械修理拆卸零件的装置，由丝杆、丝母、连板、拉钩（有三爪拉钩和二爪拉钩）、上调节定位装置和下调节定位装置组成，可用于拉拔轴承，带轮，气缸套，脱落珠子的轴承内环、外环等；操作简便灵活。图 6-28a、b 所示分别为二爪拉拔器和三爪拉拔器。图 6-28c 所示为液压拉拔器，用液压起动手柄代替扳手，实现拉拔，较机械拉拔器平稳省力。

图 6-26　输入轴系

图 6-27　拉拔器拆卸轴承

a) 二爪拉拔器

b) 三爪拉拔器

c) 液压拉拔器

图 6-28　拉拔器

如图 6-29a 所示，使用拉拔器拆卸轴承时，先将钩爪座调整到拉钩抓住轴承内圈，再用活扳手平稳转动丝杆，爪钩相应后退，即可将轴承从轴上拉出。如图 6-29b 所示，拆卸轴承时应注意，拉拔器的钩爪一定要抓住轴承内圈，若抓住的是轴承外圈，拆卸后的轴承则报废。

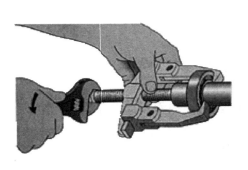
a) 正确

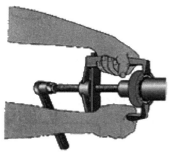
b) 错误

图 6-29　拉拔器的使用

6）拆卸中间轴：从箱体内把中间轴系的零件取出，然后分别卸下两端调整垫片、轴套，用拉拔器把两个轴承取出，卸下轴上齿轮（见图 6-30）。

7）拆除输出轴：如图 6-31 所示，从箱体内把输出轴（也称为低速轴）系的零件全部取出，然后卸下大定距环和调整垫片，用拉拔器把两个轴承取出，卸下轴套和齿轮，用手钳夹出平键（一般最好不要拆出，以免破坏平键的配合精度）。

注意：拆下的零件要编号序号摆放整齐。在拆卸轴系部件时应在零件间做上记号，以保证轴系部件装配时的正确性。对配合面、啮合点要一一对应做好记号。

如要重新装配拆卸下的零件，装配顺序和拆卸顺序相反。在装配过程中一样要先对零部件进行清洗和清理，在装配螺纹组时应注意成组螺纹装配的方法。

图 6-30　中间轴系

图 6-31　输出轴系

【学习测试】

一、单选题

1. 在定轴齿轮系中，每一个齿轮的回转轴线都是_____的。

A. 相对运动确定　　　　　B. 相对固定　　　　　　C. 固定

2. 在定轴齿轮系中，设轮 1 为主动首轮，轮 N 为从动末轮，则定轴齿轮系首末两轮传动比数值计算的一般公式是 $i_{1N} =$ _____。

A. 轮 N 至轮 1 间所有从动轮齿数的连乘积／轮 1 至轮 N 间所有主动轮齿数的连乘积

B. 轮 1 至轮 N 间所有从动轮齿数的连乘积／轮 1 至轮 N 间所有主动轮齿数的连乘积

C. 轮 1 至轮 N 间所有主动轮齿数的连乘积／轮 1 至轮 N 间所有从动轮齿数的连乘积

3. 在周转齿轮系中，只有一个_____时的齿轮系称为行星齿轮系。

A. 自由度　　　　　　　　B. 太阳轮　　　　　　　C. 转臂

4. _____构成一个基本周转齿轮系。

A. 行星轮、行星架和中心轮

B. 行星轮和中心轮

C. 行星轮、惰轮和中心轮

5. 常见的减速器有_____和蜗杆减速器 3 种类型。

A. 圆柱齿轮减速器、锥齿轮减速器

B. 直齿轮减速器、斜齿轮减速器

C. 圆柱锥齿轮减速器、斜齿轮减速器

6. 减速器一般由_____和附件组成。

A. 箱体、齿轮、轴承

B. 箱体、齿轮、轴、轴承

C. 箱体、齿轮、轴

二、判断题

1. 行星齿轮系可以由两个以上的中心轮转动。　　　　　　　　　　　　　　（　　）

2. 齿轮系中的惰轮既能改变传动比大小，也能改变转动方向。　　　　（　　）

3. 周转齿轮系中的行星架与中心轮的几何轴线必须重合，否则便不能转动。　（　　）

4. 只能通过利用多级齿轮组成的定轴齿轮系来实现两轴间较大的传动比。　（　　）

5. 单级圆柱齿轮减速器按其轴线在空间相对位置的不同分为立式和卧式减速器。

　　　　　　　　　　　　　　　　　　　　　　　　　　　　　　（　　）

6. 在圆柱齿轮减速器中，按齿轮传动级数可分为单级和两级。　　　　（　　）

三、简答题

1. 什么是汽车变速器？什么是汽车差速器？

2. 什么是减速器？

四、分析计算题

1. 一差动齿轮系如图 6-32 所示，已知 $z_1 = 15$，$z_2 = 25$，$z_3 = 20$，$z_4 = 60$，$n_1 = 180\text{r/min}$，$n_2 = 60\text{r/min}$，而且两太阳轮 1、4 转向相反，试求行星架转速 n_H 及行星轮转速 n_3。

2. 如图 6-33 所示电动卷扬机减速器中，齿轮 1 为主动轮，动力由卷筒 H 输出。各轮齿数为 $z_1 = 24$，$z_2 = 40$，$z_{2'} = 20$，$z_3 = 120$，$z_{3'} = 30$，$z_4 = 33$，$z_5 = 120$。求 i_{1H}。

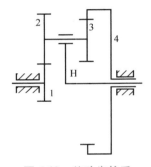

图 6-32　差动齿轮系

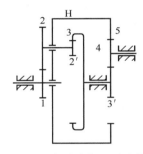

图 6-33　电动卷扬机减速器

3. 如图 6-34 所示的齿轮系中，已知 $z_1 = 20$，$z_2 = 40$，$z_{2'} = 20$，$z_4 = 60$，均为标准齿轮传动。试求传动比 i_{1H}。

4. 如图 6-35 所示的齿轮系中，已知各轮齿数 $z_1 = 48$，$z_2 = 48$，$z_{2'} = 18$，$z_3 = 24$；$n_1 = 250\text{r/min}$，$n_3 = 100\text{r/min}$，转向如图 6-35 所示。试求行星架 H 转速 n_H 的大小及方向。

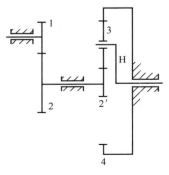

图 6-34　齿轮系（一）

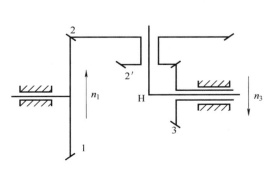

图 6-35　齿轮系（二）

📝【学习评价】

题号	一	二	三	四	五	总分
得分	1.	1.	1.	1.		
	2.	2.	2.	2.		
	3.	3.		3.		
	4.	4.		4.		
	5.	5.				
	6.	6.				
学习评价						

模块 7

带传动与链传动

【教学指南】

本模块的主要内容是带传动的类型、工作原理、特点及应用，带传动的受力情况，带的应力及变化规律、弹性滑动和打滑，以及 V 带传动的参数选择、设计准则和设计方法等。简要介绍了滚子链传动的结构与标准以及润滑与张紧方法。重点是 V 带传动的参数选择及设计计算。

【任务描述】

1. 能够根据机构要实现的运动选择带传动的类型。
2. 能够设计简单的带传动，并采取相应措施使其不发生失效。

【学习目标】

1. 掌握带传动的运动特点及其使用和维护。
2. 掌握带传动的基本设计计算方法。

【学习方法】

理论与实践一体化。

项目 1 认识带传动

生活中无处不在、神奇灵活的一种机械传动，它不需要润滑就能轻松实现无级变速，这就是应用广泛且维护方便的带传动。

一、带传动的定义

带传动是一种应用很广的机械传动形式，主要用于传递两轴之间的运动和动力。因传动带属于挠性件，故带传动也称为挠性传动，常用于减速传动装置中。大部分带传动是依靠挠性传动带与带轮间的摩擦力来传递运动和动力的。

带传动一般是由主动带轮、从动带轮和传动带等组成，如图 7-1 所示。

带传动的工作原理是：当原动机驱动主动轮转动时，带与带轮间的摩擦力使从动轮一起转动，从而实现运动和动力的传递。

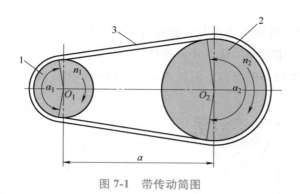

图 7-1 带传动简图

视频 15

二、带传动的类型

（1）按传动原理划分 带传动可分为摩擦带传动和啮合带传动。

1）摩擦带传动是靠传动带与带轮间的摩擦力实现传动的，如 V 带传动、平带传动等。

2）啮合带传动是靠内侧凸齿与带轮外缘上的齿槽相啮合实现传动的，如同步带传动。

（2）按用途划分 带传动可分为传送带和输送带。

1）传送带是用来传递运动和动力的。

2）输送带是用来输送物品的。

（3）按传送带的截面形状划分 带传动可分为平带、V 带、多楔带、圆形带和同步带。

1）平带：如图 7-2 所示，截面形状为扁平矩形，内表面为工作面。常用的平带有胶带、编织带和强力锦纶带等。平带传动结构简单，带轮制造方便，平带质轻且挠曲性好，故多用于高速和中心距较大的传动。

2）V 带：如图 7-3 所示，截面形状为梯形，两侧面为工作面。传动时，V 带与轮槽两侧面接触，在同样压紧力 F_Q 作用下，V 带的摩擦力比平带大，传递功率也较大，且结构紧凑，故在一般机械中已取代平带传动。

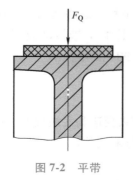

图 7-2 平带

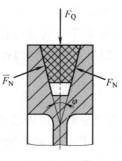

图 7-3 V 带

3）多楔带：如图 7-4 所示，它是在平带基体上由多根 V 带组成的传动带。这种带兼有平带挠曲性好和 V 带摩擦力较大的优点。多楔带结构紧凑，可传递很大的功率。

4）圆形带：如图 7-5 所示，圆带的横截面呈圆形。其传动能力小，常用于仪器、玩具、医疗器械、家用器械等场合。

5）同步带：如图 7-6 所示，依靠带内侧凸齿与带轮外缘上的齿槽啮合来传递运动和动力，如同步带传动。它除了保持摩擦带传动的优点外，还具有传递功率大、传动比准确等特点，多用于要求传动平稳、传动精度较高的场合。但制造、安装精度要求较高，成本高。

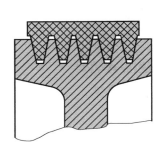

图 7-4　多楔带

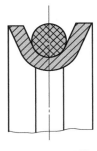

图 7-5　圆形带

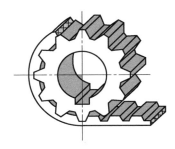

图 7-6　同步带

三、带传动的特点及应用

1. 摩擦带传动的特点

1）适用于中心距较大的传动。

2）带具有弹性，能缓冲吸振，传动平稳，无噪声。

3）过载时，带与带轮会出现打滑，可防止传动零件损坏，起到过载保护作用。

4）结构简单，维护方便，无须润滑，且制造和安装精度要求不高，成本低廉。

5）由于带的弹性滑动，不能保证准确的传动比。

6）传动效率较低，带的寿命较短。

7）传动的外廓尺寸、带作用于轴上的压力等均较大。

8）不适宜在高温、易燃及有油、水的场合使用。

2. 带传动的应用

一般适用于中小功率、无须保证准确传动比和传动平稳的远距离场合。在多级减速传动装置中，带传动通常置于与电动机相连的高速级场合。其中 V 带传动应用最为广泛，一般允许的带速 $v = 5 \sim 25 \text{m/s}$，传动比 $i \leqslant 7$，传动效率 $\eta \approx 0.90 \sim 0.95$。

四、带传动的形式

（1）按照传动比分类　带传动可分为定传动比、有级变速和无级变速，如图 7-7 所示。

1）定传动比：在机械传动系统中，其始端主动轮与末端从动轮的角速度或转速的比值是定值。

2）有级变速：在若干固定速度级内，不连续地变换速度。

3）无级变速：在一定速度范围内，能连续、任意地变换速度。

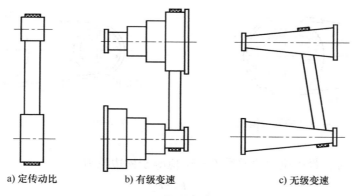

a) 定传动比　　　b) 有级变速　　　c) 无级变速

图 7-7　带传动分类一

（2）按照两轴的位置和转向分类　带传动可分为开口传动、交叉传动、半交叉传动、张紧轮传动等，如图 7-8 所示。

注意：交叉传动、半交叉传动适用于平带。开口传动是带轮两轴线平行，两轮宽的对称平面重合，转向相同的带传动。

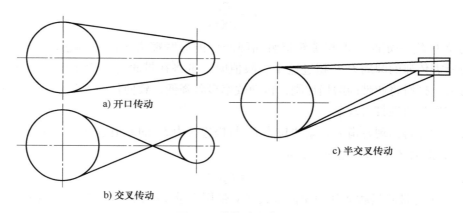

a) 开口传动

c) 半交叉传动

b) 交叉传动

图 7-8　带传动分类二

项目 2　带传动的力分析和运动特性

一、带传动的受力分析

为保证带传动正常工作，传动带必须以一定的张紧力紧套在带轮上。此时带受到初拉力 F_0 的作用，并使带与带轮的接触面间产生正压力。

当传动带静止时，带两边的拉力都等于初拉力 F_0，如图 7-9 所示。

当传动带传动时，由于摩擦力的作用，带两边的拉力不再相等。F_1（紧边拉力）$>F_2$（松边拉力），如图 7-10 所示。

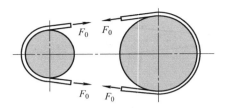

图 7-9　不工作时带传动的受力情况

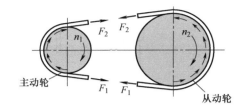

图 7-10　工作时带传动的受力情况

在带总长不变时，紧边拉力的增量 F_1-F_0 应等于松边拉力的减少量 F_0-F_2，即

$$F_0=\frac{F_1+F_2}{2} \tag{7-1}$$

紧边和松边的拉力差值 F_1-F_2 即为带传动的有效拉力，也就是带所传递的圆周力 F。在数值上它等于带与带轮接触面间产生的静摩擦力值的总和 $\sum F_f$，即

$$F=F_1-F_2=\sum F_f \tag{7-2}$$

圆周力 F（N）、带速 v（m/s）和传递功率 P（kW）之间的关系为

$$P=\frac{Fv}{1000} \tag{7-3}$$

当初拉力 F_0 一定时，带与带轮接触面间产生的静摩擦力值的总和 $\sum F_f$ 会有一个极限值。当带所需传递的圆周力 F 超过这个极限值时，带将在带轮上发生全面的滑动，这种现象称为打滑。打滑将使带的磨损加剧，传动效率显著降低，致使传动失效，所以在正常的传动过程中应避免出现打滑现象。

当带传动即将出现打滑时，紧边拉力 F_1 与松边拉力 F_2 的差值达到最大（带的传动能力达到最大），此时 F_1 与 F_2 之间的关系为

$$F_1=F_2e^{f\alpha} \tag{7-4}$$

式中　f——带与带轮接触面间的摩擦系数（V 带用当量摩擦系数 f_V 代替 f），即

$$f_V=\frac{f}{\sin\varphi/2} \tag{7-5}$$

α——传动带在带轮上的包角（带与小带轮接触弧所对的中心角）（rad）；

e——自然对数的底，$e\approx2.718$。

联解以上各式可得：

$$\begin{cases} F_1=F\dfrac{e^{f\alpha}}{e^{f\alpha}-1} \\[2mm] F_2=F\dfrac{1}{e^{f\alpha}-1} \\[2mm] F=F_1-F_2=F_1\left(1-\dfrac{1}{e^{f\alpha}}\right) \\[2mm] F=2F_0\dfrac{e^{f\alpha}-1}{e^{f\alpha}+1} \end{cases} \tag{7-6}$$

由以上各式可知：增大包角、摩擦系数和初拉力，都能提高带传动的传动能力。

在开口传动（两轴平行且要求回转方向相同）中，一般情况下传动比 $i \neq 1$，所以小带轮包角 α_1 小于大带轮包角 α_2，故计算带传动所能传递的圆周力时，应取 α 为 α_1。

二、带传动的应力分析

带传动工作时，在带的横截面上受到 3 种应力的作用：

1）由拉力产生的拉应力：

紧边拉应力
$$\sigma_1 = \frac{F_1}{A} \tag{7-7}$$

松边拉应力
$$\sigma_2 = \frac{F_2}{A} \tag{7-8}$$

式中，A 为带的横截面积。

2）由离心力产生的离心拉应力：带绕过带轮作圆周运动时将产生离心力，该离心力将使带全长受拉力 F_c 作用，从而在截面上产生拉应力，其大小为

$$F_c = qv^2 \tag{7-9}$$

式中 q——传送带单位长度的质量，单位为 kg/m，各种型号 V 带的 q 值见表 7-1；

         v——传送带的速度，单位为 m/s。

表 7-1   基准宽度制 V 带每米长的质量 q 及带轮最小基准直径 d_{dmin}

带型	$q/(\text{kg/m})$	d_{dmin}/mm
Y	0.02	20
Z	0.06	50
A	0.10	75
B	0.17	125
C	0.30	200
D	0.62	355
E	0.90	500
SPZ	0.07	63
SPA	0.12	90
SPB	0.20	140
SPC	0.37	224

F_c 作用于带的全长上，产生的离心拉应力为

$$\sigma_c = \frac{F_c}{A} = \frac{qv^2}{A} \tag{7-10}$$

离心力只产生在传动带作圆周运动的弧段上，但离心拉应力作用于全长，且各处大小相等，如图 7-11 所示。

3）由弯曲产生的弯曲应力：带绕过带轮时，由于弯曲变形而产生弯曲应力。由材料力

学公式得带的弯曲应力为

$$\sigma_b = \frac{2yE}{d} \approx \frac{hE}{d} \tag{7-11}$$

式中　y——带弯曲时其中性层到最外层的垂直距离；

　　　h——带的高度；

　　　E——带的弹性模量；

　　　d——带轮直径（对 V 带轮，d 为基准直径）。

由图 7-11 可知，在传动过程中，带受循环变应力作用，最大应力发生在紧边与小带轮的接触处，其值为

$$\sigma_{max} = \sigma_1 + \sigma_c + \sigma_{b1} \leqslant [\sigma] \tag{7-12}$$

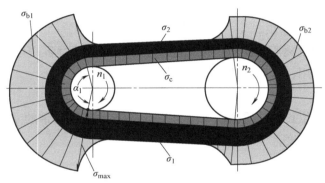

图 7-11　带的应力分布

三、带传动的弹性滑动和传动比

传动带在拉力的作用下产生的弹性变形量随拉力的增加而增加。传动时，由于紧边拉力 F_1 大于松边拉力 F_2，因此带在紧边的伸长率大于松边的伸长率，绕过带轮时伸长率逐渐变化，如图 7-12 所示。

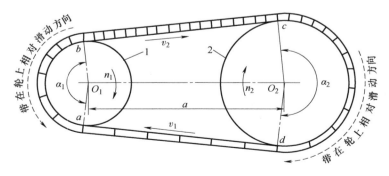

图 7-12　带的弹性变形及相对滑动

当主动轮依靠摩擦力使带一起运转并绕过主动轮时，带的伸长率逐渐减小。也就是说，带相对于轮面在向后收缩，从而使带与轮面间产生相对滑动，导致带的运动速度落后于主动

轮的圆周速度。

类似的现象也出现在从动轮上，只不过是带依靠摩擦力使从动轮一起运转，此时带的伸长率逐渐增大，带相对于轮面在逐渐伸长，从而使带的运动速度超前于从动轮的圆周速度。这种由于带的弹性变形而产生的带与轮面间的滑动称为弹性滑动。

带的弹性滑动使从动轮的圆周速度 v_2 低于主动轮的圆周速度 v_1，其速度的降低率用滑动率 ε 表示，即

$$\varepsilon = \frac{v_1 - v_2}{v_1} = \frac{d_1 n_1 - d_2 n_2}{d_1 n_1} \times 100\% \tag{7-13}$$

式中　n_1、n_2——分别为主动轮、从动轮的转速（r/min）；

　　d_1、d_2——分别为主动轮、从动轮的直径（mm），对 V 带传动则为带轮基准直径 d_{d1}、d_{d2}。

由此可得带传动的传动比为

$$i = \frac{n_1}{n_2} = \frac{d_2}{d_1(1-\varepsilon)} \tag{7-14}$$

从动轮的转速为

$$n_2 = \frac{n_1 d_1(1-\varepsilon)}{d_2} \tag{7-15}$$

由于带传动的滑动率 ε 随所传递圆周力的大小而变化，不是一个定值，故无法得到准确的传动比。正常工作时，带传动的滑动率 $\varepsilon = 0.01 \sim 0.02$，一般传动计算时可不予考虑。故传动比为

$$i = \frac{n_1}{n_2} = \frac{d_2}{d_1} \tag{7-16}$$

注意：弹性滑动和打滑是两个截然不同的概念。打滑是指由过载引起的全面滑动，是可以避免的。而弹性滑动是由拉力差引起的，只要传递圆周力，就必然会产生弹性滑动，所以弹性滑动是不可避免的。

项目 3　普通 V 带传动的设计

V 带有普通 V 带、窄 V 带、宽 V 带、汽车 V 带、大楔角 V 带等。普通 V 带和窄 V 带应用较广。

一、普通 V 带的结构和尺寸标准

标准 V 带都制成无接头的环形带，由包布层、顶胶（伸张层）、抗拉体（强力层）和底胶（压缩层）四部分组成，如图 7-13 所示。

抗拉体是 V 带工作时的主要承载部分，有帘布和线绳两种结构形式。抗拉体上下的顶胶和底胶为橡胶材料制成，分别承受弯曲时的拉伸和压缩。V 带的外层用胶帆布包覆成型。

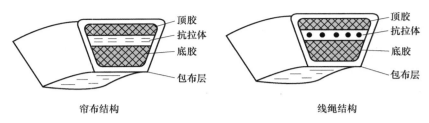

图 7-13　V 带的结构

V 带和 V 带轮有两种尺寸制，即基准宽度制和有效宽度制，本书采用基准宽度制。

普通 V 带的尺寸已标准化，按截面尺寸由小到大，普通 V 带分为 Y、Z、A、B、C、D、E 七种型号。在同样条件下，截面尺寸大则传递的功率就大，见表 7-2。

表 7-2　V 带（基准宽度制）的截面尺寸（GB/T 11544—2012）

带型		节宽 b_p	基本尺寸		
普通 V 带	窄 V 带		顶宽 b	带高 h	楔角 α
Y		5.3	6	4	
Z	SPZ	8.5	10	6	
A	SPA	11.0	13	8	
B	SPB	14.0	17	11	40°
C	SPC	19.0	22	14	
D		27.0	32	19	
E		32.0	38	23	

V 带绕在带轮上产生弯曲，外层受拉伸变长，内层受压缩变短，两层中间存在一长度不变的中性层，称为节面。节面的宽度称为节宽 b_p。

V 带的截面高度 h 与其节宽 b_p 的比值 h/b_p 称为相对高度，其值已标准化，普通 V 带的相对高度约为 0.7。

在 V 带轮上，与节宽 b_p 相对应的槽形轮廓宽度称为基准宽度 b_d。基准宽度处的带轮直径称为基准直径 d_d，见表 7-3。在规定的张紧力下，V 带位于带轮基准直径上的周线长度称为带的基准长度 L_d，它用于带传动的几何计算。V 带的基准长度已标准化，见表 7-4。

表 7-3　V 带轮的基准直径系列　　　　　　　　　　　　　　　　（单位：mm）

基准直径 d_d	带型						
	Y	Z SPZ	A SPA	B SPB	C SPC	D	E
	外径 d_a						
20	23.2						
22.4	25.6						
25	28.2						
28	31.2						

（续）

基准直径 d_d	带型						
	Y	Z SPZ	A SPA	B SPB	C SPC	D	E
	外径 d_a						
31.5	34.7						
35.5	38.7						
40	43.2						
45	48.2						
50	53.2	+54					
56	59.2	+60					
63	66.2	67					
71	74.2	75					
75		79	+80.5				
80	83.2	84	+85.5				
85			+90.5				
90	93.2	94	95.5				
95			100.5				
100	103.2	104	105.5				
106			111.5				
112	115.2	116	117.5				
118			123.5				
125	128.2	129	130.5	+132			
132		136	137.5	+139			
140		144	145.5	147			
150		154	155.5	157			
160		164	165.5	167			
170				177			
180		184	185.5	187			
200		204	205.5	207	+209.6		
212				219	+221.6		
224				231	233.6		
236		228	229.5	243	245.6		
250		254	255.5	257	259.6		
265					274.6		
280		284	285.5	287	289.6		
315		319	320.5	322	324.6		
355		359	360.5	362	364.6	371.2	
375						391.2	
400		404	405.5	407	409.6	416.2	
425						441.2	

（续）

基准直径 d_d	带型						
	Y	Z SPZ	A SPA	B SPB	C SPC	D	E
	外径 d_a						
450			455.5	457	459.6	466.2	
475						491.2	
500		504	505.5	507	509.6	516.2	519.2
530							549.2
560			565.5	567	569.6	576.2	579.2
630		634	635.5	637	639.6	646.2	649.2
710			715.5	717	719.6	726.2	729.2
800			805.5	807	809.6	816.2	819.2
900				907	909.6	916.2	919.2
1000				1007	1009.6	1016.2	1019.2
1120				1127	1129.6	1136.2	1139.2
1250					1259.6	1266.2	1269.2
1600						1616.2	1619.2
2000						2016.2	2019.2
2500							2519.2

注：1. 有"+"号的外径只用于普通 V 带。

2. 直径的极限偏差：基准直径按 c11，外径按 h12。

3. 没有外径值的基准直径不推荐采用。

表 7-4　V 带（基准宽度制）的基准长度系列及长度修正系数

基准长度 L_d/mm	K_L										
	普通 V 带							窄 V 带			
	Y	Z	A	B	C	D	E	SPZ	SPA	SPB	SPC
200	0.81										
224	0.82										
250	0.84										
280	0.87										
315	0.89										
355	0.92										
400	0.96	0.87									
450	1.00	0.89									
500	1.02	0.91									
560		0.94									
630		0.96	0.81					0.82			
710		0.99	0.82					0.84			
800		1.00	0.85					0.86	0.81		
900		1.03	0.87	0.81				0.88	0.83		

（续）

基准长度 L_d/mm	普通 V 带							窄 V 带			
	Y	Z	A	B	C	D	E	SPZ	SPA	SPB	SPC
1000		1.06	0.89	0.84				0.90	0.85		
1120		1.08	0.91	0.86				0.93	0.87		
1250		1.11	0.93	0.88				0.94	0.89	0.82	
1400		1.14	0.96	0.90				0.96	0.91	0.84	
1600		1.16	0.99	0.92	0.83			1.00	0.93	0.86	
1800		1.18	1.01	0.95	0.86			1.01	0.95	0.88	
2000			1.03	0.98	0.88			1.02	0.96	0.90	0.81
2240			1.06	1.00	0.91			1.05	0.98	0.92	0.83
2500			1.09	1.03	0.93			1.07	1.00	0.94	0.86
2800			1.11	1.05	0.95	0.83		1.09	1.02	0.96	0.88
3150			1.13	1.07	0.97	0.86		1.11	1.04	0.98	0.90
3550			1.17	1.09	0.99	0.89		1.13	1.06	1.00	0.92
4000			1.19	1.13	1.02	0.91			1.08	1.02	0.94
4500				1.15	1.04	0.93	0.90		1.09	1.04	0.96
5000				1.18	1.07	0.96	0.92			1.06	0.98
5600					1.09	0.98	0.95			1.08	1.00
6300					1.12	1.00	0.97			1.10	1.02
7100					1.15	1.03	1.00			1.12	1.04
8000					1.18	1.06	1.02			1.14	1.06
9000					1.21	1.08	1.05				1.08
10000					1.23	1.11	1.07				1.10

窄 V 带的相对高度 h/b_p 约为 0.9，强力层采用高强度绳芯制成，其截面形状如图 7-14 所示。按国家标准，窄 V 带截面尺寸分为 SPZ、SPA、SPB、SPC 四个型号。窄 V 带具有普通 V 带的特点，并且能承受较大的张紧力。当窄 V 带带高与普通 V 带相同时，其带宽较普通 V 带约小 1/3，而承载能力可提高 1.5~2.5 倍，因此适用于传递大功率且传动装置要求紧凑的场合。

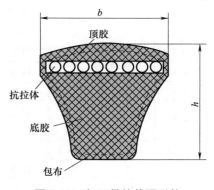

图 7-14　窄 V 带的截面形状

普通 V 带和窄 V 带的标记由型号、基准长度和标准号组成。例如：A 型普通 V 带，基准长度为 1400mm，其标记为 A1400　GB/T 11544—2012；又如：SPA 型窄 V 带，基准长度为 1600mm，其标记为 SPA1600　GB/T 12730—2018。

带的标记通常压印在带的顶面，便于选用与识别。

二、普通 V 带轮的结构

1. V 带轮的设计要求

带轮应具有足够的强度和刚度，无过大的铸造内应力；质量小且分布均匀，结构工艺性好，便于制造；带轮工作表面应光滑，以减小带的磨损。当 $5m/s < v < 25m/s$ 时，带轮要进行静平衡，$v > 25m/s$ 时带轮应进行动平衡。

2. 带轮的材料

带轮材料常采用铸铁、钢、铝合金或工程塑料等，灰铸铁应用较广。

当带速 $v \leqslant 25m/s$ 时采用 HT150；当 $v = 25 \sim 30m/s$ 时采用 HT200；当 $v \geqslant 25 \sim 45m/s$ 时则应采用球墨铸铁、铸钢或锻钢，也可以采用钢板冲压后焊接带轮。小功率传动时带轮可采用铸铝或塑料等材料。

3. 带轮的结构

带轮由轮缘、腹板（轮辐）和轮毂三部分组成。

V 带两侧面工作面的夹角 θ 称为带的楔角，$\theta = 40°$。当带工作时，V 带的横截面积变形，楔角 θ 变小，为保证变形后 V 带仍可紧贴在 V 带轮的轮槽两侧面上，应使轮槽角 φ 适当减小，见表 7-5。

表 7-5　基准宽度制 V 带轮的轮槽尺寸　　　　　　　　　　（单位：mm）

项目	符号	槽型						
		Y	Z SPZ	A SPA	B SPB	C SPC	D	E
基准宽度	b_d	5.3	8.5	11.0	14.0	19.0	27.0	32.0
基准线上槽深	h_{amin}	1.6	2.0	2.75	3.5	4.8	8.1	9.6
基准线下槽深	h_{fmin}	4.7	7.0 9.0	8.7 11.0	10.8 14.0	14.3 19.0	19.9	23.4
槽间距	e	8±0.3	12±0.3	15±0.3	19±0.4	25.5±0.5	37±0.6	44.5±0.7
槽边距	f_{mim}	6	7	9	11.5	16	23	28
最小轮缘厚	δ_{min}	5	5.5	6	7.5	10	12	15

（续）

项目		符号	槽型						
			Y	Z SPZ	A SPA	B SPB	C SPC	D	E
圆角半径		r_1	0.2~0.5						
带轮宽		B	$B=(z-1)e+2f$　z——轮槽数						
外径		d_a	$d_a=d_d+2h_a$						
轮槽角 φ	32°	相应的基准直径 d_d	≤60	—	—	—	—	—	—
	34°		—	≤80	≤118	≤190	≤315	—	—
	36°		>60	—	—	—	—	≤475	≤600
	38°		—	>80	>118	>190	>315	>475	>600
极限偏差			±30′						

注：槽间距 e 的极限偏差适用于任何两个轮槽对称中心面的距离，不论相邻还是不相邻。

　　V 带轮按轮辐结构的不同分为 S 型（实心带轮）、P 型（腹板带轮）、H 型（孔板带轮）和 E 型（轮辐带轮）等型式，如图 7-15 所示。

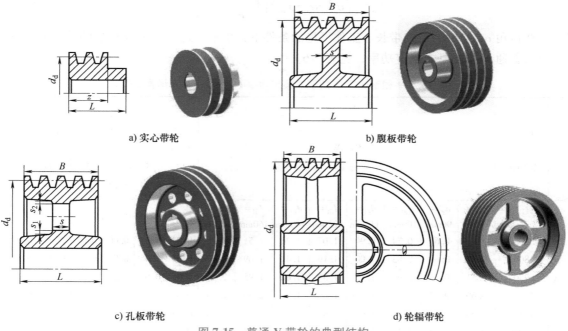

a) 实心带轮　　　　　　　　　　　　　　b) 腹板带轮

c) 孔板带轮　　　　　　　　　　　　　d) 轮辐带轮

图 7-15　普通 V 带轮的典型结构

　　带轮的结构型式及腹板（轮辐）尺寸的确定可根据 V 带型号、带轮的基准直径和轴孔直径，按机械设计手册提供的图表选取。

三、V 带传动的设计

1. 带传动的失效形式和设计准则

　　带传动的主要失效形式有带与带轮之间的磨损、打滑和带的疲劳破坏（如脱层、撕裂、拉断）等。带传动的设计准则是：在传递规定功率时不打滑，同时具有足够的疲劳强度和一定的使用寿命。

机械零件由于某种原因不能正常工作时，称为失效。

2. 单根 V 带传递的功率

为了保证带传动不出现打滑，单根普通 V 带能传递的功率 P_0 可用公式表示为

$$P_0 = \frac{F_{max}v}{1000} = F_1\left(1 - \frac{1}{e^{f\alpha_1}}\right)v/1000 = \sigma_1 A\left(1 - \frac{1}{e^{fv\alpha_1}}\right)\frac{v}{1000} \tag{7-17}$$

为了使带具有一定的疲劳寿命，应满足：

$$\sigma_{max} = \sigma_1 + \sigma_c + \sigma_{b1} \leqslant [\sigma]$$

即

$$\sigma_{1max} = [\sigma] - \sigma_c - \sigma_{b1} \tag{7-18}$$

式中，$[\sigma]$ 为带的许用应力（MPa）。

两式联解，得到带传动在既不打滑又有一定使用寿命时，单根普通 V 带能传递的功率 P_0 可表示为

$$P_0 = \left([\sigma] - \sigma_c - \sigma_{b1}\right)\left(1 - \frac{1}{e^{fv\alpha_1}}\right)\frac{Av}{1000} \tag{7-19}$$

在包角 $\alpha = 180°$、特定带长、工作平稳的条件下，单根普通 V 带所能传递的功率 P_0，称为单根普通 V 带的基本额定功率，见表 7-6。

表 7-6　单根普通 V 带的基本额定功率 P_0 和额定功率增量 ΔP_0

型号	小带轮转速 n /(r/min)	P_0/kW								ΔP_0/kW					
										传动比 $i=$ 1.13~ 1.18	传动比 $i=$ 1.19~ 1.24	传动比 $i=$ 1.25~ 1.34	传动比 $i=$ 1.35~ 1.51	传动比 $i=$ 1.52~ 1.99	传动比 $i\geqslant$ 2.00
A		$d_{d1}=$ 75mm	$d_{d1}=$ 90mm	$d_{d1}=$ 100mm	$d_{d1}=$ 112mm	$d_{d1}=$ 125mm	$d_{d1}=$ 140mm	$d_{d1}=$ 160mm	$d_{d1}=$ 180mm						
	700	0.40	0.61	0.74	0.90	1.07	1.26	1.51	1.76	0.04	0.05	0.06	0.07	0.08	0.09
	800	0.45	0.68	0.83	1.00	1.19	1.41	1.69	1.97	0.04	0.05	0.06	0.08	0.09	0.10
	950	0.51	0.77	0.95	1.15	1.37	1.62	1.95	2.27	0.05	0.06	0.07	0.08	0.10	0.11
	1200	0.60	0.93	1.14	1.39	1.66	1.96	2.36	2.74	0.07	0.08	0.10	0.11	0.13	0.15
	1450	0.68	1.07	1.32	1.61	1.92	2.28	2.73	3.16	0.08	0.09	0.11	0.13	0.15	0.17
	1600	0.73	1.15	1.42	1.74	2.07	2.45	2.94	3.40	0.09	0.11	0.13	0.14	0.17	0.19
	2000	0.84	1.34	1.66	2.04	2.44	2.87	3.42	3.93	0.11	0.13	0.16	0.19	0.22	0.24
B		$d_{d1}=$ 125mm	$d_{d1}=$ 140mm	$d_{d1}=$ 160mm	$d_{d1}=$ 180mm	$d_{d1}=$ 200mm	$d_{d1}=$ 224mm	$d_{d1}=$ 250mm	$d_{d1}=$ 280mm						
	400	0.84	1.05	1.32	1.59	1.85	2.17	2.50	2.89	0.06	0.07	0.08	0.10	0.11	0.13
	700	1.30	1.64	2.09	2.53	2.96	3.47	4.00	4.61	0.10	0.12	0.15	0.17	0.20	0.22
	800	1.44	1.82	2.32	2.81	3.30	3.86	4.46	5.13	0.11	0.14	0.17	0.20	0.23	0.25
	950	1.64	2.08	2.66	3.22	3.77	4.42	5.10	5.85	0.13	0.17	0.20	0.23	0.26	0.30
	1200	1.93	2.47	3.17	3.85	4.50	5.26	6.14	6.90	0.17	0.21	0.25	0.30	0.34	0.38
	1450	2.19	2.82	3.62	4.39	5.13	5.97	6.82	7.76	0.20	0.25	0.31	0.36	0.40	0.46
	1600	2.33	3.00	3.86	4.68	5.46	6.33	7.20	8.13	0.23	0.28	0.34	0.39	0.45	0.51

（续）

型号	小带轮转速 n /(r/min)	P_0/kW								$\Delta P_0/kW$					
										传动比 $i=$ 1.13~1.18	传动比 $i=$ 1.19~1.24	传动比 $i=$ 1.25~1.34	传动比 $i=$ 1.35~1.51	传动比 $i=$ 1.52~1.99	传动比 $i\geqslant$ 2.00
		$d_{d1}=$ 200mm	$d_{d1}=$ 224mm	$d_{d1}=$ 250mm	$d_{d1}=$ 280mm	$d_{d1}=$ 315mm	$d_{d1}=$ 355mm	$d_{d1}=$ 400mm	$d_{d1}=$ 450mm						
C	500	2.87	3.58	4.33	5.19	6.17	7.27	8.52	9.81	0.20	0.24	0.29	0.34	0.39	0.44
	600	3.30	4.12	5.00	6.00	7.14	8.45	9.82	11.3	0.24	0.29	0.35	0.41	0.47	0.53
	700	3.69	4.64	5.64	6.76	8.09	9.50	11.0	12.6	0.27	0.34	0.41	0.48	0.55	0.62
	800	4.07	5.12	6.23	7.52	8.92	12.1	13.8		0.31	0.39	0.47	0.55	0.63	0.71
	950	4.58	5.78	7.04	8.49	10.0	11.7	13.4	15.2	0.37	0.47	0.56	0.65	0.74	0.83
	1200	5.29	6.71	8.21	9.81	11.5	13.3	15.0	16.6	0.47	0.59	0.70	0.82	0.94	1.06
	1450	5.84	7.45	9.04	10.7	12.4	14.1	15.3	16.7	0.58	0.71	0.85	0.99	1.14	1.27

注：小带轮基准直径。

实际工作条件与上述特定条件不同时，应对 P_0 值加以修正，得到实际工作条件下单根普通 V 带所能传递的功率 $[P_0]$，称为许用功率。

许用功率的计算式为

$$[P_0]=(P_0+\Delta P_0)K_\alpha K_L \tag{7-20}$$

式中　ΔP_0——功率增量，考虑传动比 $i\neq 1$ 时，带在大带轮上的弯曲应力较小，故在使用寿命相同条件下，可增大传递的功率；

　　　K_α——包角修正系数，考虑 $\alpha_1\neq 180°$ 时对传动能力的影响，见表7-7；

　　　K_L——带长修正系数，考虑带长不为特定长度时对传动能力的影响，见表7-4。

表7-7　包角修正系数 K_α

包角 $\alpha_1/(°)$	180	170	160	150	140	130	120	110	100	90
K_α	1.00	0.98	0.95	0.92	0.89	0.86	0.82	0.78	0.74	0.69

3. V 带传动的设计步骤和方法

设计 V 带传动时，一般已知条件是：传动的工作情况，传递的功率 P，两轮转速 n_1、n_2（或传动比 i）以及空间尺寸要求等。具体的设计内容有：确定 V 带的型号、长度和根数，传动中心距及带轮直径，画出带轮零件图等。

（1）确定计算功率 P_c　计算功率 P_c 是根据传递的额定功率（如电动机的额定功率）P（kW），并考虑载荷性质以及每天运转时间的长短等因素的影响来加以确定，即

$$P_c=K_A P \tag{7-21}$$

式中　P——带所传递的额定功率（kW）；

　　　K_A——工作情况系数，查表7-8可得。

表 7-8 工作情况系数 K_A

工况		K_A					
		空、轻载起动			重载起动		
		每天工作小时数/h					
		<10	10~16	>16	<10	10~16	>16
载荷变动微小	液体搅拌机、通风机和鼓风机（≤7.5kW）、离心式水泵、压缩机和轻型输送机	1.0	1.1	1.2	1.1	1.2	1.3
载荷变动小	带式输送机（不均匀载荷）、通风机（>7.5kW）、旋转式水泵和压缩机（非离心式）、发电机、金属切削机床、印刷机、旋转筛、锯木机和木工机械	1.1	1.2	1.3	1.2	1.3	1.4
载荷变动较大	制砖机、斗式提升机、往复式水泵和压缩机、起重机、磨粉机、冲剪机床、橡胶机械、振动筛、纺织机械和重载输送机	1.2	1.3	1.4	1.4	1.5	1.6
载荷变动很大	破碎机（旋转式、颚式等）、磨碎机（球磨、棒磨、管磨）	1.3	1.4	1.5	1.5	1.6	1.8

注：1. 空、轻载起动：电动机（交流起动、△起动、直流并励），4缸以上的内燃机，装有离心式离合器、液力联轴器的动力机；重载起动：电动机（联机交流起动、直流复励或串励），4缸以下的内燃机；

2. 反复起动、正反转频繁、工作条件恶劣等场合，K_A 应乘1.2；

3. 增速传动时 K_A 应乘下列系数：

增速比　　1.25~1.74　　1.75~2.49　　2.5~3.49　　≥3.5

系数　　　1.05　　　　1.11　　　　1.18　　　　1.28

（2）选择 V 带的型号　根据计算功率 P_c 和小带轮转速 n_1，按图 7-16 推荐选择 V 带的型号。当所选的坐标点在图中两种型号分界线附近时，可先选择两种型号分别进行计算，然后择优选用。

（3）确定带轮基准直径　小带轮的基准直径 d_{d1} 应满足 $d_{d1} \geq d_{dmin}$（d_{dmin} 为带轮的最小基准直径）。如 d_{d1} 过小，则带的弯曲应力将过大而导致带的使用寿命降低；但取得过大，虽能延长带的使用寿命，但会导致带传动的外廓尺寸过大。

大带轮的基准直径 $d_{d2} = d_{d1}n_1/n_2$，应取标准值，查表 7-3 可得。

（4）验算带速 v

$$v = \frac{\pi d_{d1} n_1}{60 \times 1000} \tag{7-22}$$

带速太高会使离心力增大，使带与带轮间的摩擦力减小，传动中容易打滑。另外，单位时间内带绕过带轮的次数也增多，降低传动带的使用寿命。若带速太低，则当传递功率一定时，使传递的圆周力增大，带的根数增多。设计时一般应使带速 v 在 5~25m/s 的范围内。如带速超过上述范围，应重选小带轮直径 d_{d1}。

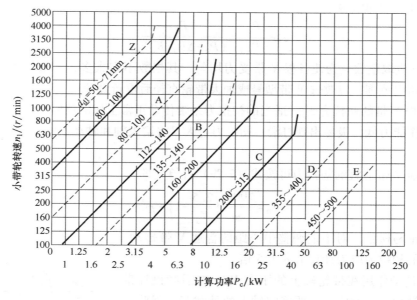

图 7-16　普通 V 带的选型

（5）初定中心距 a 和基准带长 L_d　传动中心距小则结构紧凑，但传动带较短，包角减小，且带的绕转次数增多，会降低带的使用寿命，致使传动能力降低。如果传动中心距过大，则结构尺寸增大，当带速较高时带会产生颤动。设计时应根据具体的结构要求或按式（7-23）初步确定中心距 a_0，即

$$0.7(d_{d1}+d_{d2}) \leqslant a_0 \leqslant 2(d_{d1}+d_{d2}) \tag{7-23}$$

V 带基准长度的计算值 L_0 由式（7-24）求得：

$$L_0 = 2a_0 + \frac{\pi}{2}(d_{d1}+d_{d2}) + \frac{(d_{d2}-d_{d1})^2}{4a_0} \tag{7-24}$$

根据求得的 L_0，查表 7-4 选定带的基准长度 L_d，再按式（7-25）近似计算所需的中心距 a，即

$$a \approx a_0 + \frac{L_d - L_0}{2} \tag{7-25}$$

考虑带传动的安装、调整和张紧的需要，中心距应有一定的调节范围，即

$$\begin{cases} a_{\min} = a - 0.015L_d \\ a_{\max} = a + 0.03L_d \end{cases} \tag{7-26}$$

（6）验算小带轮包角

$$\alpha_1 = 180° - \frac{d_{d2}-d_{d1}}{a} \times 57.3° \tag{7-27}$$

为保证带传动的传动能力，一般应使 $\alpha_1 \geqslant 120°$（特殊情况下允许 $\geqslant 90°$），若不满足此条件，可适当增大中心距或减小两带轮的直径差，也可以在带的外侧加压带轮，但这样做会降低带的使用寿命。

（7）确定 V 带根数 z

$$z \geqslant \frac{P_c}{[P_0]} = \frac{P_c}{(P_0 + \Delta P_0) K_\alpha K_L} \tag{7-28}$$

带根数 z 应取整数。为使各根 V 带受力均匀，其根数不宜太多，一般应满足 $z < 10$。如果计算结果超出范围，应改选 V 带型号或加大带轮直径后重新设计。

（8）单根 V 带的初拉力 F_0 适当的初拉力是带传动正常工作的首要条件。初拉力过小，带传动的工作能力低，极易出现打滑；初拉力过大又将增大轴和轴承上的压力，并降低带的使用寿命。

单根普通 V 带适宜的初拉力可按式（7-29）计算，即

$$F_0 = \frac{500P_c}{zv} \left(\frac{2.5}{K_\alpha} - 1 \right) + qv^2 \tag{7-29}$$

由于新带易松弛，对不能调整中心距的普通 V 带传动，安装新带时的初拉力应为计算值的 1.5 倍。

（9）带传动作用在带轮轴上的压力 F_Q 在后续设计带轮轴和选用轴承的过程中，需要确定轴上的外载荷，因此必须计算带轮作用在轴上的压力 F_Q。如图 7-17 所示。

F_Q 可按式（7-30）近似计算，即

$$F_Q = 2F_0 z \sin \frac{\alpha_1}{2} \tag{7-30}$$

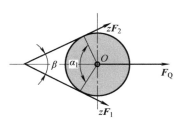

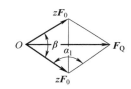

（10）带轮的结构设计 带轮的结构设计请参见《机械设计手册》，据此可绘制出带轮的零件图。

（11）设计结果 列出带型号，带的基准长度 L_d，带的根数 z，带轮直径 d_{d1}、d_{d2}，中心距 a，轴上压力 F_Q 等。

图 7-17 作用在带轮轴上的压力

【任务】

设计某鼓风机用普通 V 带传动。已知电动机额定功率 $P = 10\mathrm{kW}$，转速 $n_1 = 1450\mathrm{r/min}$，从动轴转速 $n_2 = 400\mathrm{r/min}$，中心距约为 1500mm，每天工作 24h。

（1）任务分析 首先根据已知条件选取工作情况系数 K_A，代入式（7-21）得到设计所需计算功率 P_c，然后可按照设计步骤进行设计计算得到结果。

（2）任务实施 由任务引入条件得：

1）确定计算功率 P_c。查表 7-8 可得 $K_A = 1.3$，由式（7-21）得：

$$P_c = K_A P = 1.3 \times 10\mathrm{kW} = 13\mathrm{kW}$$

2）选取普通 V 带型号。根据 $P_c = 13\mathrm{kW}$、$n_1 = 1450\mathrm{r/min}$，由图 7-16 选用 B 型普通 V 带。

3）确定带轮基准直径 d_{d1}、d_{d2}。

根据表 7-1 和图 7-16 选取 $d_{d1} = 140\mathrm{mm}$，且 $d_{d1} = 140\mathrm{mm} > d_{d\min} = 125\mathrm{mm}$。

大带轮基准直径为

$$d_{d2} = \frac{n_1}{n_2} d_{d1} = \frac{1450}{400} \times 140 \text{mm} = 507.5 \text{mm}$$

按表 7-3 选取标准值 $d_{d2} = 500 \text{mm}$，则实际传动比 i、从动轮的实际转速分别为

$$i = \frac{500}{140} = 3.57$$

$$n_2 = \frac{n_1}{i} = \frac{1450}{3.57} \text{r/min} = 406 \text{r/min}$$

从动轮的转速误差率为

$$\frac{406-400}{400} \times 100\% = 1.5\%$$

转速误差率在 ±5% 以内为允许值。

4）验算带速 v。

$$v = \frac{\pi d_{d1} n_1}{60 \times 1000} = \frac{\pi \times 140 \times 1450}{60 \times 1000} \text{m/s} = 10.63 \text{m/s}$$

带速在 5~25m/s 范围内。

5）确定中心距 a 和基准带长 L_d。

按结构设计要求初定中心距 $a_0 = 1500 \text{mm}$。

由式（7-24）得：

$$\begin{aligned}
L_0 &= 2a_0 + \frac{\pi}{2}(d_{d1}+d_{d2}) + \frac{(d_{d2}-d_{d1})^2}{4a_0} \\
&= \left[2 \times 1500 + \frac{\pi}{2}(140+500) + \frac{(500-140)^2}{4 \times 1500} \right] \text{mm} \\
&= 4026.9 \text{mm}
\end{aligned}$$

由表 7-4 选取基准长度 $L_d = 4000 \text{mm}$。

由式（7-25）得实际中心距 a 为

$$a \approx a_0 + \frac{L_d - L_0}{2} = \left(1500 + \frac{4000-4026.9}{2} \right) \text{mm} = 1487 \text{mm}$$

中心距 a 的变化范围为

$$a_{min} = a - 0.015 L_d = (1487 - 0.015 \times 4000) \text{mm} = 1427 \text{mm}$$

$$a_{max} = a + 0.03 L_d = (1487 + 0.03 \times 4000) \text{mm} = 1607 \text{mm}$$

6）验算小带轮包角 α_1。

由式（7-27）得：

$$\alpha_1 = 180° - \frac{d_{d2} - d_{d1}}{a} \times 57.3° = 180° - \frac{500-140}{1487} \times 57.3° = 166.13° > 120°$$

7）确定 V 带根数 z。

根据 $d_{d1} = 140 \text{mm}$、$n_1 = 1450 \text{r/min}$、$i = 3.57$，查表 7-6 可得 $P_0 = 2.82 \text{kW}$，$\Delta P_0 = 0.46 \text{kW}$。

根据 $\alpha_1 = 166.13°$，查表 7-7 得 $K_\alpha = 0.97$。

根据 $L_d = 4000 \text{mm}$，查表 7-4 得 $K_L = 1.13$。

则由式（7-28）得：

$$z \geqslant \frac{P_c}{[P_0]} = \frac{P_c}{(P_0+\Delta P_0)K_\alpha K_L} = \frac{13}{(2.82+0.46)\times0.97\times1.13} = 3.62$$

圆整得 $z=4$。

8）求初拉力 F_0 及带轮轴上的压力 F_Q。

由表 7-1 查得 B 型普通 V 带的每米长质量 $q=0.17kg/m$，根据式（7-29）得单根 V 带的初拉力为

$$F_0 = \frac{500P_c}{zv}\left(\frac{2.5}{K_\alpha}-1\right)+qv^2 = \left[\frac{500\times13}{4\times10.63}\times\left(\frac{2.5}{0.97}-1\right)+0.17\times10.63^2\right]N = 260.33N$$

由式（7-30）可以得到作用在轴上的压力 F_Q 为

$$F_Q = 2zF_0\sin\frac{\alpha_1}{2} = 2\times4\times260.33\sin\frac{166.13°}{2}N = 2067.4N$$

9）带轮的结构设计。（略）

10）设计结果。

选用 4 根 B4000 GB/T 11544—2012 的 V 带，中心距 $a=1487mm$，带轮直径 $d_{d1}=140mm$，$d_{d2}=500mm$，轴上压力 $F_Q=2067.4N$。

项目 4　带传动的张紧、安装和维护

一、带传动的张紧

带传动工作一段时间后就会由于塑性变形而松弛，使初拉力减小，传动能力下降，这时必须重新张紧。

常用的带传动张紧方式可分为调整中心距方式与张紧轮方式两类。

1. 调整中心距方式

（1）定期张紧　定期调整中心距以恢复张紧力。常见的有滑道式和摆架式两种，一般通过调节螺钉来调节中心距，如图 7-18 所示。滑道式适用于水平传动或倾斜不大的传动场合。

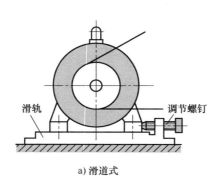

a) 滑道式

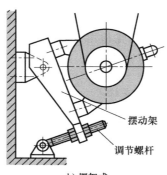

b) 摆架式

图 7-18　带的定期张紧装置

（2）自动张紧 自动张紧将装有带轮的电动机装在浮动的摆架上，利用电动机的自重张紧传动带，通过载荷的大小自动调节张紧力，如图 7-19 所示。

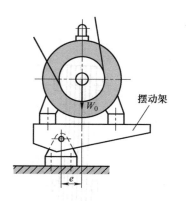

视频 16

图 7-19 带的自动张紧装置

2. 张紧轮方式

当带传动的轴间距不可调整时，可采用张紧轮装置，如图 7-20 所示。

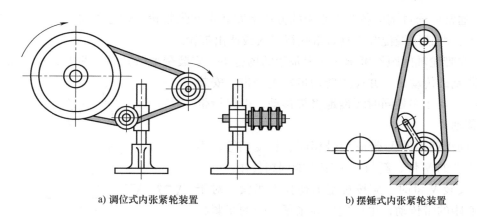

a) 调位式内张紧轮装置

b) 摆锤式内张紧轮装置

图 7-20 带的张紧轮张紧装置

1）调位式内张紧轮装置。

2）摆锤式内张紧轮装置。

张紧轮一般设置在松边的内侧使带只受单向弯曲，且应尽可能靠近大带轮，以避免小带轮的包角减小过多。若设置在外侧时，则应使其靠近小轮，这样可以增加小带轮的包角，提高带的疲劳强度。

二、带传动的安装

1. 带轮的安装

平行轴传动时，必须使两带轮的轴线保持平行，否则带侧面磨损严重，一般其偏差角不得超过±20′，如图 7-21 所示。

各轮宽的中心线、V 带轮和多楔带轮的对应轮槽中心线及平带轮面凸弧的中心线均应共面且与轴线垂直，否则会加速带的磨损，降低带的使用寿命，如图 7-22 所示。

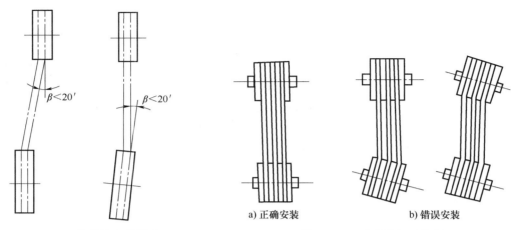

a) 正确安装   b) 错误安装

图 7-21　带轮的安装要求　　　　　图 7-22　两带轮的相对位置

2. 传送带的安装

1）通常应通过调整各轮中心距的方法来安装带和张紧轮。切忌硬将传送带从带轮上拔下或扳上，严禁用撬棍等工具将带强行撬入或撬出带轮。

2）在带轮轴间距不可调而又无张紧的场合下，安装聚酰胺片基平带时，应在带轮边缘垫布以防刮破传动带，并应边转动带轮边套带。安装同步带时，要在多处同时缓慢地将带移动，以保持带能平齐移动。

3）同组使用的 V 带应型号相同、长度相等，不同厂家生产的 V 带、新与旧 V 带不能同组使用。

4）安装 V 带时，应按规定的初拉力张紧。对于中等中心距的带传动，也可凭经验张紧，带的张紧程度以大拇指能将带按下 15mm 为宜，如图 7-23 所示。新带使用前，最好预先拉紧一段时间后再使用。

图 7-23　V 带的张紧程度

三、带传动的维护

1）带传动装置外面应加防护罩，以保证安全，防止带与酸、碱或油接触而腐蚀传动带。

2）带传动不需润滑，禁止往带上加润滑油或润滑脂，应及时清理带轮槽内及传动带上的油污。

3）应定期检查传动带，如有一根松弛或损坏则应全部更换新带。

4）带传动的工作温度不应超过 60℃。

5）如果带传动装置需要闲置一段时间后再继续使用，这种情况下应将传动带放松。

＊项目 5　链传动简介

一、链传动概述

链传动由主动链轮、从动链轮和中间挠性件（链条）组成，通过链条的链节与链轮上的轮齿相啮合来传递运动和动力，如图 7-24 所示。

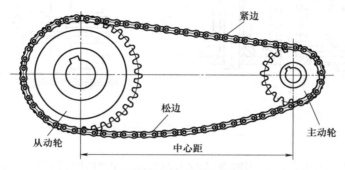

图 7-24　链传动的组成

与带传动相比，链传动无弹性滑动和打滑现象，因而能保持平均传动比准确；链传动不需很大的初拉力，故对轴的压力小；它可以像带传动那样实现中心距较大的传动，而比齿轮传动轻便得多，但不能保持恒定的瞬时传动比；传动中有一定的动载荷和冲击，传动平稳性差；工作时有噪声，适用于低速传动。

链传动主要用于要求工作可靠，两轴相距较远，不宜采用齿轮传动，要求平均传动比准确但不要求瞬时传动比准确的场合。它可以用于环境条件较恶劣的场合，广泛用于农业、矿山、冶金、运输机械以及机床和轻工机械中。

链传动适用的一般范围为：传递功率 $P \leqslant 100\text{kW}$，中心距 $a \leqslant 5 \sim 6\text{m}$，传动比 $i \leqslant 8$，链速 $v \leqslant 15\text{m/s}$，传动效率为 $0.95 \sim 0.98$。

按用途的不同链条可分为传动链、起重链和输送链。用于传递动力的传动链又有齿形链和滚子链两种。齿形链运转较平稳，噪声小，又称为无声链，如图 7-25 所示。它适用于高速（40m/s）、运转精度较高的传动中，但其缺点是制造成本高、重量大。

图 7-25　齿形链

1. 滚子链的结构

滚子链由内链板 1、外链板 2、套筒 3、销轴 4 和滚子 5 组成，如图 7-26 所示。内链板与套筒、外链板与销轴间均为过盈配合；套筒与销轴、滚子与套筒间均为间隙配合。内、外链板交错连接而构成铰链。相邻两滚子轴线间的距离称为链节距，用 p 表示，链节距 p 是传动链的重要参数。

当传递较大功率时，可采用双排链或多排链。当多排链的排数较多时，各排受载不易均匀，因此实际运用中排数一般不超过 4，如图 7-27 所示。

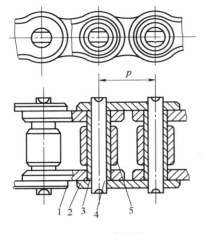

图 7-26　滚子链

图 7-27　双排滚子链

1—内链板　2—外链板　3—套筒　4—销轴　5—滚子

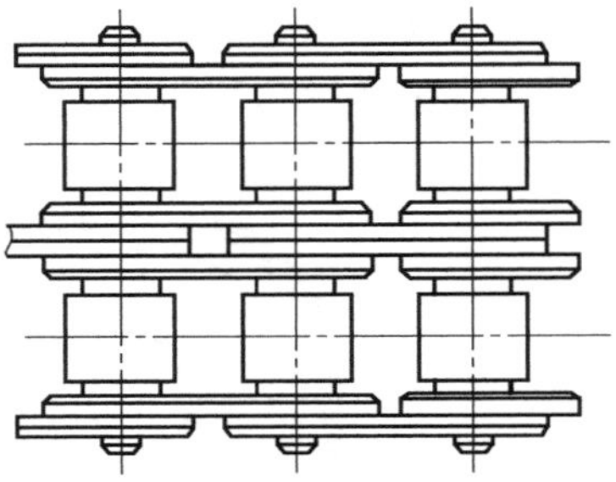

链条在使用时封闭为环形，当链条节数为偶数时，正好使外链板与内链板相接，可用开口销或弹簧卡固定销轴；若链节为奇数，则需要采用过渡链节，如图 7-28 所示。由于过渡链节的链板要受附加的弯矩作用，一般应避免使用，最好采用偶数链节。

a) 开口销　　　　　　b) 弹簧卡固定销　　　　　　c) 过渡链节

图 7-28　滚子链接头型式

2. 滚子链的标准

传动用滚子链已标准化，表 7-9 中列出了 A 系列滚子链的基本参数和尺寸。国际上链节距均采用英制单位，我国标准中规定链节距采用米制单位（按转换关系从英制折算成米制）。对应于链节距有不同的链号，用链号乘以 25.4/16mm 所得的数值即为链节距 p（mm）。

表 7-9　A 系列滚子链的基本参数和尺寸

链号	节距 p/mm	排距 p_1/mm	滚子外径 d_a^1/mm	内链节内宽 b_1/mm	销轴直径 d_3/mm	内链板高度 h_2/mm	极限拉伸载荷（单排）F_Q/N	每米质量（单排）a^1/（kg/m）
08A	12.70	14.38	7.95	7.85	3.96	12.07	13800	0.60
10A	15.875	18.11	10.16	9.40	5.08	15.09	21800	1.00

（续）

链号	节距 p/mm	排距 p_1/mm	滚子外径 d_a^1/mm	内链节内宽 b_1/mm	销轴直径 d_3/mm	内链板高度 h_2/mm	极限拉伸载荷（单排）F_Q/N	每米质量（单排）a/（kg/m）
12A	19.05	22.78	11.91	12.57	5.94	18.08	31100	1.50
16A	25.40	29.29	15.88	15.75	7.92	24.13	55600	2.60
20A	31.75	35.76	19.05	18.90	9.53	30.18	86700	3.80
24A	38.10	45.44	22.23	25.22	11.10	36.20	124600	5.60
28A	44.45	48.87	25.40	25.22	12.70	42.24	169000	7.50
32A	50.80	58.55	28.58	31.55	14.27	48.26	222400	10.10
40A	63.50	71.55	39.68	37.85	19.84	60.33	347000	16.10
48A	76.20	87.83	47.63	47.35	23.80	72.39	500400	22.60

滚子链的标记方法为：链号—排数×链节距 国家标准代号。例如：A 系列滚子链，节距为 19.05mm，双排，链节数为 100，其标记方法为：12A—2×100 GB/T 1243—2006。

3. 滚子链链轮

链轮轮齿的齿形应便于链条顺利地进入和退出啮合，使其不易脱链，且应该形状简单，便于加工，如图 7-29 所示。国家标准 GB/T 1243—2006《传动用短节距精密滚子链、套筒链、附件和链轮》规定了滚子链链轮端面齿形，有两种形式：二圆弧齿形（见图 7-29b）、三圆弧—直线齿形（见图 7-29c）。常用的为三圆弧—直线齿形，各种链轮的实际端面齿形只要在最大、最小范围内都可用，如图 7-29a 所示。

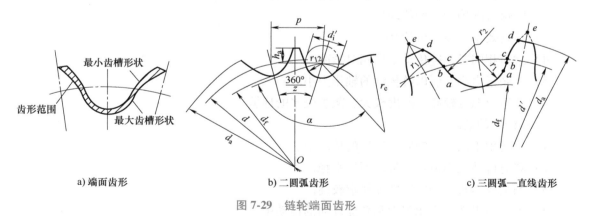

a）端面齿形　　　　　　　　b）二圆弧齿形　　　　　　　　c）三圆弧—直线齿形

图 7-29　链轮端面齿形

链轮的主要参数为齿数 z、节距 p（与链节距相同）和分度圆直径 d。分度圆是指链轮上销轴中心所处的被链条节距等分的圆，其直径为

$$d = \frac{p}{\sin\dfrac{180°}{z}} \tag{7-31}$$

链轮的齿形用标准刀具加工，在其工作图上一般不绘制端面齿形，只需表明按 GB/T 1243—2006 齿形制造和检验即可。但为了车削毛坯，需要将轴向齿形画出，轴向齿形的具体尺寸参见《机械设计手册》。

链轮的结构如图 7-30 所示。链轮的直径小时通常制成实心式，直径较大时制成孔板式，直径很大时（≥200mm）制成组合式，可将齿圈焊接到轮毂上或采用螺栓连接。

链轮轮齿应有足够的接触强度和耐磨性，常用材料为中碳钢（35 钢、45 钢），不重要场合则用 Q235A 钢、Q275A 钢，高速重载时采用合金钢，低速时大链轮可采用铸铁。由于小链轮的啮合次数多，小链轮的材料应优于大链轮，并应进行热处理。

a) 实心式

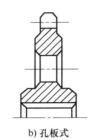
b) 孔板式

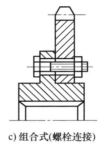
c) 组合式(螺栓连接)

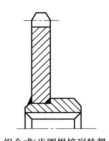
d) 组合式(齿圈焊接到轮毂上)

图 7-30　链轮的结构

二、链传动的特点和应用

1. 链传动的特点

（1）链传动的优点

1）与带传动一样，可用于两轴中心距较大的传动。

2）能保持准确的平均传动比。

3）传动效率较高，可达 97%。

4）载荷相同时，链传动结构相对紧凑。

5）因张紧力小，所以链传动的轴压力小。

6）能适应温度较高、湿度较大、灰尘较多的环境。

（2）链传动的缺点

1）只能用于两平行轴同向回转的传动中。

2）瞬时传动比不恒定，传动不够平稳。

3）制造成本较高，安装精度要求较高。

4）不宜用于载荷变化很大和急促反向的传动中。

5）工作时有噪声。

2. 链传动的应用

链传动适用于两轴相距较远，要求平均传动比不变但对瞬时传动比要求不严格，工作环境恶劣（多油、多尘、高温）等场合。一般情况下，链传动传递功率 $P \leqslant 100\mathrm{kW}$，带速 $v \leqslant 15\mathrm{m/s}$，传动比 $i \leqslant 8$。

为了保证链传动能够正常运转，必须注意以下问题：

1) 两链轮的回转平面必须布置在同一垂直平面内。

2) 两链轮中心连线最好是水平的，或与水平面成小于 45°的倾斜角（见图 7-31a、图 7-31b），否则应设有张紧装置（见图 7-31c）。

3) 为防止链的垂度过大而引起啮合不良和松边颤动，应设有张紧装置。

4) 一般应使链的紧边在上、松边在下，以便链节与链轮可顺利进入、退出啮合，否则应设有张紧装置。

5) 应选择合适的润滑方式进行润滑，以缓和冲击、减小摩擦和降低磨损。

6) 为保证安全生产，要安装好防护罩或采用闭式链传动。

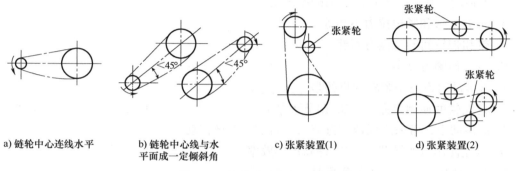

a) 链轮中心连线水平　　b) 链轮中心线与水　　c) 张紧装置(1)　　d) 张紧装置(2)
　　　　　　　　　　　平面成一定倾斜角

图 7-31　链传动的布置和张紧

链传动的张紧并不影响链的工作能力，只是调整垂度的大小。当中心距可调时，可改变中心距，实现链条的张紧；当中心距不可调时，可采用张紧轮。张紧轮应安装在靠近主动链轮的松边上。不论是带齿还是不带齿的张紧轮，其节圆直径最好与小链轮的节圆直径相近。不带齿的张紧轮可用夹布胶木制造，宽度应比链宽一些。中心距可调时，可通过调整中心距来控制张紧程度。

三、链传动的主要失效形式

由于链条强度不如链轮高，所以一般链传动的失效主要是链条的失效。

常见的失效形式有以下几种：

(1) 链板疲劳破坏　由于链条松边和紧边的拉力不等，在其反复作用下经过一定的循环次数，链板发生疲劳断裂。在正常的润滑条件下，一般是链板首先发生疲劳断裂，其疲劳强度成为限定链传动承载能力的主要因素。

(2) 滚子和套筒的冲击疲劳破坏　链传动在反复起动、制动或反转时产生巨大的惯性冲击，会使滚子和套筒发生冲击疲劳破坏。

(3) 链条铰链磨损　链的各元件在工作过程中都会有不同程度的磨损，但主要磨损发生在铰链的销轴与套筒的承压面上。磨损使链条的节距增加，容易产生跳齿和脱链。一般开式传动时极易产生磨损，降低链条的使用寿命。

(4) 链条铰链的胶合　当链轮转速达到一定值时，链节啮入时受到的冲击能量增大，工作表面的温度过高，销轴和套筒间的润滑油膜将会被破坏而产生胶合。产生胶合后将限制链传动的极限转速。

（5）静力拉断　在低速（$v<0.6\text{m/s}$）、重载或严重过载的场合，当载荷超过链条的静力强度时，会导致链条被拉断。

【学习测试】

一、单选题

1. 带传动正常工作时不能保证准确传动比的原因是_____。

A. 带容易变形和磨损　　　B. 带的材料不符合胡克定律　　　C. 带存在弹性滑动

2. 带传动工作中产生弹性滑动的原因是_____。

A. 带的松边和紧边拉力不相等

B. 带和带轮间的摩擦力不够

C. 带的预紧力过小

3. 带传动时设置张紧轮的目的是_____。

A. 延长带的使用寿命　　　B. 调节预紧力　　　C. 改变传动带的运动方向

4. 链传动中，常采用偶数的链节数，目的是使链传动_____。

A. 避免使用过渡链节　　　B. 提高传动效率　　　C. 工作更平稳

5. 滚子链传动中，滚子的作用是_____。

A. 提高链的承载能力

B. 缓和冲击

C. 减小套筒与齿轮间的磨损

二、判断题

1. 在使用过程中，需要更换 V 带时，不同新旧的 V 带可以同组使用。（　　）

2. 在安装 V 带时，张紧程度越紧越好。（　　）

3. 在 V 带传动中，带速过大或过小都不利于带的传动。（　　）

4. V 带传动中，主动轮上的包角一定小于从动轮上的包角。（　　）

5. V 带传动应有防护罩。（　　）

6. 因为 V 带弯曲时横截面会变形，所以 V 带带轮的轮槽角要小于 V 带楔角。（　　）

7. 链传动能保证准确的平均传动比，传动功率较小。（　　）

8. 在单排套筒滚子链承受能力不够或所选用的链节太大时，可采用小链节的双排套筒滚子链。（　　）

9. 为了使铰链磨损均匀，通常链节数取偶数，而链轮齿数则应取为奇数。（　　）

10. 模数是没有单位的，所以它不能反映齿轮齿形的大小。（　　）

三、简答题

1. 带传动的主要类型有哪些？各有何特点？试分析摩擦带传动的工作原理。

2. 带传动的紧边和松边是怎样确定的？它们与带传动的有效拉力有何关系？

3. 打滑是怎样产生的？能否避免？

4. 带传动工作时，带截面上产生哪些应力？应力沿带全长是如何分布的？最大应力在何处？

5. 带传动的设计准则是什么？

6. 带传动张紧的目的是什么？常见的张紧方式有哪些？

7. 为什么 V 带轮制造时的轮槽角要比 V 带的楔角小？

8. 链传动的常见失效形式有哪些？

【学习评价】

题号	一	二		三		总分
得分	1.	1.	7.	1.	7.	
	2.	2.	8.	2.	8.	
	3.	3.	9.	3.		
	4.	4.	10.	4.		
	5.	5.		5.		
		6.		6.		
学习评价						

模块 **8**

轴系零部件

项目 1 认 识 轴

一、轴的定义及功能

1. 轴的定义

轴是组成机器的重要零件之一，是支撑作回转运动零件（例如齿轮、带轮、棘轮、凸轮、滑轮和车轮等）实现运动和动力传递的零件，如图 8-1 所示。

视频 17

图 8-1　减速器轴

2. 轴的主要功能

1）支撑轴上零件，并使其具有确定的工作位置，本身又被轴承所支撑。

2）传递运动和动力。

二、轴的分类

1. 根据所承受载荷的不同分类

轴主要分为转轴、心轴和传动轴三种。

1）转轴是工作时既承受弯矩又传递转矩的轴。图 8-2 所示为减速器中的轴。

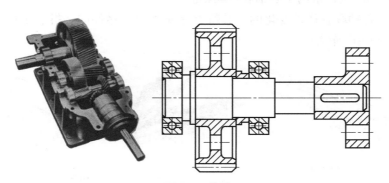

图 8-2　转轴

2）心轴是仅承受弯矩而不传递转矩的轴。

固定心轴——工作时轴承受弯矩，且轴固定。如自行车轴，如图 8-3a 所示。

转动心轴——工作时轴承受弯矩，且轴转动。如火车轮轴，如图 8-3b 所示。

a) 固定心轴　　　　　　　　　　　　　　　　b) 转动心轴

图 8-3　心轴

187

3) 传动轴是主要传递转矩而不承受弯矩或弯矩很小的轴。图 8-4 所示为汽车传动轴。

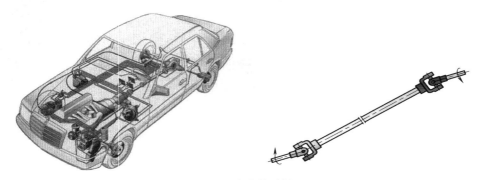

图 8-4　汽车传动轴

2. 根据轴线形状的不同分类

轴又可分为直轴、曲轴和挠性钢丝轴三种。

1) 直轴。直轴的各轴段轴线为同一直线。直轴按其外形不同分为光轴（轴外径相同）和阶梯轴（见图 8-5）。

① 光轴：各轴段直径是相同的。其特点是形状简单，加工容易，应力集中源少，但轴上零件不易装配和定位，常用于心轴和传动轴。

② 阶梯轴：各轴段直径是变化的。其特点是便于轴上零件的装拆、定位与紧固，在机器中应用广泛，常用于转轴。

a) 光轴

b) 阶梯轴

图 8-5　阶梯轴

2) 曲轴。曲轴的各轴段轴线不在同一直线上，主要用于往复式机械（如曲柄压力机、内燃机等）和行星传动中，如图 8-6 所示。

a) 实物图

b) 示意图

图 8-6　曲轴

3) 挠性钢丝轴。这种轴是由多组钢丝分层卷绕而成，具有良好的挠性，可将回转运动灵活传到不开敞的空间。一般只能传递转矩，不能承受弯矩，如图 8-7 所示。

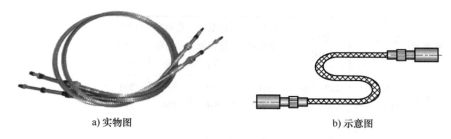

a) 实物图　　　　　　　　　　　　　　　　b) 示意图

图 8-7　挠性钢丝轴

三、轴的材料

1. 碳素钢

碳素钢价格低廉，对应力集中的敏感性低，可用热处理或化学处理提高耐磨性和抗疲劳强度，最常用 45 钢。其他可用于轴的碳素钢还有 30 钢、40 钢等。

2. 合金钢

合金钢比碳素钢具有更高的力学性能和更好的淬火性能，但对应力集中比较敏感，价格较高。在传递大动力，并要求减小尺寸与质量，提高轴颈耐磨性，以及在高温或低温条件下工作的轴，常采用合金钢。常用的合金钢种类有：20Cr、40Cr、40MnB、20CrMnTi 等。

3. 铸铁

能做轴的铸铁有合金铸铁和球墨铸铁。它们容易做成复杂的形状，有良好的吸振性和耐磨性，对应力集中敏感性低，可制造外形复杂的轴，且价格低廉。

需要注意的是，在一般工作温度下（低于 200℃），各种碳钢和合金钢的弹性模量相差不多，因此相同尺寸的碳素钢和合金钢轴的刚度相差不大。因此，不能用合金钢取代碳素钢的方式提高轴的刚度。在选择钢的种类和热处理方法时，应根据强度和耐磨性，而不是根据刚度。但在既定条件下，有时也用适当增大轴的截面面积的办法来提高轴的刚度。

轴的常用材料及其主要力学性能见表 8-1。

表 8-1　轴的常用材料及其主要力学性能

材料牌号	热处理	毛坯直径/mm	硬度 HBW	抗拉强度极限 R_m	屈服强度极限 R_{eL}	弯曲疲劳极限 s_{-1}	剪切疲劳极限 τ_{-1}	许用弯曲应力 $[s_{-1}]$	备注
Q235A	热轧或锻后空冷	≤100		400~420	225	170	105	40	用于不重要及受载荷不大的轴
		>100~250		375~390	215				
45	正火回火	≤10	170~217	590	295	225	140	55	应用最广泛
		>100~300	162~217	570	285	245	135		
	调质	≤200	217~255	640	355	275	155	60	
40Cr	调质	≤100	241~286	735	540	355	200	70	用于载荷较大，而无很大冲击的重要轴
		>100~300		685	490	355	185		

（续）

材料牌号	热处理	毛坯直径/mm	硬度HBW	抗拉强度极限 R_m	屈服强度极限 R_{eL}	弯曲疲劳极限 s_{-1}	剪切疲劳极限 τ_{-1}	许用弯曲应力 $[s_{-1}]$	备注
40CrNi	调质	≤100	270~300	900	735	430	260	75	用于很重要的轴
		>100~300	240~270	785	570	370	210		
38CrMoAlA	调质	≤60	293~321	930	785	440	280	75	用于要求高耐磨性，高强度且热处理（氮化）变形很小的轴
		>60~100	277~302	835	685	410	270		
		>100~160	241~277	785	590	375	220		
20Cr	渗碳淬火回火	≤60	渗碳56~62HRC	640	390	305	160	60	用于要求强度及韧性均较高的轴
3Cr13	调质	≤100	≥241	835	635	395	230	75	用于腐蚀条件下的轴
1Cr18Ni9Ti	淬火	≤100	≤192	530	195	190	115	45	用于高低温及腐蚀条件下的轴
		100~200		490		180	110		
QT600-3			190~270	600	370	215	185		用于制造复杂外形的轴
QT800-2			245~335	800	480	290	250		

项目2 轴的结构设计

一、设计轴时应考虑的主要问题

以阶梯轴为例。要设计好轴，首先要确保轴和装在轴上的零件有准确的工作位置；其次确保轴上的零件应便于装拆和调整；最好还要考虑轴具有良好的制造工艺性等。

具体步骤如下：

1）初步拟定轴上零件的装配方案。

2）轴上零件的定位。

3）各轴段的直径和长度。

4）制定提高轴强度的措施。

5）轴结构的工艺性。

如图8-8所示，同一根轴采取不同设计时会产生不同的结果，哪一种设计方案更好呢？

轴上零件的装配方案对轴的结构形式起着决定性的作用。如图8-8所示，以圆锥—圆柱齿轮减速器输出轴的两种装配方案为例进行对比，显然，图8-8b所示方案较图8-8a所示方案多了一个用于轴向定位的长套筒，使机器零件增多，质量增大，故不如图 8-8a 方案好。

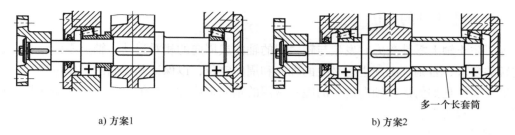

a) 方案1   b) 方案2

图 8-8　同一根轴的两种结构

二、轴的组成和结构设计要求

1. 轴的组成

轴的结构组成（见图 8-9）包括以下几个部分：

1）轴颈：轴上被支撑的部分。

2）轴头：安装轮毂的部分。

3）轴身：连接轴颈和轴头的部分。

4）轴肩：截面尺寸变化的位置。

5）轴环：截面尺寸最大的部分。

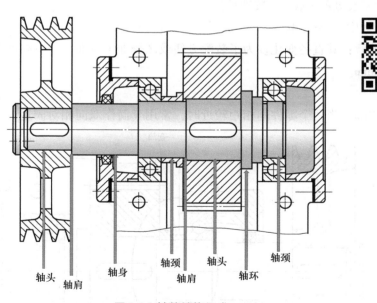

视频 18

图 8-9　轴的结构组成

2. 轴的结构设计要求

轴的结构设计就是使轴具有合理的形状和尺寸。主要要求有以下几点：

1）便于轴的加工和轴上零件的装拆。

2）轴上零件要有可靠的定位、轴向固定和周向固定。

3）改善受力状况，减小应力集中（有利于提高轴的强度和刚度、节约材料、减小质量等）。

三、轴上零件的定位

为了防止轴上零件受力时发生与轴之间的轴向或周向的相对运动，轴上零件除非有游动或空转的要求，否则都必须进行必要的轴向和周向定位，以保证其正确的工作位置。

轴上零件是如何进行轴向定位的呢？常用的轴向定位方法有轴肩、套筒、圆螺母、轴端挡圈和轴承端盖等。

1. 轴肩和轴环

利用轴本身半径差形成的轴肩或轴环进行定位，如图 8-10 所示。

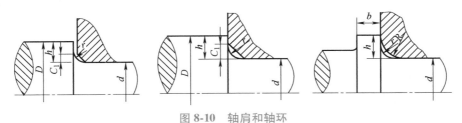

图 8-10 轴肩和轴环

1）要求：$r < C_1$ 或 $r < R$。

2）要求：$h > C_1$ 或 $h > R$；一般取 $h = (2 \sim 3) C_1$ 或 $h = (0.07 \sim 0.1) d$。

3）轴承安装处的 r 或 h，按轴承标准。

4）轴环宽度：$b \approx 1.4h$。

非定位轴肩：其直径变化仅为了装配方便或区分加工表面，轴肩高度 h 无严格要求，一般取 $h \approx 1 \sim 2\text{mm}$。

2. 套筒

在轴的中部，当两个零件间相距较近时，常用套筒作双向相对固定，如图 8-11 所示。

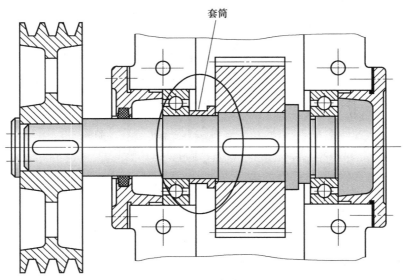

图 8-11 套筒

采用套筒、螺母、轴端挡圈作轴向固定时，为保证可靠、准确的定位固定，轴头的长度通常比轮毂宽度小 2~3mm。

3. 圆螺母与止动垫圈

有时，也采用圆螺母与止动垫圈配合进行轴向定位，如图 8-12 所示。尤其是当轴上两零件间距较大时，采用螺母固定，能传递较大的轴向力。

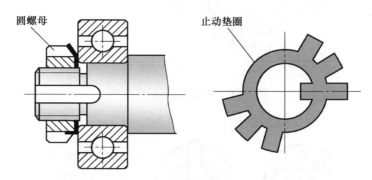

图 8-12　圆螺母与止动垫圈

4. 轴端挡圈

在轴端部安装零件时，常用轴端挡圈进行轴向定位和固定。采用轴端挡圈时，还利用螺钉连接固定，如图 8-13 所示。

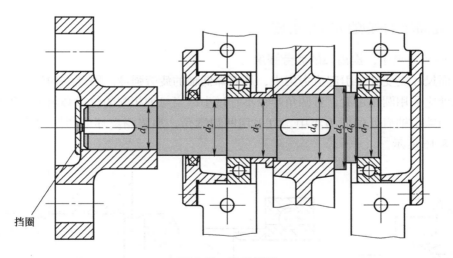

图 8-13　轴端挡圈

5. 弹性挡圈和紧定螺钉

弹性挡圈大多与轴肩联合使用，但只适用于轴向力不大的情况。紧定螺钉多用于光轴上零件的固定，如图 8-14 所示。

为保证轴可靠地传递运动和转矩，轴上零件又是如何进行周向定位的呢？常用的方法有平键连接、花键连接、销钉连接、成形连接和过盈配合等，如图 8-15 所示。

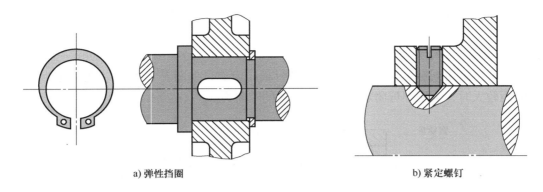

a) 弹性挡圈　　　　　　　　　　　　　　　b) 紧定螺钉

图 8-14　弹性挡圈和紧定螺钉

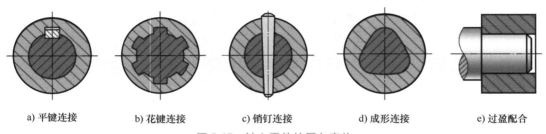

a) 平键连接　　　b) 花键连接　　　c) 销钉连接　　　d) 成形连接　　　e) 过盈配合

图 8-15　轴上零件的周向定位

四、提高轴的强度的常用措施

1. 减少应力集中，提高轴的疲劳强度

轴截面尺寸突变处会引起应力集中，从而降低轴的疲劳强度。因此结构设计时，在截面尺寸变化处应采用圆角过渡，且圆角半径不宜过小。当与轴相配的轮毂必须采用很小的圆角半径时，为减小轴肩处的应力集中，可采用凹切圆角，加装隔离环或切制卸载槽的结构形式，如图 8-16 所示。

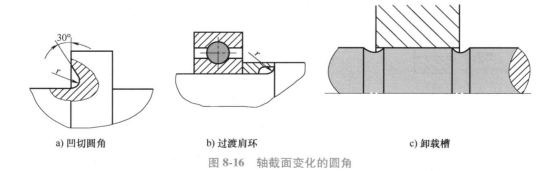

a) 凹切圆角　　　　　　　b) 过渡肩环　　　　　　　c) 卸载槽

图 8-16　轴截面变化的圆角

2. 改变轴上零件布置方式，提高轴的疲劳强度

改变轴上零件的布置方式，有时也可以减小轴上的载荷，提高轴的疲劳强度，如图 8-17 所示。

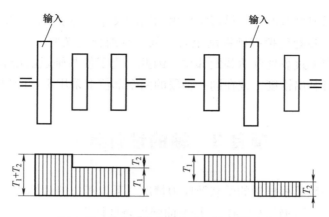

图 8-17　轴上零件布置方式对转矩的影响

3. 改善轴的加工和装配工艺性

1）轴上磨削的轴段，应有砂轮越程槽，如图 8-18 所示。

2）轴上车制螺纹的轴段，应有退刀槽，如图 8-19 所示。

3）为便于零件的安装，轴端应有倒角，如图 8-20 所示。

图 8-18　砂轮越程槽　　　　图 8-19　退刀槽　　　　图 8-20　轴端倒角

4）同一轴上多个轴段有键槽时应置于同一母线上。如图 8-21 所示。

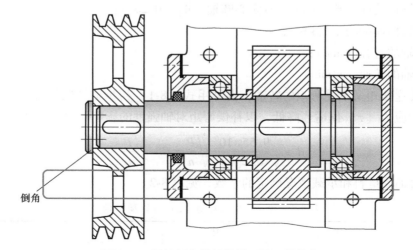

图 8-21　轴端倒角及键槽置于同一母线上

总之，为减少加工刀具的种类和提高生产率，轴上直径相近的圆角、倒角、键槽宽度、砂轮越程槽宽度和退刀槽宽度等应尽可能采用相同的尺寸；为了不使键槽的应力集中与轴阶梯应力集中相重合，要避免把键槽铣削至阶梯处；有配合互换要求的轴径尺寸应使用标准值；轴上所有零件应无过盈地到达装配部位。因此，为了使与轴过盈配合的零件易于装配，相配轴段的压入端可制出锥度，或在同一轴段的两个部位上采用不同的尺寸公差。

项目 3　轴的设计计算

轴的强度计算一般是根据轴的受载及应力情况，采取相应的计算方法。

1）对于只承受弯矩的轴（心轴），按弯曲强度条件计算。

2）对于仅仅（或主要）承受扭矩的轴（传动轴），按扭转强度条件计算。

3）对于既承受弯矩又承受扭矩的轴（转轴），按弯扭组合强度条件计算，需要时可按疲劳强度进行精确校核。

4）若变形量超过允许的限度，就会影响轴上零件的正常工作，必要时核算刚度。

一、按扭转强度条件计算

这种方法适用于只承受扭矩的传动轴的精确计算，也可用于转轴的近似计算。

对于只承受扭矩的圆截面轴，其强度条件为

$$\tau = \frac{T}{W_P} = \frac{9.55 \times 10^6 P}{0.2 d^3 n} \leqslant [\tau] \tag{8-1}$$

式中　τ——轴的扭转切应力（MPa）；

$[\tau]$——轴的许用扭转切应力（MPa）；

T——轴所受的扭矩（N·mm）；

W_P——抗扭截面系数（mm^3，对实心圆轴，$W_P \approx 0.2 d^3$）；

P——轴传递的功率（kW）；

d——轴的直径（mm）；

n——轴的转速（r/min）。

对于既传递扭矩又承受弯矩的转轴，也可用式（8-1）初步估算轴的直径，但必须把轴的许用扭转切应力 $[\tau]$ 值适当降低，以补偿弯矩对轴强度的影响。改写为如下设计公式：

$$d \geqslant \sqrt[3]{\frac{9.55 \times 10^6}{0.2[\tau]}} \sqrt[3]{\frac{P}{n}} = C \cdot \sqrt[3]{\frac{P}{n}} \tag{8-2}$$

式中，C 为由轴的材料和承载情况确定的常数，见表 8-2。

表 8-2　轴常用的几种材料的 $[\tau]$ 及 C 值

轴的材料	Q235，20	35	45	40Cr，35SiMn
$[\tau]$/MPa	12~20	20~30	30~40	40~52
C	135~160	118~135	107~118	98~107

说明：表 8-2 中所列的 $[\tau]$ 及 C 值，当弯矩相对于扭矩较小时或只受扭矩时，$[\tau]$ 取较大值，C 取较小值；反之亦然。

若该剖面有键槽时（见图 8-22），应将轴径适当放大：当有一个键槽时，增大 4%～5%；若同一截面上开有两个键槽时，增大 7%～10%，然后圆整为标准直径或与相配合零件（如联轴器、带轮等）的孔径吻合。

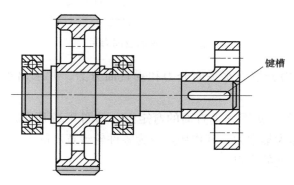

键槽

图 8-22　轴上键槽

在进行轴的结构设计时，应用式（8-2）求出 d 值，通常将该值作为轴受扭段的最小直径 $d_{\min}$。

二、按弯扭组合强度条件计算

1. 计算方法

对于一般钢制轴，其强度条件为

$$\sigma_e = \frac{M_e}{W} = \frac{\sqrt{M^2 + (\alpha T)^2}}{0.1d^3} \leqslant [\sigma_b]_{-1} \tag{8-3}$$

式中　σ_e——轴危险截面的当量应力（MPa）；

M_e——轴危险截面的当量弯矩（N·mm）；

W——轴危险截面的抗弯截面系数（mm³），对实心圆轴，$W \approx 0.1d^3$；

T——转矩（N·mm）；

M——轴危险截面的合成弯矩（N·mm），$M = \sqrt{M_H^2 + M_V^2}$，M_H、M_V 分别为水平面和铅垂面内的弯矩；

α——根据扭矩性质而定的折合系数，扭矩不变时，$\alpha = 0.3$；扭矩为脉动循环（单向转动）时，$\alpha \approx 0.6$，对频繁正反转的轴，扭矩视为对称循环变化，$\alpha = 1$；

$[\sigma_b]_{-1}$——对称循环下的许用弯曲应力。

计算轴的直径时，其设计公式为

$$d \geqslant \sqrt[3]{\frac{M_e}{0.1[\sigma_b]_{-1}}} \tag{8-4}$$

2. 计算步骤

1）建立力学模型，画出轴的空间力系图，如图 8-23 所示。

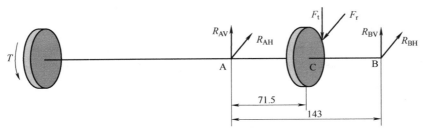

图 8-23　轴的空间力系

2）将轴上的作用力分解为水平面分力和垂直面分力，并求出水平面和垂直面的支点反力。

3）分别作水平面的弯矩图和垂直面的弯矩图，如图 8-24 所示。通常把轴当作简支梁，作用于轴上零件的力作为集中力，其作用点取为零件轮毂宽度的中点。支点反力的作用点一般可近似地取在轴承宽度的中点上。

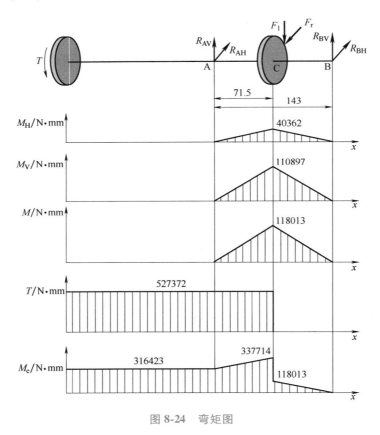

图 8-24　弯矩图

4）计算合成弯矩：

$$M = \sqrt{M_H^2 + M_V^2}$$

作合成弯矩图和转矩图。

5）计算当量弯矩：

$$M_e = \sqrt{M^2 + (\alpha T)^2}$$

作当量弯矩图。

6）校核危险截面的轴径：

$$d \geqslant \sqrt[3]{\frac{M_e}{0.1[\sigma_b]_{-1}}}$$

【任务 1】

设计单级斜齿传动齿轮减速器低速轴示意图如图 8-25 所示。已知：电动机功率 $P = 4kW$，转速 $n_1 = 750r/min$，$n_2 = 130r/min$，大齿轮分度圆直径 $d_2 = 300mm$，$b_2 = 90mm$，$\beta = 12°$，$\alpha_n = 20°$。

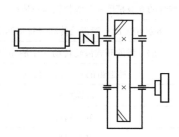

图 8-25　单级斜齿传动齿轮减速器低速轴示意图

要求：1）完成轴的全部结构设计。

2）根据弯扭组合强度条件，验算轴的强度。

（1）任务分析　根据要求先计算出轴的最小轴径并选出联轴器，然后确定轴的结构设计，最后画出轴的计算简图并完成设计计算和校核计算。

（2）任务实施

1）求低速轴上的 P、T：

根据表 8-3，选取 $\eta_{联} = 0.99$，$\eta_{齿} = 0.96$，$\eta_{承} = 0.98$，则 $P_2 = P_1\eta = P_1\eta_{联}\eta_{齿}\eta_{承} = 4 \times 0.99 \times 0.96 \times 0.98kW = 3.73W$。

低速轴上的扭矩为

$$\begin{aligned} T_2 &= 9.55 \times 10^6 \frac{P_2}{n_2} \\ &= 9.55 \times 10^6 \frac{3.73}{130} N \cdot mm \\ &= 274012 N \cdot mm \end{aligned}$$

2）求作用在齿轮上的力：

$$F_{t2} = \frac{2T_2}{d_2} = \frac{2 \times 274012}{300} N = 1826.75N$$

$$F_{r2} = F_{t2} \cdot \tan\alpha_n / \cos\beta = 1826.75 \times \tan20° / \cos12° = 679.74\text{N}$$

$$F_{a2} = F_{t2} \cdot \tan\beta = 1826.75 \times \tan12° = 388.29\text{N}$$

3) 初估轴的最小轴径，选择联轴器：安装联轴器处轴径最小，轴的材料选用45钢，由表8-3，$C = 107 \sim 118$。

表8-3 机械传动效率

序号	传动类别	传动形式	传动效率
1	圆柱齿轮传动	很好跑合的6级精度和7级精度齿轮传动（稀油润滑）	0.98~0.99
2	圆柱齿轮传动	8级精度的一般齿轮传动（稀油润滑）	0.97
3	圆柱齿轮传动	9级精度的齿轮传动（稀油润滑）	0.96
4	圆柱齿轮传动	加工齿的开式齿轮传动（干油润滑）	0.94~0.96
5	圆柱齿轮传动	铸造齿的开式齿轮传动	0.90~0.93
6	圆柱齿轮传动	很好跑合的6级精度和7级精度齿轮传动（稀油润滑）	0.97~0.98
7	圆锥齿轮传动	8级精度的一般齿轮传动（稀油润滑）	0.94~0.97
8	圆锥齿轮传动	加工齿的开式齿轮传动（干油润滑）	0.92~0.95
9	圆锥齿轮传动	铸造齿的开式齿轮传动	0.88~0.92
10	蜗杆传动	自锁蜗杆	0.4~0.45
11	蜗杆传动	单头蜗杆	0.7~0.75
12	蜗杆传动	双头蜗杆	0.75~0.82
13	蜗杆传动	三头和四头蜗杆	0.8~0.92
14	蜗杆传动	圆弧面蜗杆传动	0.85~0.95
15	带传动	平带无压紧轮的开式传动	0.98
16	带传动	平带有压紧轮的开式传动	0.97
17	带传动	平带交叉传动	0.9
18	带传动	V带传动	0.96
19	带传动	同步齿形带传动	0.96~0.98
20	链传动	焊接链	0.93
21	链传动	片式关节链	0.95
22	链传动	滚子链	0.96
23	链传动	无声链	0.97
24	丝杠传动	滑动丝杠	0.3~0.6
25	丝杠传动	滚动丝杠	0.85~0.95
26	绞车卷筒		0.94~0.97
27	滑动轴承	润滑不良	0.94
28	滑动轴承	润滑正常	0.97
29	滑动轴承	润滑良好（压力润滑）	0.98

（续）

序号	传动类别	传动形式	传动效率
30	滑动轴承	液体摩擦	0.99
31	滚动轴承	球轴承（稀油润滑）	0.99
32	滚动轴承	滚子轴承（稀油润滑）	0.98
33	摩擦传动	平摩擦传动	0.85~0.92
34	摩擦传动	槽摩擦传动	0.88~0.90
35	摩擦传动	卷绳轮	0.95
36	联轴器	浮动联轴器	0.97~0.99
37	联轴器	齿轮联轴器	0.99
38	联轴器	强性联轴器	0.99~0.995
39	联轴器	万向联轴器（$\alpha \leqslant 3°$）	0.97~0.98
40	联轴器	万向联轴器（$\alpha > 3°$）	0.95~0.97
41	联轴器	梅花联轴器	0.97~0.98
42	联轴器	液力联轴器（在设计点）	0.95~0.98
43	复滑轮组	滑动轴承（$i = 2~6$）	0.98~0.90
44	复滑轮组	滚动轴承（$i = 2~6$）	0.99~0.95
45	减（变）速器	单级圆柱齿轮减速器	0.97~0.98
46	减（变）速器	双级圆柱齿轮减速器	0.95~0.96
47	减（变）速器	单级行星圆柱齿轮减速器	0.95~0.96
48	减（变）速器	单级行星摆线针轮减速器	0.90~0.97
49	减（变）速器	单级圆锥齿轮减速器	0.95~0.96
50	减（变）速器	双级圆锥—圆柱齿轮减速器	0.94~0.95
51	减（变）速器	无级变速器	0.92~0.95
52	减（变）速器	轧机人字齿轮座（滑动轴承）	0.93~0.95
53	减（变）速器	轧机人字齿轮座（滚动轴承）	0.94~0.96
54	减（变）速器	轧机主减速器（包括主联轴器和电动机联轴器）	0.93~0.96

$$d \geqslant C \sqrt[3]{\frac{P_2}{n_2}} = (107 \sim 118) \times \sqrt[3]{\frac{3.73}{130}}\,\text{mm} = 32.76 \sim 36.12\,\text{mm}$$

考虑轴上键槽对轴强度的削弱，轴径需增大 5%~7%，则 $d \geqslant 34.398 \sim 38.65\,\text{mm}$。

选联轴器：由 $T = 274012\,\text{N·mm}$，查《机械设计手册》，选用 TLT 型弹性套柱销联轴器，半联轴器长度 $L \leqslant 112\,\text{mm}$，$L_1 = 84\,\text{mm}$，孔径 $d = 40\,\text{mm}$，所以取此处轴径 $d = 40\,\text{mm}$。

4）轴的结构设计：

① 拟定装配方案：轴上齿轮、轴承、轴承端盖、联轴器从右端装入，左端装入轴承、轴承端盖，如图 8-26 所示。

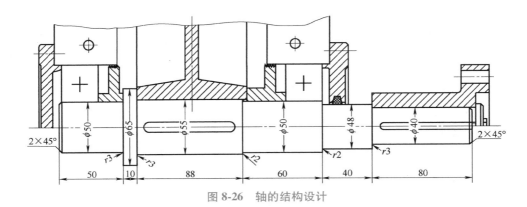

图 8-26　轴的结构设计

② 根据轴上零件轴向及周向定位、固定要求，各段轴径及长度确定如下：

滚动轴承处选用 30310 轴承，尺寸 $d \cdot D \cdot T \cdot B = 50\text{mm} \times 110\text{mm} \times 29.2\text{mm} \times 27\text{mm}$。

轴环定位高度 $h = (0.07 \sim 0.1)d = 3.5 \sim 5\text{mm}$，取 $h = 5\text{mm}$。

轴环处 $d = 2h + 55\text{mm} = 65\text{mm}$。

宽度 $l = 1.4h = 1.4 \times 5\text{mm} = 7\text{mm}$，取 $l = 10\text{mm}$。

③ 轴上零件的周向固定：齿轮、半联轴器与轴的周向固定采用过盈配合+平键。齿轮处：平键尺寸为 $b \cdot h \cdot l = 16\text{mm} \times 10\text{mm} \times 70\text{mm}$，为保证齿轮与轴有良好对中性，采用 H7/r6 配合。半联轴器处：C 型平键尺寸为 $b \cdot h \cdot l = 12\text{mm} \times 8\text{mm} \times 70\text{mm}$，H7/r6 配合。滚动轴承与轴的周向固定用过盈联接，选 H7/m6 配合。

④ 定出轴肩处圆角半径的值，倒角 2×45°。

⑤ 选用轴的材料、热处理方法，确定许用应力。

材料：45 钢调质，毛坯直径 $d < 200\text{mm}$，$\sigma_{\text{B}} = 650\text{MPa}$，$\sigma_{\text{s}} = 360\text{MPa}$，$\sigma_{-1} = 300\text{MPa}$，$\tau_{-1} = 155\text{MPa}$。

许用应力为

$$[\sigma_{+1}]_{-\text{b}} = 215\text{MPa}, [\sigma_0]_{-\text{b}} = 100\text{MPa}, [\sigma_{-1}]_{-\text{b}} = 60\text{MPa}$$

⑥ 画轴的计算简图（见图 8-27）。

⑦ 求 R_{AV}、R_{BV}。

由 $\sum M_{\text{A}} = 0$

$$F_{\text{a2}} \cdot \frac{d_2}{2} - F_{r2} \times 88 - R_{\text{BV}} \times 88 \times 2 = 0$$

$$R_{\text{BV}} = \frac{F_{\text{a2}} \times \dfrac{d_2}{2} - F_{r2} \times 88}{88 \times 2}$$

$$= \frac{388.29 \times \dfrac{300}{2} - 679.74 \times 88}{88 \times 2} \text{N}$$

$$= 29.68\text{N}$$

$$R_{\text{AV}} = F_{r2} + R_{\text{BV}} = 679.74\text{N} + 29.68\text{N}$$

$$= 709.42\text{N}$$

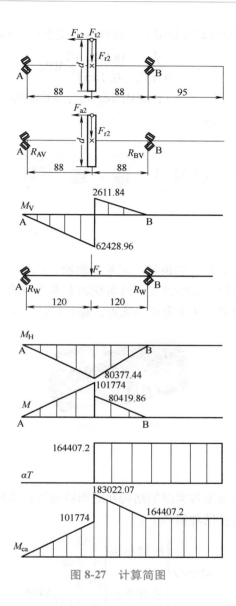

图 8-27　计算简图

⑧ 求 R_{AH}、R_{BH}。

$$R_{AH} = R_{BH} = \frac{F_{t2}}{2}$$

$$= \frac{1826.75}{2}\text{N}$$

$$= 913.38\text{N}$$

$$M = \sqrt{M_V^2 + M_H^2}$$

$\alpha T = 0.6 \times 274012 = 164407.2\text{N} \cdot \text{mm}$

$$M_{ca} = \sqrt{M^2 + (\alpha T)^2}$$

⑨ 按弯扭组合应力校核轴的强度。

由 M_{ca} 可知，齿轮中点处计算弯矩最大，校核该截面强度，即

$$\sigma_b = \frac{M_{ca}}{0.1d^3} = \frac{183022.07}{0.1 \times 55^3} \text{MPa}$$

$$= 11.00\text{MPa} < [\sigma_{-1}]_b = 60\text{MPa}$$

由此可知，该截面强度足够。

项目4　键　连　接

一、键的定义

键是用来连接轴和旋转套件（如齿轮、带轮、蜗轮、凸轮、联轴器）的一种机械零件，主要用于周向固定以传递扭矩。有些键还可以实现轴上零件的轴向固定或轴向移动。键连接因为具有结构简单、工作可靠、装拆方便等优点，得到广泛应用。如图 8-28 所示。

图 8-28　键与轴

二、键的种类

键是标准件，设计时可根据各类键的结构和应用特点进行选择。通常可分为平键、半圆键、楔键和切向键等。键连接的种类如下：

$$键连接 \begin{cases} 松键连接 \begin{cases} 平键 \\ 半圆键 \end{cases} \\ 紧键连接 \begin{cases} 楔键 \\ 切向键 \end{cases} 斜键 \end{cases}$$

（1）松键连接　这种连接方式所用的键有普通平键、半圆键、导向平键及滑键等，如图 8-29~图 8-32 所示。它依靠键的侧面传递转矩，只对轴上零件进行周向固定，不能承受轴向力；如果要进行轴向固定，则需要附加紧定螺钉或定位环等定位零件。

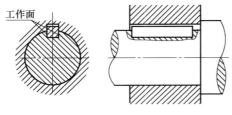

图 8-29　普通平键

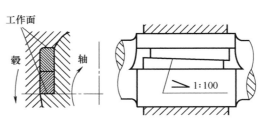

图 8-30　切向键

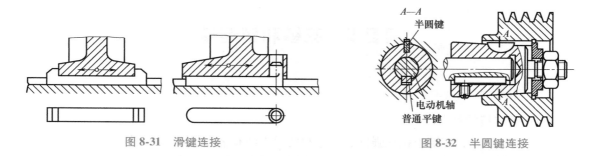

图 8-31　滑键连接　　　　　　　　　　图 8-32　半圆键连接

（2）紧键连接　这种连接方式主要是指锲连接，键的上、下表面都是工作面，上表面及与其相接触的轮毂槽底面，均有 1∶100 的斜度，如图 8-33 所示。键侧与键槽有一定的间隙，装配时将键打入构成紧键连接，由过盈作用传递转矩，并能传递单向的轴向力，还可轴向固定零件。

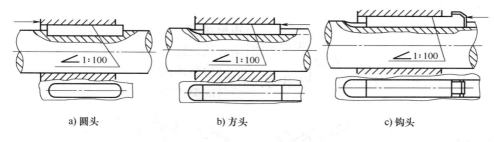

a) 圆头　　　　　　　　b) 方头　　　　　　　c) 钩头

图 8-33　紧键连接

三、键的选择

1. 类型选择

1）需要传递的扭矩大小。

2）连接于轴上的零件是否需要沿轴向滑动及滑动距离的长短。

3）连接的对中性要求。

4）是否需要具有轴向固定的作用。

5）键在轴上的位置。

2. 尺寸选择

1）键的主要尺寸为键宽 b×键高 h（剖面尺寸）×键的长度 L。

2）选用时应根据轴的直径大小 d 查表选取剖面尺寸（键宽 b×键高 h）。

3）根据轮毂的长度确定键的长度，键长应等于或略短于轮毂长度，并符合标准的规定。导向平键则按照轮毂长度及滑动距离而定。

3. 强度校核

普通平键的主要失效形式为连接工作面的压溃，其强度条件为 $\sigma_p \leqslant [\sigma_p]$。动连接导向键和滑键的主要失效形式为连接工作面产生过量的磨损，其强度条件为 $p \leqslant [p]$。

项目 5　花键和销连接

一、花键连接

1. 花键连接的特点

与平键相比较，花键连接在强度、工艺和使用方面有诸多优点（见图 8-34）：在轴上与毂孔上直接而均匀地制出较多的齿与槽，因而连接受力更均匀；槽较浅，齿根处应力集中较小，轴与毂的强度削弱较小；齿数多，总的接触面积大，可承受较大载荷；轴上零件与轴的对中性好；导向性好；可用研磨的方法提高加工精度及连接质量。但是，它的缺点是齿根仍有应力集中，而且有时需要使用专门的设备进行加工，因而生产成本较高。

2. 花键连接的分类

花键的分类如下：

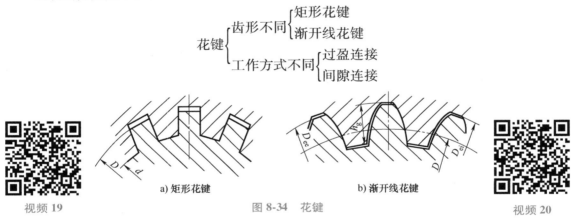

视频 19　　　　　　　　图 8-34　花键　　　　　　　　视频 20

二、销连接

销主要用于零件之间的定位，称为定位销；也可用于轴与轮毂的连接或其他零件的连接，传递较小的扭矩，称为连接销；还可作为安全装置中的过载剪短元件，称为安全销。根据销的结构形式有：圆柱销、圆锥销、槽销、销轴和开口销等，如图 8-35 所示。

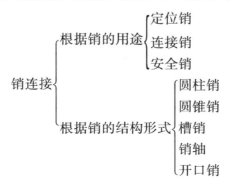

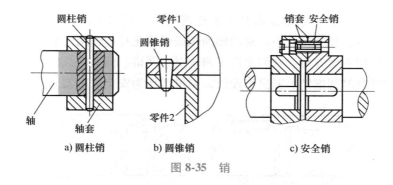

图 8-35 销

项目 6 联 轴 器

一、联轴器的定义

联轴器是机器中用于轴与轴之间连接的部件，能使两轴一起转动并传递转矩，只有在机器停止运转后才能使两轴分离。

二、联轴器的种类

根据有无补偿能力，联轴器分为挠性联轴器与刚性联轴器。挠性联轴器的补偿方式有轴向位移、径向位移、角位移和综合位移，如图 8-36 所示。其中，挠性联轴器又根据有无弹性元件分为有弹性元件的挠性联轴器和无弹性元件的挠性联轴器。

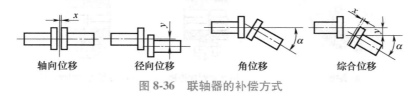

图 8-36 联轴器的补偿方式

联轴器的种类有很多，以适应不同的使用场合，具体分类如下：

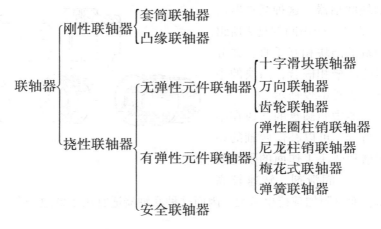

（1）套筒联轴器 这种联轴器由套筒和连接零件（销钉或键）组成，如图 8-37 所示。这种联轴器构造简单，径向尺寸小；对两轴的轴线偏移无补偿作用。装拆时因为被连接轴需要做轴向移动，使用不太方便。它们多用于两轴对中严格、低速轻载的场合。当用圆锥销作连接件时，若按过载时圆锥销剪断进行设计，则可用作为安全联轴器。

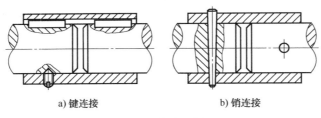

a) 键连接　　　　　　　　　b) 销连接

图 8-37　套筒联轴器

（2）凸缘联轴器 这种联轴器由两个带凸缘的半联轴器和一组螺栓组成，如图 8-38 所示。这种联轴器有两种对中方式：一种是通过分别具有凸槽和凹槽的两个半联轴器的相互嵌合来对中，半联轴器采用普通螺栓连接，如图 8-38b 所示；另一种是通过铰制孔用螺栓与孔的紧配合对中，当尺寸相同时后者传递的转矩较大，而且装拆时轴不必进行轴向移动，如图 8-38c 所示。

这种联轴器的凸缘构造简单、成本低、可传递较大转矩，但不能补偿两轴间的相对位移，对两轴对中性的要求很高。它们适用于转速低、无冲击、轴的刚性大、对中性较好的场合，目前是应用最广的一种刚性联轴器且已标准化。

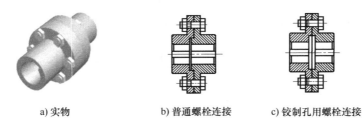

a) 实物　　　　b) 普通螺栓连接　　　　c) 铰制孔用螺栓连接

图 8-38　凸缘联轴器

（3）十字滑块联轴器 这种联轴器由两个半联轴器 1、3 和一个中间圆盘 2 所组成。中间圆盘两端的凸块相互垂直，并分别与两半联轴器的凹槽相嵌合，凸块的中线通过圆盘中心，如图 8-39 所示。

十字滑块联轴器中间圆盘的凸块在半联轴器的凹槽内滑动，可以补偿两轴的相对位移。但对凹槽和凸块工作面的硬度要求较高，并需要加注润滑剂。转速较高时，易发生磨损，而且附加载荷也增大，因而这种联轴器适宜用于低速场合。

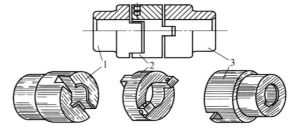

图 8-39　十字滑块联轴器

1、3—半联轴器　2—中间圆盘

（4）万向联轴器　这种联轴器由两个分别固定在主、从动轴上的叉形接头 1、2 和一个十字形零件（称十字头）3 组成，如图 8-40 所示。叉形接头和十字头是铰接的，因此允许被连接两轴轴线夹角 α 很大。

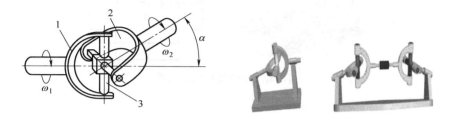

图 8-40　万向联轴器
1、2—叉形接头　3—十字头

双向联轴器可用于轴线不重合的两根轴的连接，通常主动轴等速转动，从动轴为周期性的变速转动。但连接时必须使主动轴与中间轴的夹角和从动轴与中间轴的夹角相等，而且中间轴两端的叉形接头位于同一平面内。它能可靠地传递转矩和运动，结构紧凑，效率高，可用于相交轴间的连接，或有较大角位移的场合。

（5）齿轮联轴器　这种联轴器由两个具有外齿的半联轴器 1、4 和两个具有内齿的外壳 2、3 组成，外壳与半联轴器通过内、外齿的相互啮合而相联，如图 8-41 所示。轮齿间留有较大的齿侧间隙，外齿轮的齿顶做成球面，球面中心位于轴线上，转矩靠啮合的齿轮传递。

它能补偿两轴的综合位移，能传递较大的转矩，但结构较复杂，制造较困难，在重型机器和起重设备中应用较广，但不适用于立轴。

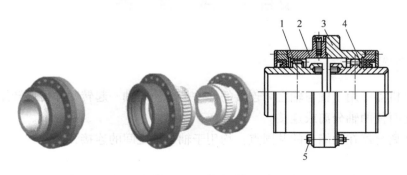

图 8-41　齿轮联轴器
1、4—半联轴器　2、3—外壳

（6）弹性圈柱销联轴器　这种联轴器的结构与凸缘联轴器相似，只是用套有弹性圈 1 的柱销 2 代替了连接螺栓，如图 8-42 所示。它的结构简单，制造容易，不用润滑，更换弹性圈方便，具有一定的补偿两轴线相对偏移和减振、缓冲等特点。它适用于经常正反转，起动频繁，转速较高的场合。

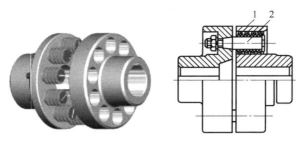

图 8-42　弹性圈柱销联轴器

1—弹性圈　2—柱销

三、联轴器的选择

目前联轴器大多已标准化，可直接从标准中选用。

1）联轴器计算扭矩：

$$T_c = KT = 9550K\frac{P_w}{n} \tag{8-5}$$

2）确定联轴器型号：　　　　　　　　$T_c \leqslant [T]$

$[T]$ 为联轴器的公称扭矩、许用扭矩，见《机械设计手册》。

3）校核最大转速：　　　　　　　　$n \leqslant [n]$

$[T]$ 为联轴器的最大转速，见《机械设计手册》。

4）协调轴孔结构及直径。

项目 7　离 合 器

一、离合器的定义

离合器是机器中用于轴与轴之间连接的部件，能使两轴一起转动并传递转矩，可在机器运转过程中随时使两轴分离或连接。

联轴器和离合器在功能上的共同点：均用于轴与轴之间的连接，使两轴一起转动并传递转矩。

联轴器和离合器在功能上的区别：联轴器只有在机器停止运转后才能使两轴分离；而离合器可在机器运转过程中随时使两轴分离或连接。

二、离合器的种类

1. 牙嵌式离合器

牙嵌式离合器由两个端面带牙的半离合器 1、3 组成（见图 8-43）。从动半离合器 3 用导向平键或花键与轴连接，对中环 2 用来使两轴对中，滑环 4 可操纵离合器的分离或接合。

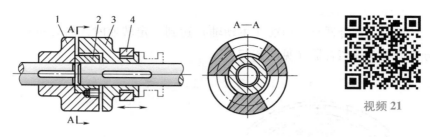

视频 21

图 8-43　牙嵌式离合器

1、3—带牙半离合器　2—对中环　4—滑环

2. 摩擦离合器

摩擦离合器利用主、从动半离合器摩擦片接触面间的摩擦力传递转矩（见图 8-44）。为提高传递转矩的能力，通常采用多片摩擦片。它能在不停车或两轴有较大转速差时进行平稳接合，且可在过载时因摩擦片间打滑而起到过载保护的作用。

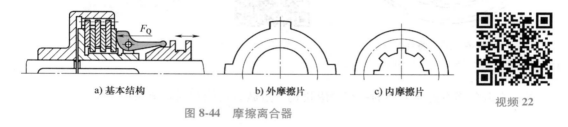

a) 基本结构　　　　　　　　b) 外摩擦片　　　　　　c) 内摩擦片

视频 22

图 8-44　摩擦离合器

3. 安全离合器

安全离合器是指当传递转矩超过一定数值后，主动轴、从动轴可自动分离，从而保护机器中其他零件不被损坏的离合器（见图 8-45）。

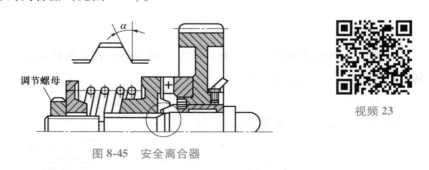

调节螺母

视频 23

图 8-45　安全离合器

牙的倾斜角 α 较大，过载时牙面产生的轴向分力大于弹簧压力，迫使离合器退出啮合，从而中断传动。可通过利用螺母调节弹簧压力大小的方法控制传递转矩的大小。

4. 定向离合器

定向离合器由星轮 1、外壳 2、滚柱 3、弹簧 4、弹簧顶杆槽支座 5 组成（见图 8-46）。

这种离合器能根据两轴角速度的相对关系自动接合和分离。当主动轴转速大于从动轴时，离合器将使两轴接合起来，把动力从主动轴传给从动轴；而当主动轴转速小于从动轴时则使两轴脱离。因此，这种离合器只能在一定的转向上传递转矩。

5. 离心离合器

离心式离合器是传动轴（主动轴）达到一定转速时，离心块在离心力的作用下，自动分离或结合的离合器（见图 8-47）。

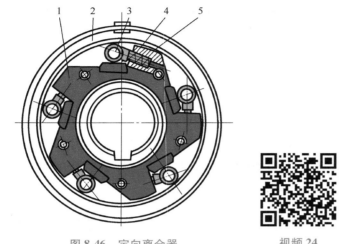

图 8-46　定向离合器

视频 24

图 8-47　离心离合器

1—星轮　2—外壳　3—滚柱　4—弹簧　5—支座

离心式离合器不需要另外的一套操纵机构，过载时还能起到安全保护作用。

＊项目 8　弹簧、制动器

一、弹簧

弹簧是一种弹性元件，它具有弹性大、刚性小，在载荷作用下容易变形，去载荷后又恢复原状等特点，应用非常广泛。

1. 弹簧的分类

弹簧按用途不同，分类方法如下：

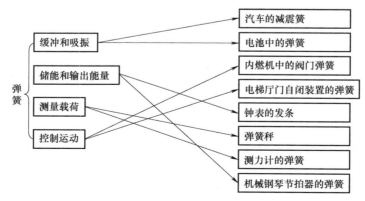

各种类型的弹簧见表 8-4。

表 8-4　各种类型的弹簧

弹簧种类	弹簧实物
模具方弹簧	
钢板涡卷弹簧	
蝶形弹簧	
摇窗机弹簧	
螺旋涡卷弹簧	
钢板圆柱螺旋	

（续）

弹簧种类	弹簧实物
拉簧、扭簧、平面涡卷弹簧	
卡圈、挡圈、阀片、筒圈、弹簧	
变径变节异型弹簧	
化工化肥阀弹簧	
压簧	
气配、摩托、连轴器弹簧	

2. 圆柱形螺旋弹簧

圆柱形螺旋弹簧由于结构简单，制作方便，因此应用最广，如图 8-48 所示。

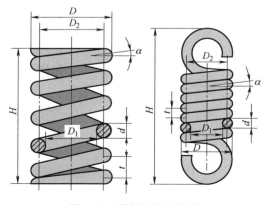

图 8-48　圆柱形螺旋弹簧

圆柱形螺旋弹簧由钢丝绕成，一般将两端并紧后磨平，使其端面与轴线垂直，便于支撑并紧磨平的若干圈不产生弹性变形称为支撑圈，通常支撑圈数有 1.5、2、2.5 三种。弹簧中参加弹性变形进行有效工作的圈数，称为有效圈数 n。弹簧并紧磨平后在不受外力情况下的全部高度，称为自由高度 H_0。

圆柱形螺旋弹簧的主要参数及关系见表 8-5。

表 8-5　圆柱形螺旋弹簧的主要参数及关系

参数名称	压缩弹簧	拉伸弹簧
外径 D	$D=D_2+d$	
内径 D_1	$D_1=D_2-d$	
螺旋角 α	$\alpha=\arctan\dfrac{t}{\pi D_2}$	
节距 t	$t=(0.28-0.5)D_2$	$t=d$
有效工作圈数 n	n	

二、制动器

机器工作是运动的，没有制动器调控的运动是没有智慧的工作。

制动器就是具有使运动部件（或运动机械）减速、停止或保持停止状态等功能的调控装置。

制动器常采用摩擦制动，主要由制动架、摩擦元件和驱动装置三部分组成。有些制动器还装有摩擦元件间隙的自动调整装置。

为了减小制动力矩和结构尺寸，制动器通常装在设备的高速轴上，但对安全性要求较高的大型设备（如矿井提升机、电梯等）则应装在靠近设备工作部分的低速轴上。

图 8-49 所示为电梯上常用的电磁制动器。它主要由制动轮、制动电磁铁、制动臂、制动闸瓦和制动弹簧等组成。

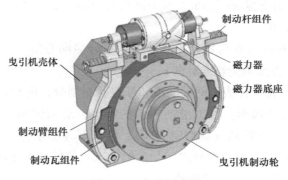

图 8-49　电磁制动器

制动器是电梯中工作最为频繁的装置之一，电梯的起动和停止都离不开它，是电梯安全平稳运行不可缺少的重要装置。

*项目9 轴 承

一、轴承的定义及要求

1. 轴承的定义

轴承是机器中广泛使用的一种支撑部件，用来支撑轴及轴上零件，如图 8-50 所示。

2. 轴承的基本要求

1）能承担一定的载荷，具有一定的强度和刚度。

2）具有小的摩擦力矩，减少回转件在旋转过程中的摩擦和磨损，确保回转件转动灵活。

3）具有一定的支撑精度，保证被支撑零件的回转精度。

二、轴承的分类

图 8-50 轴承

1）按支撑处相对运动表面的摩擦性质的不同，轴承可以分为滑动轴承和滚动轴承两大类。

2）按所能承受的载荷方向的不同，轴承可分为承受径向力的向心轴承，承受轴向力的推力轴承，既承受径向力又承受轴向力的向心推力轴承。

滑动轴承和滚动轴承具有不同的结构特点，其运动特性、摩擦状态、承载能力等都有较大的区别，因而各自具有不同的适用场合。

1. 滑动轴承

工作时轴承和轴颈的支撑面间形成直接或间接的滑动摩擦，这样的轴承称为滑动轴承。

（1）滑动轴承的分类

1）按其所能承受的载荷方向划分，滑动轴承可分为向心滑动轴承（主要承受径向载荷）和推力滑动轴承（主要承受轴向载荷）。

2）向心滑动轴承。按工作表面间的润滑和摩擦状态划分，滑动轴承可分为液体摩擦滑动轴承和非液体摩擦滑动轴承。根据滑动轴承的特点，滑动轴承主要用于工作转速特高（如汽轮发电机）、支撑要求特精（如精密磨床）、特重型（如水轮发电机）、承受巨大冲击和振动载荷（如破碎机）、必须成剖分式（如曲轴轴承）等特殊工作场合。

向心滑动轴承有整体式和剖分式两种。

① 整体式滑动轴承。如图 8-51 所示，整体式滑动轴承用螺栓将轴承座与机座连接，在轴承座顶部装有油杯，轴套上有进油孔，内表面用减摩材料制成的轴瓦（或叫轴套）开油沟以分配润滑油润滑。

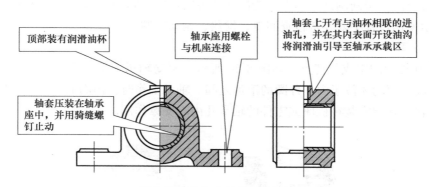

顶部装有润滑油杯

轴承座用螺栓与机座连接

轴套上开有与油杯相联的进油孔，并在其内表面开设油沟将润滑油引导至轴承承载区

轴套压装在轴承座中，并用骑缝螺钉止动

图 8-51　整体式向心滑动轴承

　　整体式滑动轴承结构简单，成本低廉，但装拆时轴或轴承必须做轴向移动，而且轴承磨损后的径向间隙无法调整。因此，这种轴承多用在低速、轻载、间隙工作且不需要经常装拆的简单机械中。整体式滑动轴承的结构尺寸已经标准化。

　　② 剖分式滑动轴承。剖分式滑动轴承由轴承座、轴承盖、连接螺栓以及剖分的上下轴瓦等组成。图 8-52 所示为一种常见的剖分式向心滑动轴承。

　　剖分式滑动轴承克服了整体式滑动轴承装拆不便的缺点，而且轴瓦工作面磨损后的间隙还可用减薄垫片或切削轴瓦分合面等方法加以调整，因此得到了广泛应用。剖分式滑动轴承的结构尺寸已经标准化。

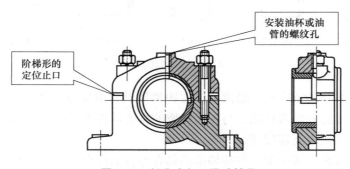

安装油杯或油管的螺纹孔

阶梯形的定位止口

图 8-52　剖分式向心滑动轴承

　　3）推力滑动轴承。常用的推力轴承有立式和卧式两种，用来承受轴向载荷。图 8-53 所示为常见的立式推力滑动轴承，由轴承座、衬套、轴套等组成。

　　（2）滑动轴承的安装与维护

　　1）滑动轴承安装要保证轴颈在轴承孔内转动灵活、准确、平稳。

　　2）轴瓦与轴承座孔要修刮贴实，轴瓦剖分面要高出 0.05～0.1mm，以便压紧。整体式轴瓦压入时要防止偏斜，并用紧定螺钉固定。

　　3）注意油路畅通，油路与油槽接通。

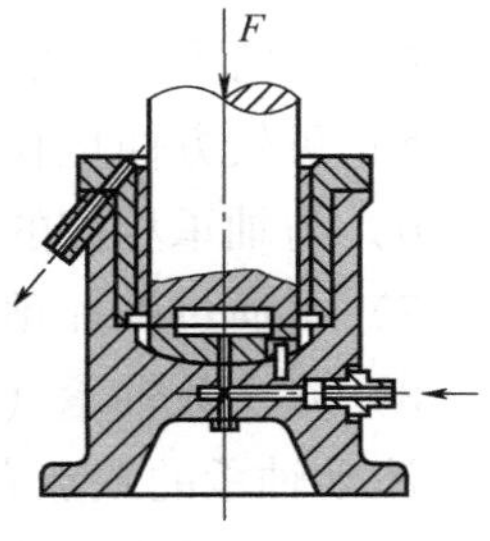

图 8-53　立式推力
滑动轴承

4）注意清洁，修刮调试过程中凡能出现油污的机件，修刮后都要清洗涂油。

5）轴承使用过程中要经常检查润滑、发热、振动问题。

2. 滚动轴承

（1）滚动轴承的组成和特点　如图 8-54 所示，滚动轴承一般是由外圈、内圈、滚动体和保持架组成，滚动体位于内、外圈的滚道之间。轴承工作时，内圈通常安装在轴颈上，并与轴一起旋转，外圈安装在机座或零件的轴承孔内起支撑作用。

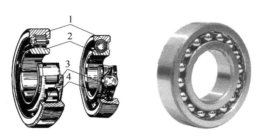

图 8-54　滚动轴承的基本结构

1—外圈　2—内圈　3—滚动体　4—保持架

常见的滚动体有球形、圆柱形、鼓形、滚针和圆锥形等，如图 8-55 所示，滚动体的大小和数量直接影响轴承的承载能力。

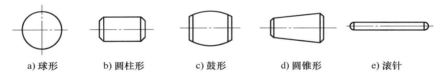

a) 球形　　　b) 圆柱形　　　c) 鼓形　　　d) 圆锥形　　　e) 滚针

图 8-55　滚动体的形状

保持架的作用是将轴承中的一组滚动体等距离隔开，引导滚动体在正确的轨道上运动，改善轴承内部载荷分配和润滑性能，与无保持架的满装球或滚子的轴承相比，带保持架轴承的摩擦阻力较小，适用于高速旋转。

滚动轴承具有多种结构类型，每类轴承都具有各自的特点，但其共同的优点是：

1）摩擦阻力小，起动灵敏。

2）外形尺寸已国际标准化，具有互换性，适于批量生产。

3）磨耗较一般滑动轴承少，能长时间维持机械精度。

4）润滑方便，润滑剂消耗少，维护费用低。

5）可较方便地在高温或低温条件下使用。

6）与轴承相配的周围部件结构简单，便于检查与保养。

7）可通过施加预载荷提高轴承的刚性。

8）除少数轴承（如推力轴承）外，一般轴承可同时承受径向载荷和轴向载荷。

滚动轴承的缺点有：

1）承受冲击载荷能力差。

2）振动、噪声较大。

3）径向尺寸较大。

4）有的场合无法使用。

（2）滚动轴承的类型　滚动轴承按结构特点的不同有多种分类方法，常见的有：

1）按所能承受载荷的方向或公称接触角的不同，可分为向心轴承（主要承受径向载荷）和推力轴承（主要承受轴向载荷），见表 8-6。

表 8-6　各类轴承的公称接触角

轴承种类	向心轴承		推力轴承	
	径向接触	角接触	角接触	轴向接触
	$\alpha = 0°$	$0° < \alpha \leq 45°$	$45° < \alpha < 90°$	$\alpha = 90°$
图例	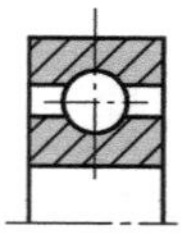	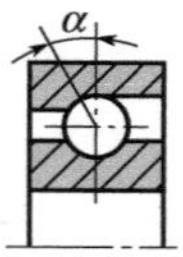	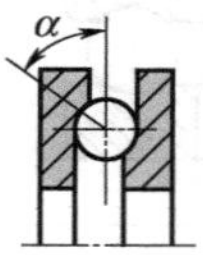	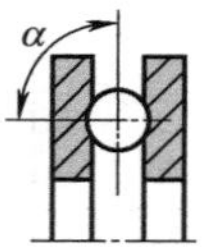

滚动轴承的接触角 α：滚动体与外圈滚道接触处的法线与轴承径向平面（垂直于轴承轴心线的平面）之间所夹的锐角。它是滚动轴承的一个重要参数，轴承的受力分析和承载能力等都与之有关。接触角越大，轴承承受轴向载荷的能力也越大。

2）按滚动体的形状不同，可分为球轴承、滚子轴承。常见的滚子有圆柱滚子、球面滚子、圆锥滚子和滚针等。

3）按工作时是否调心，可分为调心轴承、非调心轴承。

滚动轴承的主要类型和特性，见表 8-7。

表 8-7　滚动轴承的主要类型和特性

轴承名称、类型及代号	结构简图及承载方向	极限转速比	允许角偏位	主要特性和应用
调心球轴承 10000	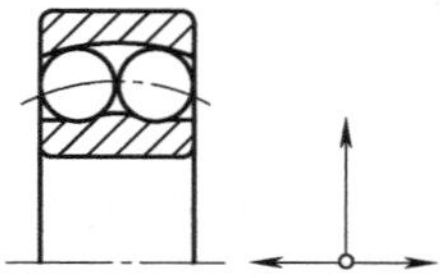	中	2°~3°	主要承受径向载荷，同时也能承受少量的双向轴向载荷。外圈滚道表面是以轴承中点为中心的球面，能自动调心
调心滚子轴承 20000	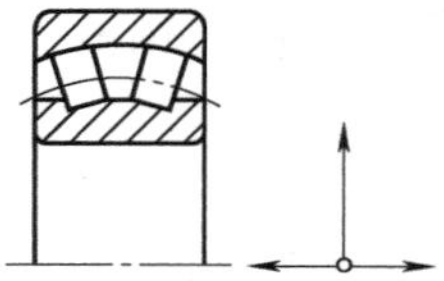	低	0.5°~2°	与调心球轴承类相似，但承载能力更大，而角偏位较小，也能自动调心
圆锥滚子轴承 30000	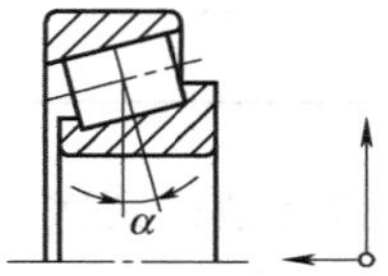	中	2′	能同时承受较大的径向载荷和单向轴向载荷，接触角 $\alpha = 11° \sim 16°$，内外圈可分离，装拆方便，成对使用。因系线接触，承载能力大于角接触球轴承

（续）

轴承名称、类型及代号	结构简图及承载方向	极限转速比	允许角偏位	主要特性和应用
推力球轴承 单列 51000 双列 52000		低	不允许	$\alpha = 90°$，只能承受单向（51000型）或双向（52000型）轴向载荷，且载荷作用线必须与轴线重合，不允许有角偏位。高速时滚动体离心力大，极限转速低
深沟球轴承 60000		高	$8' \sim 16'$	主要承受径向载荷，同时也能承受一定的双向轴向载荷，应用非常广泛。高转速情况下可代替推力球轴承承受不大的纯轴向载荷
角接触球轴承 70000C （$\alpha = 15°$） 70000AC （$\alpha = 25°$） 70000B （$\alpha = 40°$）		高	$8' \sim 16'$	能同时承受径向载荷和单向轴向载荷，公称接触角越大，轴向承载能力也越大。通常成对使用，可分装于两个支点或同装于一个支点上
推力圆柱滚子轴承 80000		低	不允许	能承受很大的单向轴向载荷
圆柱滚子轴承 N0000		高	$2' \sim 4'$	能承受较大的径向载荷，承载能力较深沟球轴承大，抗冲击能力较强。内外圈可分离，可以作为游动支撑
滚针轴承 NA0000		低	不允许	只能承受径向载荷，承载能力大，径向尺寸特小，内外圈可分离

（3）滚动轴承的代号 选用轴承时，首先是选择轴承的类型；其次是确定轴承具体的结构型式、尺寸、公差等级和技术要求等以满足工作需要。

国家标准中规定了滚动轴承的代号。按照国家标准 GB/T 272—2017《滚动轴承 代号方法》，滚动轴承代号由基本代号、前置代号和后置代号三部分组成，用数字和字母等表示。滚动轴承代号通常都压印在轴承外圈的端面上。排列顺序见表8-8。

表8-8　滚动轴承代号的组成

前置代号	基本代号					后置代号						
	1	2	3	4	5							
成套轴承分部件代号	类型代号	尺寸系列代号		内径代号		* 内部结构代号	密封与防尘结构代号	保持架及其材料代号	特殊轴承材料代号	* 公差等级代号	* 游隙代号	多轴承配置代号
		宽度（或高度）系列代号	直径系列代号									

注：基本代号下面的数字表示代号自左向右的位置序数。* 常用后置代号。

1）基本代号：基本代号是轴承代号的核心，是由类型代号、尺寸系列代号（包括宽度系列和直径系列）和内径代号组成。一般为五位数字或字母加四位数字。

① 类型代号。基本代号左起第一位为类型代号，用数字或字母表示。

② 尺寸系列代号。由轴承的宽（高）度系列代号（基本代号左起第二位）和直径系列代号（基本代号左起第三位）组合而成，向心轴承和推力轴承的常用尺寸系列代号见表8-9。

表8-9　滚动轴承常用尺寸系列代号

直径系列代号	向心轴承			推力轴承		
	宽度系列代号			高度系列代号		
	(0)	1	2	1	2	
	窄	正常	宽	正常		
	尺寸系列代号					
0 1	特轻	(0) 0 (0) 1	10 11	20 21	10 11	
2	轻	(0) 2	12	22	12	22
3	中	(0) 3	13	23	13	23
4	重	(0) 4		24	14	24

对于结构型式相同、内径相同的轴承，由于直径系列代号的不同，会有不同的外径和宽度，以适应不同工况的要求，如图8-56所示。

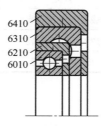

图8-56　滚动轴承的直径系列

③ 内径代号。基本代号左起第四、五位为内径代号，表示方法见表 8-10。

表 8-10　常用轴承内径代号

内径代号	00	01	02	03
轴承内径尺寸/mm	10	12	15	17

2）前置代号：前置代号用字母表示成套轴承的分部件。前置代号及其含义可参阅 GB/T 272—2017。

3）后置代号：后置代号是轴承在结构型式、尺寸、公差、技术要求等有改变时，在其基本代号后添加的补充代号，用字母（或加数字）表示。公差等级代号见表 8-11，轴承内部结构常用代号、轴承游隙代号见表 8-12、表 8-13，其他后置代号可参阅 GB/T 272—2017（见表 8-14）。

表 8-11　轴承公差等级代号

代号	/PN	/P6	/P6X	/P5	/P4	/P2
公差等级符合标准规定的等级	普通级	6 级	6X 级	5 级	4 级	2 级
示例	6203	6203/P6	30210/P6X	6203/P5	6203/P4	6203/P2

表 8-12　轴承内部结构常用代号

代号	轴承类型	含义	示例
B	角接触球轴承	$\alpha = 40°$	7210B
	圆锥滚子轴承	接触角 α 加大	32310B
C	角接触球轴承	$\alpha = 15°$	7005C
	调心滚子轴承	C 型	23112C
AC	角接触球轴承	$\alpha = 25°$	7210AC
E	角接触球轴承	加强型（内部结构改进，增大承载能力）	NU 207E

表 8-13　轴承游隙代号

代号	/C1	/C2	—	/C3	/C4	/C5
游隙符合标准规定的	1 组	2 组	0 组	3 组	4 组	5 组
示例	6208/C1	6208/C2	6208	6208/C3	6208/C4	6208/C5

表 8-14　后置代号中的其他代号及含义（部分）

代号	含义	示例
/DB	成对背对背安装	7210 C/DB
/DF	成对面对面安装	32208/DF
/DT	成对串联安装	7210 C/DT

【任务 2】

试解释基本代号为 61206 轴承的含义。

（1）任务分析　可根据基本代号是由类型代号、尺寸系列代号和内径代号来分别说明其含义。

（2）任务实施

解：6——类型代号，表示深沟球轴承。

12——尺寸系列代号，宽度系列代号为1，正常宽度，直径系列代号为2，轻系列。

06——内径代号，$d = 30mm$。公差等级为0级（省略）。

【任务3】

解释代号为 7310 AC/P6 轴承的含义。

（1）任务分析　可根据滚动轴承代号是由前置代号（字母表示）、基本代号和后置代号（字母表示）来分别说明其含义。

（2）任务实施

解：7——类型代号，角接触球轴承。

3——尺寸系列代号，宽度系列代号为0（省略），窄系列，直径系列代号为3，中系列。

10——内径代号，$d = 50mm$。

AC——内部结构代号，公称接触角 $\alpha = 25°$。

P6——公差等级代号，公差等级为6级。

（3）滚动轴承的寿命计算

1）滚动轴承的失效形式。

滚动轴承在大多数的工作过程中，轴承元件（内、外圈滚道和滚动体）所受的载荷呈周期性变化，可近似认为是按脉动循环变化，内圈滚道与滚动体、外圈滚道与滚动体接触处所受的应力也是按脉动循环变化的，如图 8-57 所示。

滚动轴承的失效形式主要有以下 3 种：

① 疲劳点蚀。内、外圈滚道与滚动体接触处长期受到按照脉动循环变化的接触应力作用，发生疲劳点蚀。疲劳点蚀是轴承正常工作条件下的主要失效形式。针对疲劳点蚀需要进行轴承的寿命计算。

② 塑性变形。轴承在很大的静载荷或冲击载荷作用下，滚动体和内外圈滚道出现不均匀的永久性的塑性变形凹坑。轴承的塑性变形使轴承在运转过程中产生剧烈振动和噪声，摩擦增大，运动精度降低，致使轴承不能正常工作。为防止轴承发生塑性变形，需要对低速、重载及大冲击条件下工作的轴承进行静强度计算。

③ 磨损。在力的作用下，两个相互接触的金属表面相对运动产生摩擦，形成摩擦副。摩擦引起金属消耗或产生残余变形，使金属表面的形状、尺寸、组织或性能发生改变的现象称为磨损。磨损的基本形式有：疲劳磨损、黏着磨损、磨口（粒）磨损、微动磨损和腐蚀磨损等。实际中多数磨损属于综合性磨损，预防对策应根据磨损的形式和机理分别采取措施。

此外，由于使用、维护和保养不当或密封、润滑不良等因素，也能引起轴承出现早期胶

223

合、内外圈及保持架破损等不正常失效。

2）滚动轴承的寿命和基本额定动载荷。轴承中任一元件出现疲劳点蚀前的总转数或一定转速下工作的小时数称为轴承寿命。大量实验表明，在一批轴承中结构尺寸、材料及热处理、加工方法、使用条件完全相同的轴承寿命是相当离散的，最长寿命是最短寿命的数十倍。对一具体轴承很难确切预知其使用寿命，但对一批轴承用数理统计方法可以求出其寿命概率分布规律。轴承的可靠性与寿命之间的关系如图 8-58 所示。轴承的寿命不能以一批中最长或最短的寿命作为基准，标准中规定对于一般使用的机器，以 90% 的轴承不发生破坏的寿命作为基准。

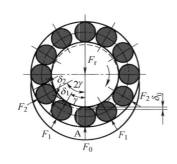

图 8-57　滚动轴承径向载荷的分布

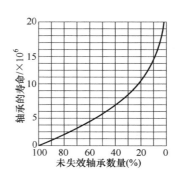

图 8-58　轴承的寿命曲线

① 基本额定寿命，即一批规格相同的轴承中 90% 的轴承在疲劳点蚀前能够达到或超过的总转数 L_r（以 $\times 10^6 r$ 为单位）或在一定转速下工作的小时数 $L_h(h)$。可靠度要求超过 90%，或改变轴承材料性能和运转条件时，可以对基本额定寿命进行修正。

② 基本额定动载荷。滚动轴承标准中规定，基本额定寿命为 100 万转时，轴承所能承受的载荷称为基本额定动载荷，用字母 C 表示，即在基本额定动载荷作用下，轴承可以工作 100 万转而不发生点蚀失效的概率为 90%。基本额定动载荷是衡量轴承抵抗点蚀能力的一个表征值，其值越大，轴承抗疲劳点蚀能力越强。基本额定动载荷又有径向基本额定动载荷（Cr）和轴向基本额定动载荷（Ca）之分。径向基本动载荷对向心轴承（角接触轴承除外）是指径向载荷；对角接触轴承是指轴承套圈间产生相对径向位移的载荷的径向分量；对推力轴承是指中心轴向载荷。

轴承的基本额定动载荷的大小与轴承的类型、结构、尺寸大小及材料等有关，可以从相关手册或轴承产品样本中直接查出对应的数值。

3）滚动轴承的当量动载荷。

当量动载荷 P 的计算方法如下：

对于同时承受径向载荷 F_r 和轴向载荷 F_a 的轴承，其当量动载荷 P 可表示为

$$P = f_P(XF_r + YF_a) \tag{8-6}$$

对于承受纯径向载荷 F_r 的轴承（如 N、NA 类轴承），其当量动载荷 P 可表示为

$$P = f_P F_r \tag{8-7}$$

对于承受纯轴向载荷 F_a 的轴承（如 5 类、8 类轴承），其当量动载荷 P 可表示为

$$P = f_P F_a \qquad (8\text{-}8)$$

式中　X——径向动载荷系数，查表 8-15；

　　　Y——轴向动载荷系数，查表 8-15；

　　　f_P——冲击载荷系数，见表 8-16。

载荷系数 f_P 是考虑了机械工作时轴承上的载荷由于机器的惯性、零件的误差、轴或轴承座变形而产生的附加力和冲击力，考虑这些影响因素，对理论当量动载荷加以修正。

表 8-15 中 e 是判断系数。F_a / C_{0r} 为相对轴向载荷，它反映轴向载荷的相对大小，其中 C_{0r} 是轴承的径向基本额定载荷。表 8-15 中未列出 F_a / C_{0r} 的中间值，可按线性插值法求出相对应的 e、Y 值。

表 8-15　轴承的径向和轴向动载荷系数 X 和 Y

轴承类型		F_a/C_{0r}	e	单列轴承				双列轴承（或成对安装单列轴承）			
				$F_a/F_r \leq e$		$F_a/F_r > e$		$F_a/F_r \leq e$		$F_a/F_r > e$	
				X	Y	X	Y	X	Y	X	Y
深沟球轴承		0.014	0.19				2.30				
		0.028	0.22				1.99				
		0.056	0.26				1.71				
		0.084	0.28				1.55				
		0.11	0.30				1.45				
		0.17	0.54	1	0	0.56	1.31	1	0	0.56	1.45
		0.28	0.38				1.15				
		0.42	0.42				1.04				
		0.56	0.44				1.00				
圆锥滚子轴承		—	$1.5\tan\alpha$	1	0	0.4	$0.4\cot\alpha$	1	$0.45\cot\alpha$	0.67	$0.67\cot\alpha$
角接触球轴承	$\alpha=15°$	0.015	0.38				1.47		1.65		2.39
		0.029	0.40				1.40		1.57		2.38
		0.058	0.43				1.30		1.46		2.11
		0.087	0.46				1.23		1.38		2.00
		0.12	0.47	1	0	0.44	1.19	1	1.34	0.72	1.93
		0.17	0.50				1.12		1.26		1.82
		0.29	0.55				1.02		1.14		1.66
		0.44	0.56				1.00		1.12		1.63
		0.58	0.56				1.00		1.12		1.63
	$\alpha=25°$	—	0.68	1	0	0.41	0.87	1	0.92	0.67	1.41
	$\alpha=40°$	—	1.14	1	0	0.35	0.57	1	0.55	0.57	0.93
调心球轴承		—	$1.5\tan\alpha$					1	$0.42\cot\alpha$	0.65	$0.65\cot\alpha$
调心滚子轴承		—	$1.5\tan\alpha$					1	$0.45\cot\alpha$	0.67	$0.67\cot\alpha$
四点接触球轴承 $\alpha=35°$		$1.5\tan\alpha$	0.95	1	0.66	0.6	1.07	—	—	—	—

表 8-16 载荷系数 f_P 的值

载荷性质	f_P	举例
平稳运转或有轻微冲击	1.0~1.2	电动机、通风机、水泵、汽轮机等
中等冲击	1.2~1.8	机床、车辆、冶金设备、起重机等
强大冲击	1.8~3.0	轧钢机、破碎机、振动筛、钻探机等

4）额定寿命计算。基本额定寿命计算。滚动轴承的基本额定寿命 L_r（10^6 r）与基本额定动载荷 C（N）、当量动载荷 P（N）之间的关系为

$$L_r = (C/P)^\varepsilon \tag{8-9}$$

式中　ε——寿命指数，球轴承 $\varepsilon = 3$，滚子轴承 $\varepsilon = 10/3$。

实际计算时，常用一定转速下的工作小时数 L_h 表示轴承的寿命。用 n（r/min）表示轴承的转速，则式（8-9）可以写为

$$L_h = \frac{10^6}{60n}\left(\frac{C}{P}\right)^\varepsilon \tag{8-10}$$

当轴承的工作温度高于100℃时，其基本额定动载荷 C 的值将降低，故引入温度系数 f_t 对 C 值进行修正。f_t 可查表8-17。

考虑到工作中的冲击和振动会使轴承寿命降低，又引入载荷系数 f_P 对当量动载荷 P 进行修正。f_P 值可查表8-16，则式（8-10）修正后可写为

$$L_h = \frac{10^6}{60n}\left(\frac{f_t C}{f_P P}\right)^\varepsilon \tag{8-11}$$

轴承的基本额定动载荷，也可改写为

$$C' = \frac{f_P P}{f_t}\left(\frac{60n}{10^6}[L_h]\right)^{\frac{1}{\varepsilon}} \tag{8-12}$$

应用式（8-11）时，应使所选用轴承的基本额定寿命 L_h 大于轴承的预期寿命 $[L_h]$，即应满足 $L_h > [L_h]$。应用式（8-12）时应使所选用轴承的基本额定动载荷 C 大于轴承所应具有的基本额定动载荷 C'，即应满足：$C > C'$。

各类机器中轴承预期寿命 $[L_h]$ 的参考值见表8-18。

表 8-17 温度系数 f_t

轴承工作温度/℃	100	125	150	200	250	300
温度系数 f_t	1	0.95	0.90	0.80	0.70	0.60

表 8-18 轴承预期寿命 $[L_h]$ 的参考值

机器种类		预期寿命 $[L_h]$/h
不经常使用的仪器及设备		500
航空发动机		500~2000
间断使用的机器	中断使用不致引起严重后果的手动机械、农业机械等	3000~8000
	中断使用会引起严重后果的机器设备，如升降机、输送机、起重机等	8000~12000

（续）

机器种类		预期寿命 $[L_h]$/h
每天工作 8h 的机器	利用率不高的机械，如一般的齿轮传动、电动机等	12000~20000
	利用率较高的机械，如通风设备、金属切削机床等	20000~30000
连续工作 24h 的机器	一般可靠性的空气压缩机、电动机、水泵等	40000~60000
	高可靠性的电站设备、给排水装置等	>100000

5）滚动轴承的装拆。滚动轴承是精密部件，如安装或拆卸方法不当，轻者使轴承的运转精度降低，重者将导致轴承或其他零部件的损坏，因此其装拆必须规范。滚动轴承装拆的原则是保证滚动体不受力，装拆力要对称或均匀地作用于套圈的端面。滚动轴承常用的安装方法有利用专用压套压装轴承内（外）圈的冷压法（见图 8-59）和将轴承在油池中加热后进行套装的热套法。

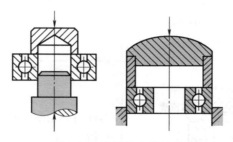

图 8-59　冷压法安装轴承

滚动轴承的拆卸在轴承组合设计时就必须考虑，为此，轴上定位轴肩的高度 h_1 应小于轴承内圈的高度 h_2（见图 8-60），同理，轴承外圈在座孔内也应该留出足够的高度和拆卸空间，如图 8-61 所示。

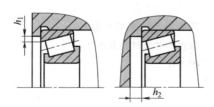

图 8-60　轴承外圈的拆卸高度

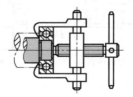

图 8-61　轴承的拆卸

6）滚动轴承的密封。滚动轴承密封的目的是防止外界灰尘、杂质和水分的侵入，阻止润滑油的外泄，以维持良好的工作环境和润滑效果。

密封装置的选择与润滑的种类、工作环境、温度以及密封表面的圆周速度等因素有关，常用的有接触式密封和非接触式密封两大类，其密封型式、适用场合及特性见表 8-19。

7）滚动轴承的润滑。滚动轴承润滑的目的是减少摩擦和磨损，同时起到冷却、吸振、防锈及降低噪声等作用。常用的润滑剂有润滑油、润滑脂或固体润滑剂。

一般情况下，滚动轴承多采用润滑脂润滑，其特点是不易流失，易于密封，一次加脂后可工作较长时间，但允许的轴承转速相对较低。

表 8-19　常用的滚动轴承的密封型式、适用场合及特性

密封类型		图例	适用场合	特性
接触式密封	毛毡圈密封		适用于脂润滑。要求环境清洁、干燥，轴颈圆周速度 $v<5m/s$，工作温度不超过 90℃	矩形断面的毛毡圈被安装于轴承端盖的梯形槽内，对轴颈产生一定的压紧力而实现密封。毛毡圈尺寸已标准化
	唇形密封圈密封	 唇口朝里　　唇口朝外	适用于脂或油润滑。轴颈圆周速度 $v<7m/s$，工作温度范围为 $-40\sim100℃$	密封圈是标准件，一般由耐油橡胶、金属骨架和弹簧 3 部分组成，也有的没有骨架。依靠材料本身的弹性和弹簧的作用紧套在轴颈上进行密封。唇口朝里主要是防止漏油；唇口朝外主要是防止灰尘、杂质侵入
非接触式密封	间隙密封		适用于脂润滑。要求环境清洁、干燥	利用节流环间隙的节流效应，依靠轴颈与端盖间的细小环形间隙（δ 为 $0.1\sim0.3mm$）进行密封。间隙的宽度越长，密封效果越好；若在加工出的节流槽内填充密封润滑脂，密封效果更好
	迷宫式密封	 径向迷宫　　轴向迷宫	适用于脂或油润滑。工作温度不高于密封用脂的滴点，效果可靠，常用于对密封要求较高的场合	将旋转件与静止件之间的间隙做成迷宫（曲路）形式，对被密封介质产生节流效应而起到密封作用。若在间隙中填充密封润滑脂，密封效果更好。分为径向迷宫和轴向迷宫两种
组合密封	毛毡圈加迷宫式密封		适用于脂或油润滑	组合密封有多种型式。可充分发挥各自优点，提高密封效果

　　高速运转或工作温度较高的轴承可用润滑油润滑，其特点是摩擦系数小，润滑可靠，并具有冷却散热和清洗作用，但对供油和密封的要求较高。脂或油的具体选择可按表征滚动轴承转速大小的速度因素 dn（d 为轴承内径；n 为轴承转速）值来确定。当 $dn<(1.5\sim2)\times10^5mm\cdot r/min$ 时，可采用润滑脂润滑，超过这一范围时宜采用润滑油润滑。

选择润滑油时，可根据轴承的 dn 值和工作温度确定润滑油的黏度值，然后按黏度值从润滑油产品目录中选出适用的润滑油牌号。油润滑的常用方法有油池润滑、飞溅润滑、喷油润滑和油雾润滑等。

8）滚动轴承的使用。为了保证滚动轴承的正常工作，除了合理选择轴承的类型和尺寸，以及正确地进行轴承的组合设计之外，还需要在使用过程中注意轴承的具体使用条件（载荷的波动、环境的变化等），对轴承进行定期或不定期的维护保养和检修，以确保轴承运转的安全可靠。有关轴承的使用注意事项如下：

① 维护保养应严格按照机械运转条件的作业标准，定期进行。具体内容包括监视运转状态、补充或更换润滑剂、定期拆卸及检查等。

② 运转中发现的异常状态，包括轴承运转的声音、振动、温度、润滑剂的状态等的变化，应立即停机检修。

③ 保持轴承及其周围环境的清洁，防止灰尘、杂质的侵入。

④ 操作时使用恰当的工具，防止轴承的意外损坏。

⑤ 操作时注意避免轴承与手的直接接触，以防止锈蚀。

【学习测试】

一、单选题

1. 已知，B 为轴上零件宽度，L 为相配的轴段长度，一般情况下，为了轴向固定应使_____。

A. $B<L$　　　　　B. $B>L$　　　　　C. $B=L$　　　　　D. B 与 L 之间无要求

2. 轴上零件的轴向固定方法，当轴向力很大时，应选用_____。

A. 弹性挡圈　　　　　　　　　B. 轴肩

C. 用紧定螺钉锁紧的挡圈　　　　D. 过盈配合

3. 轴由给定的受力简图（见图 8-62）所绘制的弯矩图应是_____。

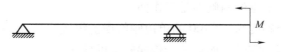

图 8-62　受力简图

A.　　　　　　　　　　　　　　B.

C.　　　　　　　　　　　　　　D.

4. 增大轴在剖面过渡处的圆角半径，其优点是_____。

A. 使零件的轴向定位比较可靠　　　B. 使轴的加工比较方便

C. 使零件的轴向固定比较可靠　　　D. 降低应力集中，提高轴的疲劳强度

5. 一般地，在齿轮减速器轴的设计中包括：① 强度校核、② 轴系结构设计、③ 初估轴径、④ 受力分析并确定危险剖面和⑤ 刚度计算。正确的设计程序是_____。

A. ①②③④⑤　　　　　　　　B. ⑤④③②①

C. ③②④①⑤　　　　　　　　D. ③④①⑤②

6. 普通平键连接的主要用途是使轴与轮毂之间_____。

A. 沿轴向固定并传递轴向力　　　　　B. 沿轴向可作相对滑动并具有导向作用

C. 沿周向固定并传递力矩　　　　　　D. 安装与拆卸方便

7. 设计键连接的几项主要内容是：① 按轮毂长度选择键的长度；② 按使用要求选择键的主要类型；③ 按轴的直径选择键的剖面尺寸；④ 对连接进行必要的强度校核。在具体设计时，一般顺序是_____。

A. ②①③④　　　B. ②③①④　　　C. ①③②④　　　D. ③④②①

8. 不能用作轴向固定的连接方式是_____。

A. 平键连接　　　B. 销连接　　　C. 螺钉连接　　　D. 过盈连接

9. 安全销主要用于安全保护装置中的_____过载元件。

A. 磨损　　　B. 挤压　　　C. 压溃　　　D. 剪断

10. 不属于弹簧的功用的是_____。

A. 缓冲和吸振　　　　　　　　　　B. 测量载荷

C. 存储和输出能量　　　　　　　　D. 变形

11. 滚动轴承的类型代号由_____表示。

A. 数字　　　B. 数字或字母　　　C. 字母　　　D. 数字加字母

二、判断题

1. 只承受弯矩而不承受扭矩的轴称为心轴。　　　　　　　　　　　　（　　）

2. 轴的计算弯矩最大处为危险剖面，应按此剖面进行强度计算。　　　（　　）

3. 轴的设计主要问题为强度、刚度和振动稳定性。此外还应考虑轴的结构设计问题。

（　　）

4. 有一碳素钢制造的轴刚度不能满足要求时，可以改用合金钢或进行表面强化以提高刚度，而不必改变轴的尺寸和形状。　　　　　　　　　　　　　　　（　　）

5. 半圆键连接的主要优点是键槽的应力集中较小。　　　　　　　　　（　　）

6. 在平键连接中，平键的两侧面是工作面。　　　　　　　　　　　　（　　）

7. 切向键是由两个斜度为 1：100 的单边倾斜楔键组成的。　　　　　　（　　）

8. 销不仅能连接两个零件，而且还能传递较大的转矩。　　　　　　　（　　）

9. 圆柱销可以反复拆卸，而不影响连接件的紧固性。　　　　　　　　（　　）

10. 摩擦离合器可在运动中接合，具有过载保护作用。　　　　　　　（　　）

11. 转速较低、载荷较大且有冲击时，应选用滚子轴承。　　　　　　（　　）

三、简答题

1. 轴的结构设计应从哪几个方面考虑？

2. 轴上零件的轴向和周向固定各有哪些方法？

3. 一般情况下，轴的设计步骤是什么？

4. 指出图 8-63 所示轴系的结构错误，并简单说明错误原因。

5. 指出图 8-64 所示轴系中的结构错误（用笔圈出错误之处，并简要说明错误的原因，不要求改正）。

6. 试说明轴承代号 6210 的含义。

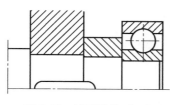

图 8-63 轴系结构（一）

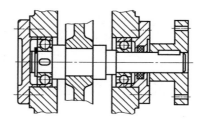

图 8-64 轴系结构（二）

四、分析计算题

1. 校核 A 型普通平键连接铸铁轮毂的挤压强度。已知键宽 $b = 18\text{mm}$，键高 $h = 11\text{mm}$，键（毂）长 $L = 80\text{mm}$，传递转矩 $T = 840\text{N} \cdot \text{m}$，轴径 $d = 60\text{mm}$，铸铁轮毂的许用挤压应力 $[\sigma_p] = 80\text{MPa}$。

【学习评价】

题号	一		二		三	四	五	总分
得分	1.	7.	1.	7.	1.	1.		
	2.	8.	2.	8.	2.			
	3.	9.	3.	9.	3.			
	4.	10.	4.	10.	4.			
	5.	11.	5.	11.	5.			
	6.		6.		6.			
学习评价								

* 模块 **9**

智能制造应用技术

【教学指南】

本模块主要介绍智能制造的几种主要技术和设计方法，即计算机辅助设计、机电一体化设计、机械创新设计及 3D 打印技术、人工智能与工业机器人应用技术。重点是要理解机械创新设计，并能掌握简单的机械（机构）创新设计方法。

【任务描述】

1. 了解智能制造设计的常用方法。
2. 理解计算机辅助设计的内涵和应用。
3. 理解机械创新设计及 3D 打印技术。
4. 了解人工智能与工业机器人应用技术。

【学习目标】

1. 认识与了解智能制造的主要技术。
2. 认识并理解智能制造设计的基本思路和方法。
3. 能够进行简单的机械（机构）创新设计。

【学习方法】

理论与实践一体化。

项目 1　计算机辅助设计

一、计算机辅助设计的定义

计算机辅助设计（computer aided design，CAD）是计算机科学技术发展和应用中的一门重要技术。20 世纪 50 年代，美国诞生了第一台计算机绘图系统，开始出现具有简单绘图输出功能的被动式的计算机辅助设计技术。CAD 曲面片技术使计算机绘图设备进入了商业化。到了 70 年代，完整的 CAD 系统开始形成，以后又出现了能产生逼真图形的光栅扫描显示

234

器，产生了手动游标、图形输入板等多种形式的图形输入设备，促进了 CAD 技术的发展。到了 80 年代，由于工程工作站的问世，使 CAD 技术在中小型企业逐步得到普及。随着 CAD 技术进一步向标准化、集成化、智能化方向发展，一些标准的图形接口软件和图形功能相继推出，对 CAD 技术的推广、软件的移植和数据共享起到了重要的促进作用；系统构造由过去的单一功能变成综合功能，出现了计算辅助设计与辅助制造形成一体的计算机集成制造系统；固化技术、网络技术、多处理机和并行处理技术在 CAD 中的应用，又极大地提高了 CAD 系统的性能；人工智能和专家系统技术引入 CAD，出现了智能 CAD 技术，大大增强了 CAD 系统的问题求解能力，使设计过程更加趋于自动化。

现在，CAD 技术在机械设计、软件开发、机器人、服装业、出版业、工厂自动化、土木建筑、地质勘探、电子电气、计算机艺术和科学研究等各个领域都得到了广泛的应用。近年来，CAD 技术也越来越多地运用在船舶和近海结构设计中，不仅用于可视化，而且还用于其他分析，比如基本结构形式设计、构型设计、最终尺寸设计、运动模型和结构形式设计、推进系统设计（有舵/无舵）、散装头布置设计、详细的布局设计、板厚和厚度的设计、焊接和连接的加热模式设计、材料要求技术计划和安排，以及技术工人的工作分配等。

在总布置智能设计方面，较为突出的是美国密歇根大学 Nick E. 和 Parsons M. 等人提出的智能船舶总布置设计系统（intelligent ship arrangements，ISA），ISA 是基于 C++语言编写的程序，是一种跳跃式兼容的软件系统，能够帮助设计者在合理可行的范围内开发满足设计特定需求以及一般海军要求和标准实践的合理布置设计，该设计过程被看作是两个二维的设计任务。

【任务 1】

（1）任务分析　该 ISA（船舶总布置设计系统）可作为两个基本二维的设计步骤来处理，相关应用软件可选择 AutoCAD、CAXA 或中望 CAD。

（2）任务实施　如图 9-1 所示，在 Part 1 中，空间被分配到船内侧剖面上的区域甲板上。

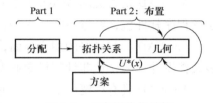

图 9-1　总布置优化结构

区域甲板被定义为一个垂直区域内的一个甲板，如图 9-2 所示。在损伤控制甲板上，甲板被主纵向通道分开。为了分配的目的，这些整体的区域甲板被分为（港口、中心、右舷）子区域甲板。在这个层次上考虑整体（全局）位置需求、邻接、分离、区域需求、有效区域利用以及每个空间的相对重要性，其结构如图 9-3 所示。

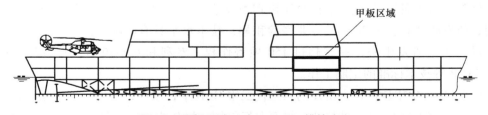

图 9-2　甲板区域（Zone-deck）模块定义

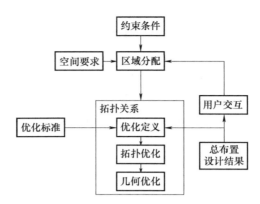

图 9-3 甲板区域（Zone-deck）分配功能结构

二、相关 CAD 软件

为了满足机械产品性能的高要求，在机械设计中大量采用计算机技术进行辅助设计和系统分析。目前机械设计中经常使用的相关 CAD 软件主要包括：

1）二维：AutoCAD、CAXA、中望 CAD。

2）三维：Inventor、Pro/Engineer、SolidWorks、Solidedge、CATIA、NX、CAXA 制造工程师和中望 3D。

1. AutoCAD

AutoCAD 是由美国 Autodesk 公司于 20 世纪 80 年代初为微机上应用 CAD 技术而开发的绘图程序软件包，经过不断的完善，现已经成为国际上广为流行的绘图工具。

AutoCAD 具有良好的用户界面，通过交互菜单或命令行方式便可以进行各种操作。它的多文档设计环境，让非计算机专业人员也能很快地学会使用。

AutoCAD 具有广泛的适应性，它可以在各种操作系统支持的微型计算机和工作站上运行，并支持分辨率由 320×200～2048×1024 的各种图形显示设备 40 多种，以及数字仪和鼠标器 30 多种，绘图仪和打印机数十种，它们为 AutoCAD 的普及创造了良好的条件。

2. CAXA 和中望 CAD

CAXA 和中望 CAD 是国产二维机械设计软件的代表。

CAXA 主要提供数字化设计（CAD）、数字化制造（MES）、产品全生命周期管理（PLM）和工业云服务，是"中国工业云服务平台"的发起者和主要运营商。CAXA 始终坚持技术创新，自主研发二维、三维 CAD 和 PLM 平台，是国内最早从事此领域全国产化的软件公司，研发团队有超过 20 年的专业经验积累，技术水平具有国际领先性，在北京、南京和美国设有 3 个研发中心，拥有超过 150 项著作权、专利和专利申请，并参与多项国家 CAD、CAPP 等技术标准的定制工作。

中望 CAD 是中望软件自主研发的第三代二维 CAD 平台软件，凭借良好的运行速度和稳定性，完美兼容主流 CAD 文件格式，界面友好易用、操作方便，能够帮助用户高效顺畅地完成设计绘图工作。它支持云移动办公，通过第三方云服务，配合中望 CAD 派客云图实现跨终端移动办公解决方案，满足更多个性化设计需求。

3. Pro/Engineer

Pro/Engineer 是美国参数技术公司 PTC 公司旗下的 CAD/CAM/CAE 一体化的三维软件。Pro/E 第一个提出了参数化设计的概念，并且采用了单一数据库来解决特征的相关性问题。另外，它采用模块化方式，用户可以根据自身的需要进行选择，而不必安装所有模块。Pro/E 的基于特征方式，能够将设计至生产全过程集成到一起，实现并行工程设计。它不但可以应用于工作站，而且也可以应用到单机上。

Pro/Engineer 软件以参数化著称，是参数化技术的最早应用者，在目前的三维造型软件领域中占有着重要地位。Pro/Engineer 作为当今世界机械 CAD/CAE/CAM 领域的新标准而得到业界的认可和推广，是现今主流的 CAD/CAM/CAE 软件之一，特别是在国内产品设计领域占据重要位置。Pro/Engineer 现已更名为 Creo。图 9-4 所示为 Pro/E 设计图界面。

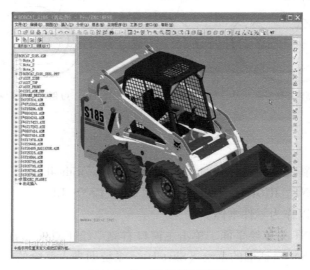

图 9-4　Pro/E 设计图界面

【任务 2】

（1）任务分析　用 Pro/E 设计如图 9-5 所示的机械零件。若将圆孔、圆角、薄壳等去除，则可得该机械零件的基本形体，其几何特色是在一颗圆球上设计出垂直圆球的斜圆柱体。因而设计的基本想法是在与圆球夹 45°的平面上画圆，以圆进行拉伸，长到圆球上，如图 9-6 所示。

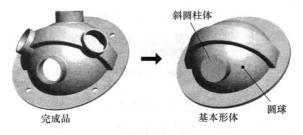

图 9-5　机械零件

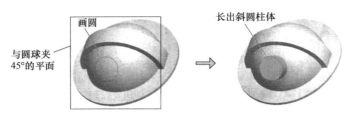

图 9-6 机械零件

（2）任务实施 设计该零件基本形体的设计过程如图 9-7 所示，包括：图 9-7a 创建旋转实体，图 9-7b 创建横跨圆球顶部的扫描实体，图 9-7c 创建一个垂直圆球的拉伸实体。详细操作步骤如下。

图 9-7 零件基本形体的设计过程

1）创建新零件。

单击工具栏创建新文件的图标，输入零件名称"base-with-4holes"，单击"确定"，则屏幕显示基准平面 FRONT、RIGHT、TOP 及坐标系 PRT_CSYS_EF。

创建旋转实体，以作为零件本体。

选基准平面 FRONT 为草绘平面，单击主窗口右侧草绘工具的图标，零件自动呈现前视图，单击草绘（Sketch）对话框的草绘（Sketch），系统即进入草绘的模式，如图 9-8 所示绘制草图，单击"确定"。

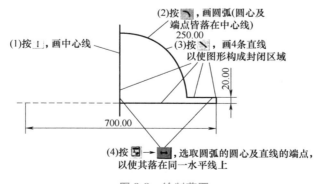

图 9-8 绘制草图

在图 9-8 中，直径尺寸 700 的标注方式如图 9-9 所示。

按住键盘的 Ctrl+D 组合键，以使零件呈现立体图，单击主窗口右侧旋转工具的图标，按鼠标滚轮，则完成的旋转实体如图 9-10 所示。

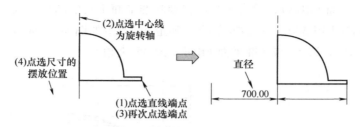

图 9-9　直径尺寸的标注方式

2）创建横跨圆球顶部的扫描实体。

创建扫描的轨迹线，单击主窗口右侧草绘工具的图标，单击草绘（Sketch）对话框的使用先前的（Use Previous），以沿用上一个草绘平面与定向参照平面，零件自动呈现前视图，如图 9-11 所示抓取线条，单击"确定"。

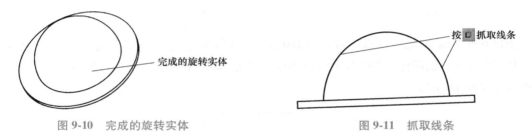

图 9-10　完成的旋转实体　　　　　　　图 9-11　抓取线条

以可变截面扫描的方式创建实体，按住键盘的 Ctrl+D 组合键，以使零件呈现立体图，点选刚完成的曲线，以作为扫描的轨迹线，单击主窗口右侧可变截面扫描工具的图标，在图标上点扫描为实体的图标，点绘制截面的图标，如图 9-12 所示绘制草图，单击"确定"。

按住键盘的 Ctrl+D 组合键，以使零件呈现立体图，按鼠标滚轮，则完成的扫描实体如图 9-13 所示，单击鼠标左键，使扫描特征为不被选取的状态。

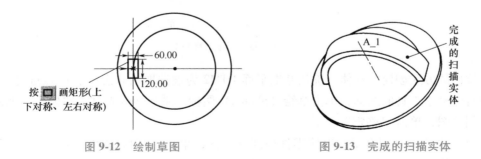

图 9-12　绘制草图　　　　　　　　　图 9-13　完成的扫描实体

3）创建垂直圆球的圆柱体。

创建轴线，按住键盘的 Ctrl 键，点选基准平面的 FRONT 及 TOP（注意：可单击工具栏上的图标，控制基准平面是否显示），单击主窗口右侧轴线工具的图标，即完成两个平面的相交轴线 A_2，如图 9-14 所示。

创建基准平面 DTM1，确认基准轴 A_2 为被选取的状态（否则点选之），按住键盘的 Ctrl 键，点选基准平面 FRONT，单击主窗口右侧基准平面工具的图标，确认夹角为 45°，单击基准平面（DATUM PLANE）对话框上的"确定"，产生如图 9-15 所示的基准平面 DMT1（此平面通过基准轴 A_2，且与基准平面 FRONT 成 45°夹角）。

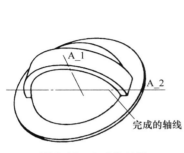

图 9-14　完成的轴线

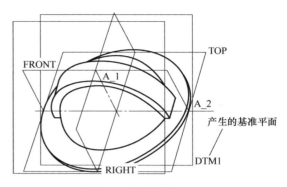

图 9-15　基准平面 DTM1

创建基准平面 DTM2，确认基准平面 DMT1 为被选取的状态（否则点选之），单击主窗口右侧基准平面工具的图标，在屏幕上将位移尺寸设为 320，单击"确定"，即产品如图 9-16 所示的基准平面 DTM2。

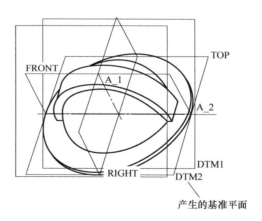

图 9-16　基准平面 DTM2

以拉伸的方式创建圆柱体，确认基准平面 DTM2 为被选取的状态（否则点选之），单击主窗口右侧草绘工具的图标，单击草绘（Sketch）图标，系统即进入草绘的模式，如图 9-17 所示绘制草图，单击"确定"。

按键盘的 Ctrl+D 组合键，以使零件呈现立体图，单击主窗口右侧拉伸工具的图标，单击屏幕上的箭头，以使拉伸方向朝下，单击图标板贯穿整个零件的图标，按鼠标滚轮，则完成的拉伸实体，如图 9-18 所示。

4）保存文件。

单击工具栏保存文件的图标，默认的文件名称为：base-with-4holes. PRT，单击"确定"。

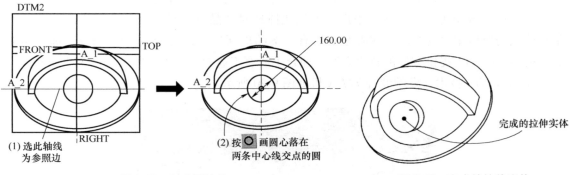

图 9-17 创建圆柱体 　　　　　图 9-18 完成的拉伸实体

三、其他软件

1. SolidWorks

SolidWorks 软件有功能强大、易学易用和技术创新三大特点，这使得 SolidWorks 成为领先的、主流的三维 CAD 解决方案。SolidWorks 能够提供不同的设计方案、减少设计过程中的错误以及提高产品质量。SolidWorks 不仅能够提供强大的设计功能，而且操作简单方便、易学易用。对于熟悉微软 Windows 系统的用户，基本上都可以用 SolidWorks 来进行设计。SolidWorks 独有的拖拽功能可以使用户在比较短的时间内完成大型装配设计。SolidWorks 资源管理器是同 Windows 资源管理器一样的 CAD 文件管理器，用它可以方便地管理 CAD 文件。图 9-19 所示为 SolidWorks 设计图界面。

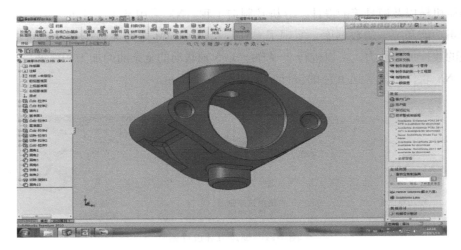

图 9-19 SolidWorks 设计图界面

2. CATIA

CATIA 是法国达索公司的产品开发旗舰解决方案。作为 PLM 协同解决方案的一个重要组成部分，它可以帮助制造厂商设计产品，并支持从项目前阶段、具体的设计、分析、模拟、组装到维护在内的全部工业设计流程。自 1999 年以来，市场上广泛采用它的数字样机流程，从而使之成为世界上最常用的产品开发系统。无论是实体建模还是曲面造型，由于 CATIA 提供了智能化的树结构，用户可方便快捷地对产品进行重复修改，即使是在设计的最后阶段需要做重大的修改，或者是对原有方案的更新换代，对于 CATIA 来说，都是非常容易的事。CATIA 提供方便的解决方案，迎合了所有工业领域的大、中、小型企业需要。

应用 CATIA 技术开发的波音 777 飞机如图 9-20 所示。

图 9-20   应用 CATIA 技术开发的波音 777 飞机

3. NX

Siemens NX 是 Siemens PLM Software 公司的一个产品工程解决方案，它为用户的产品设计及加工过程提供了数字化造型和验证手段。Siemens NX 针对用户的虚拟产品设计和工艺设计的需求，提供了经过实践验证的解决方案。它在诞生之初主要基于工作站，但随着 PC 硬件的发展和个人用户的迅速增长，在 PC 上的应用取得了迅猛的增长，已经成为模具行业三维设计的主流应用。NX 是一个集 CAD、CAE 和 CAM 于一体的机械工程辅助系统，适用于航空航天器、汽车、通用机械以及模具等的设计、分析及制造工程。NX 采用基于特征的实体造型，具有尺寸驱动编辑功能和统一的数据库，实现了 CAD、CAE、CAM 之间无数据交换的自由切换，它具有很强的数控加工能力，可以进行 2~4 轴、3~5 轴联动的复杂曲面加工和镗铣。

使用 NX 软件制作奥运五环的设计实例如图 9-21 所示。

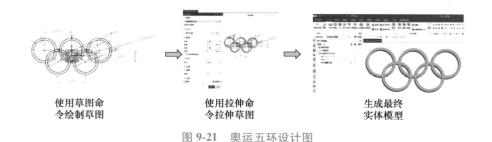

使用草图命令绘制草图　　　　　使用拉伸命令拉伸草图　　　　　生成最终实体模型

图 9-21   奥运五环设计图

项目 2   机电一体化设计

机电一体化就是机械技术和电子技术相互交叉、渗透和综合发展的产物，涉及机械技术、电子技术、信息技术和控制技术等。也可以说，机电一体化设计就是应用交叉科学和综合技术进行一体化设计的代名词。如图 9-22 所示的机器人和 AGV 小车，是从各种传感器得到各种信息，通过神经传给神经中枢，经过思维处理，再经过大脑指挥各部分动作的执行。机电一体化机械系统从功能上可以分为传动、导向和执行三大机构。

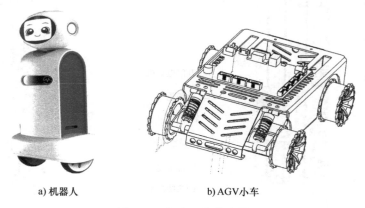

a) 机器人   b) AGV小车

图 9-22　机电一体化产品

机电一体化技术主要应用于电梯、数控机床、计算机集成制造系统、柔性制造系统、工业机器人等领域。随着科学技术的进步，机电一体化将朝着智能化、系统化、微型化、模块化和绿色化等方向发展。

机电一体化技术既是科学技术发展的结晶，也是社会生产力进步的必然要求。它促使传统的机械工业产生战略性的变革，使通用的机械设计方法和设计概念发生着巨大的变化。因此，设计和发展新一代的机电一体化产品，不仅是改造传统机械设备的要求，而且是推动整个机械工业更新换代和开辟新领域、进一步振兴和发展的必由之路。

电梯是现代社会重要的垂直交通工具，与人们的日常生活和工作息息相关、密不可分，是摩天大楼得以崛起、城市得以不断"长高"的基础，已成为高层建筑和公共场所不可或缺的建筑设备。同时，电梯又是高度机电一体化的大型综合工业产品，是机、电、光、磁技术高度一体化的产品，机械部分相当于人的躯干，电气部分相当于人的神经，光、磁部件类似于人的感知系统，控制部分相当于人的大脑，各部分组成一个有机的统一体，使电梯安全、可靠、舒适、高效地运行。

强大的计算机软硬件资源支持和神经网络、遗传算法、专家系统、模糊控制、机器视觉等数学模型在电梯控制中的应用不断优化，将使电梯智能群控系统向人工智能方向不断迈进，电梯自学能力不断提升，能够自主适应交通的不确定性、控制目标的多样化、非线性表现等动态特性。

电梯的基本组成如图 9-23a 所示，按所占用的空间，可分为机房、井道及底坑、轿厢和层站 4 个部分。通常按电梯所依附建筑物和功能的不同，将电梯分为 8 大系统，即曳引系统、导向系统、门系统、轿厢系统、重量平衡系统、电力拖动系统、电气控制系统和安全保护系统。电梯正是通过这 8 大系统为现代城市的良好运转做出了巨大贡献。图 9-23b 所示为无机房电梯。

a) 电梯的基本组成

b) 无机房电梯

图 9-23　电梯

项目 3　机械创新设计及 3D 打印技术

一、机械创新设计

1. 机械创新设计的定义

机械创新设计是指发挥设计者的创造力，利用人类已有的相关科学理论、方法和原则进行新的构思，设计出新颖、有创造性及实用性的机构或机械产品（装置）的一种实践活动。它包括以下两个方面的内容：

1）改进并完善现有机械产品的技术性能、可靠性、经济性和适用性等。

2）创造设计出新机器、新产品，以满足新的生产或生活的需要。

2. 机械创新设计的特点

1）独创性。独创性是指机械创新设计必须具有独创性和新颖性。

2）实用性。实用性是指机械创新设计必须具有实用性。

3）多学科交叉性。机械创新设计涉及多种学科，如机械、液压、电力、气动、热力、电子、光电、电磁及控制等科技的交叉、渗透与融合。

3. 机械创新设计的方法

1）运用机构组合原理创新出新型机构（机械产品）。特别是模块化组合设计已被视为产品和组织创新设计的新思维，即通过不同模块的结合来完成创新设计（附任务 3、任务 4）。

2）运用机构运动和演化原理创新出新型机构。

3）运用机构再生运动链原理创新出新型机构。

【任务 3】

（1）任务分析　电动玩具马主体运动机构设计如图 9-24 所示。该机构是充分运用机构组合原理创新设计出能模仿马飞奔前进的运动形态的一种新型机构。

（2）任务实施　采用叠加式机构组合，将一个机构安装在另一个机构的某个运动构件上，其功能是实现特定的输出，完成复杂动作。所以，该机构是将曲柄摇块机构 ABC 安装在两杆机构（4—5）的转动导杆 4 上组合而成的。工作时由转动构件 4 和曲柄 1 输入转动，使曲柄摇杆机构中导杆 2 的摇摆和其上 M 点的轨迹实现马的俯仰和升降（跳跃），以两杆机构作为基础机构，实现马前进的运动。以上三种运动形态的合成设计就能实现马飞奔前进的运动状态。

以上是模块化组合设计前期的初级简单应用，而在当今船舶智能设计和航空航天工业中已广泛采用类似更先进的模块化组合设计方法。如美国波音公司的波音 747、767 和 787 系列飞机是波音 747 基本设计的模块化变体。

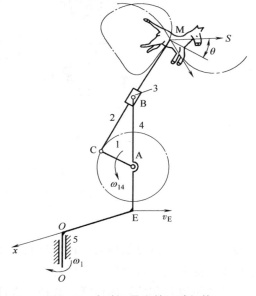

图 9-24　电动玩具马的运动机构

【任务 4】

（1）任务目的　本方案的目的是设计一种小型遥控机器人，攀爬现场已有（或临时设置）的杆、绳、管、线等物体，代替作业人员进入各种危险场所或人员不易到达的地方，配合各种仪器及工具，完成自然人难以完成的作业任务。

（2）工作原理　利用一个曲柄滑块机构和两个单向自锁器，模拟尺蠖爬行而完成上行运动；在解除自锁状态下利用滚轮完成下行运动。

（3）设计方案　设计方案简图如图 9-25 所示。

装置结构由原动部分（电动机）、传动部分（减速器）、执行部分（曲柄滑块机构、上端自锁器、下端自锁器）、控制部分（遥控装置）组成。其中：1 号电动机安装在上端自锁器 4 上，为装置向下爬行提供动力；2 号电动机安装在机架 3 上，为装置向上爬行提供动力；3 号电动机安装在下端自锁器 7 上，为其解除自锁提供动力。3 个减速器分别配合 3 台电动机，为执行部分调整运动速度和传递动力。曲柄滑块机构 5 作为装置的核心部分，在 2 号电动机的带动下完成装置向上爬行的主要功能。上端自锁器单向自锁时，只允许装置向上运动，装置向下运动时依靠工作位置的变化改变自锁状态，并由 1 号电动机带动驱动轮向下

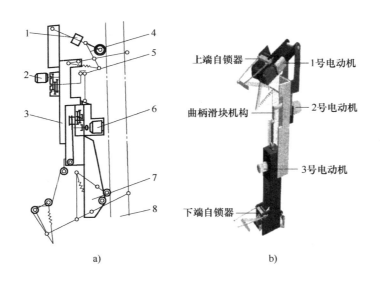

图 9-25 爬杆（绳）机器人设计方案简图

1—1 号电动机　2—2 号电动机　3—机架　4—上端自锁器　5—曲柄滑块机构
6—3 号电动机　7—下端自锁器　8—杆状物体

运转。下端自锁器也是单向自锁，只允许装置向上运动，装置向下运动时依靠 3 号电动机解除自锁，配合上端自锁器向下运行。

装置可以攀爬的物体包括：圆杆、方杆、弯杆、变径杆、柔性杆以及钢丝绳、麻绳、电缆等现场已有（或临时设置）的刚性或柔性的杆、绳、管、线等物体。

装置自带动力（电池组），通过遥控装置控制升降。在杆状物体的端点或中途遇到运行障碍时，装置能够自动识别并作出相应反应，可保证装置的运行安全。

1）装置的主要设计参数：

① 总体尺寸：460mm×200mm×100mm。

② 机体质量：600 g（含电池）。

③ 电动机：功率 15W，电压 3~6V。

④ 曲柄滑块机构：曲柄 25~35mm，连杆 55mm，滑块行程 50~70mm。

⑤ 最大爬行速度：16.6~23.3mm/s。

2）功能及特点：

① 井筒、吊桥等特殊地点的钢索检测探伤。

② 气体、液体的远距离取样。

③ 深孔、绝壁、高障碍等特殊场所的观测和拍摄。

④ 高处、深处、远处、有毒、高（低）温场所及各种危险场所等人员不易到达之处的工程作业项目。

⑤ 侦查、防爆、营救等场合下以特殊方法接近目标的作业任务。

⑥ 非返回式作业，如自毁式爆破等。

3）主要创新点：

① 以最简单的结构实现规定功能。与各种爬杆机器人相比较，该装置体积小，不拖带电缆，可遥控操作。

② 功能扩展能力强。可配合各类仪器和各种先进技术手段，完成高难作业项目。

③ 紧密结合课堂知识。作品技术难度适宜，便于学生自己动手制作，体现学生在创作中的主体作用。

二、3D 打印技术

1. 3D 打印技术的定义

3D 打印技术是以数字三维 CAD 模型设计文件为基础，运用高能束源或其他方式，将液体、熔融体、粉末、丝、片、板、块等特殊材料进行逐层的堆积黏结，叠加成型，直接构造出物体的技术（也称为"增材制造"）。图 9-26 所示为 3D 打印技术原理示意图，通过一组平行平面去截取零件的数字三维 CAD 模型，得到一系列足够薄的切片（厚度一般为 0.01 ~ 0.1mm），然后按照一定规则堆积起来即可得到整个零件。

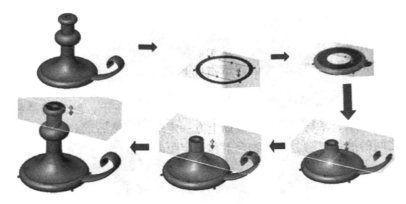

图 9-26　3D 打印技术原理示意图

应用 3D 打印技术进行实物打印时，首先需要以物体三维数字模型为基础，输出利用三角面模拟几何模型的 STL 格式几何文件给专业分层软件，再利用软件将三维模型分层离散，根据实际的层面信息进行工艺规划并生成供打印设备识别的驱动代码，然后根据代码命令利用不同技术方式的打印设备，使用激光束、热熔喷嘴等方式将金属、陶瓷等粉末材料或纸、聚丙烯等固体材料以及液体材料树脂、细胞组织等液态材料进行逐层堆积黏结成型，最后再根据打印设备的技术特点进行固化、烧结、抛光等后处理。图 9-27 所示为其工作流程。

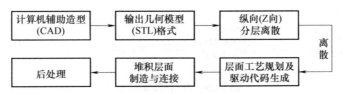

图 9-27　3D 打印技术的工作流程

2. 3D 打印技术的特性

3D 打印技术具有以下特性：

（1）形状复杂性　几乎可以制造任意复杂程度的形状和结构。

（2）材料复杂性　既可以制造单一材料的产品，又能够实现异质材料零件的制造。

（3）层次复杂性　允许跨越多个尺度（从微观结构到零件级的宏观结构）设计并制造具有复杂形状的特征。

（4）功能复杂性　可以在一次加工过程中完成功能结构的制造，从而简化甚至省略装配过程。

3D 打印的这些特性为其在设计、建模、控制、材料、机器、教育、社区发展、生物医学应用、能源和可持续发展应用等方面均带来了巨大的机遇与挑战。

3. 3D 打印技术的应用

目前，3D 打印技术已在工业造型、机械制造、航空航天、军事、建筑、影视、家电、轻工、医学、考古、文化艺术、雕刻和首饰等领域都得到了广泛应用，并且随着这一技术本身的发展，其应用领域将不断拓展，如图 9-28 所示。

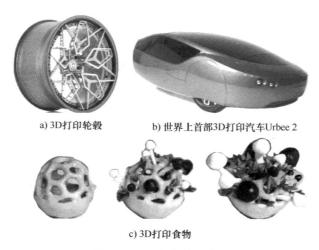

a) 3D打印轮毂　　　　b) 世界上首部3D打印汽车Urbee 2

c) 3D打印食物

图 9-28　3D 打印技术应用

奥运五环的 3D 打印实例如图 9-29 所示。

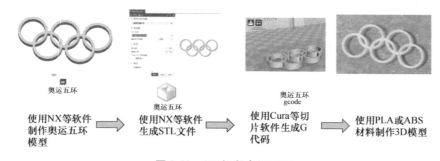

图 9-29　3D 打印奥运五环

项目 4　人工智能与工业机器人应用技术

一、人工智能的概念与应用

人工智能是研究、开发用于模拟、延伸和扩展人的智能的理论、方法、技术及应用系统的一门新的技术科学。世界计算机与人工智能之父艾伦·麦席森·图灵对人工智能的定义是："机器回答人提出的问题，其答案与人回答同样问题没有差异时，即可认为这台机器具备人工智能。"

目前人工智能的概念被广泛应用到各个领域，其中服务业和工业领域都在应用人工智能来实现产品的自动化和智能化。

人工智能已经成为未来各个行业各个领域发展的必然趋势，国家将会根据基础研究、技术研究、产业发展和行业应用的不同特点，制定有针对性的系统发展策略。配合国家发展的需求，如何根据学科特点，做到各个学科与人工智能的交叉融合，构建开放协同的人工智能科技创新体系，建立人工智能基础理论体系，这是现代高校和科研院所的科研工作者要考虑的问题。

人工智能具有的功能包括：求解问题、逻辑推理、语言处理、图像处理、信息检索、专家系统和数据挖掘等。

人工智能相关的技术很多，较为关键的有：人工神经网络、机器学习、深度学习、云计算和大数据等。

（1）人工神经网络　它是模拟人类大脑建立起来的一种由大量的神经元（节点）构成的神经网络结构。每个节点代表一种特定的输出函数，又称为激励函数。节点直接是有关联的数值网络计算模型，每两个神经元之间的连接依赖一个加权值来定义。通过不同的连接方式，加权值和激励函数就可以实现不同的人工神经网络。

（2）机器学习　它的基本原理就是利用已有的数据，通过分析和计算得出某种模型或者规律，以此来对未来的一些事物或者数据进行寻优或者分类。机器学习是人工智能的一个概念，也是核心。机器学习与各个领域的知识体系相结合就可以实现各种智能的功能，在知识工程的基础上加上机器学习的方法就可以解决绝大多数的实际问题。

（3）深度学习　它是基于人工神经网络的一种计算方法，是机器学习的一种实现技术。深度学习从输入到输出不是一步完成的，而是需要经过多个层的计算才能进行输出，如图 9-30 所示。

人工智能与机器学习、深度学习的关系如图 9-31 所示。

（4）云计算　它的目标是实现资源的智能合理分配，其灵活性和实时性是云计算所具有的弹性。云计算包括私有云、公有云和混合云。

（5）大数据　它的基本内涵就是暂时还不能完全处理的数据。现阶段信息的爆发式发展导致数据信息海量存在，这些数据规模庞大、种类繁多、价值密度低，如何对这些

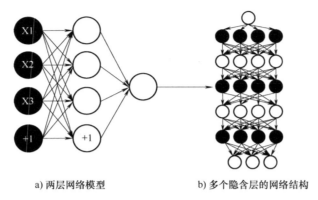

a) 两层网络模型   b) 多个隐含层的网络结构

图 9-30 深度学习网络

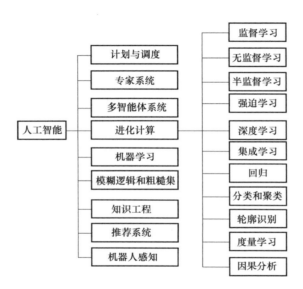

图 9-31 人工智能与机器学习、深度学习的关系

数据进行分析整理而得到有用的、有规律的、有价值的信息，就是大数据研究的目的所在。目前普遍被采用的理论方法包括：可视化分析、数据存取、预测分析、数据挖掘和语义搜索。

二、工业机器人的定义和特点

1. 工业机器人的定义

以互联网、新材料和新能源为基础，"数字化智能制造"为核心的新一轮工业变革即将到来，而工业机器人则是"数字化智能制造"的重要载体。

国际标准化组织对工业机器人的定义："工业机器人是一种能自动控制、可重复编程、多功能、多自由度的操作机，能够搬运材料、工件或者操作工具来完成各种作业。"

国家标准对工业机器人的定义："自动控制的、可重复编程的、多用途的操作机，并可对三个或三个以上的轴进行编程。他可以是固定式或移动式，主要在工业自动化中使用。"

2. 工业机器人的特点

（1）拟人化　在机械结构上类似于人的手臂或者其他组织结构。

（2）通用性　可执行不同的作业任务，动作程序可按需求改变。

（3）独立性　完整的机器人系统在工作中可以不依赖于人的干预。

（4）智能型　具有不同程度的智能功能，如感知系统等，提高了工业机器人对周围环境的自适应能力。

三、工业机器人的分类

工业机器人的分类方法有很多，常见的有：按机构运动形式分类、按运动控制方式分类、按程序输入方式分类和按发展程度分类。

1. 按机构运动形式分类

（1）直角坐标机器人　直角坐标机器人在空间上具有多个相互垂直的移动轴，常用的是 3 个轴，即 x,y,z 轴。其末端的空间位置是通过沿 x,y,z 轴来回移动形成的，是一个"长方体"。

（2）柱面坐标机器人　柱面坐标机器人的运动空间位置是由基座回转、水平移动和竖直移动形成的，其作业空间呈"圆柱体"。

（3）球面坐标机器人　球面坐标机器人的空间位置机构主要由回转基座、摆动轴和平移轴构成，具有 2 个转动自由度和 1 个移动自由度。其作业空间是球面的一部分。

（4）多关节型机器人　多关节型机器人由多个回转和摆动（或移动）机构组成，按旋转方向可分为水平多关节机器人和垂直多关节机器人两种。

（5）水平多关节机器人　水平多关节机器人是由多个竖直回转机构构成的，没有摆动或平移，手臂都在水平面内转动，其作业空间为"圆柱体"。

（6）垂直多关节机器人　垂直多关节机器人是由多个摆动和回转机构组成的，其作业空间近似一个球体空间。

（7）并联机器人　并联机器人的基座和末端执行器之间通过至少两个独立的运动链相连接，机构具有两个或两个以上自由度，而且是以并联方式驱动的一种闭环机构。

2. 按运动控制方式分类

（1）非伺服机器人　非伺服机器人按照预先编好的程序进行工作，使用限位开关、制动器、插销板和定序器等来控制机器人的运动。当它们移动到由限位开关所规定的位置时，限位开关切换至工作状态，给定序器送去一个工作任务已经完成的信号，并使终端制动器动作以切断驱动能源，使机器人停止运动。非伺服机器人的工作能力比较有限。

（2）控制机器人　伺服控制系统是使物体的位置、方位、状态等输出被控量能够跟随输入目标（或给定值）任意变化的自动控制系统。它的主要任务是按控制命令的要求对功率进行放大、变换与调控等处理，使驱动装置输出的力矩、速度和位置都能得到灵活方便的控制。伺服控制系统是具有反馈功能的闭环自动控制系统，其结构组成与其他形式的反馈控制系统没有原则上的区别。

（3）伺服控制机器人　这类机器人通过将传感器取得的反馈信号与来自给定装置的综合信号进行比较后，得到误差信号，经过放大后用以激活机器人的驱动装置，进而带动机械臂按一定规律运动。

伺服控制机器人按照控制的空间位置不同，又分为点位型机器人和连续轨迹型机器人。

1）点位型机器人：只控制执行机构由一点到另一点准确定位，不对点与点之间的运动过程进行控制，适用于机床上下料、点焊和一般搬运、装卸等作业。

2）连续轨迹型机器人：可控制执行机构按给定轨迹运动，适用于连续焊接和涂装等作业。

3. 按程序输入方式分类

（1）编程输入型机器人　可将计算机上已编好的作业程序文件，通过串口或者以太网等通信方式传送到机器人控制器。

（2）示教输入型机器人　示教方法一般有两种，即在线示教和拖动示教。

1）在线示教：操作者利用示教器将指令传给驱动系统，使执行机构按要求的动作顺序和运动轨迹操演一遍。

2）拖动示教：操作者直接拖动执行机构，按要求的动作顺序和运动轨迹操演一遍。在示教的同时，工作程序的信息将自动存入程序储存器中，在机器人自动工作时，控制系统从程序存储器中检出相应信息，将指令信号传给驱动机构，使执行机构再现示教的各种动作。示教输入程序的工业机器人称为示教再现工业机器人。

4. 按发展程度分类

（1）第一代机器人　主要是指智能以示教再现方式工作的工业机器人，称为示教再现机器人。示教内容为机器人操作机构的空间轨迹、作业条件、作业顺序等。目前在工业现场应用的机器人大多属于第一代。

（2）第二代机器人　是指感知机器人，带有一些可感知环境的装置，通过反馈控制使机器人能在一定程度上适应变化的环境。

（3）第三代机器人　是指智能机器人，它具有多种感知功能，可进行复杂的逻辑推理、判断及决策，可在作业环境中独立行动；它具有发现问题且能自主地解决问题的能力。

智能机器人需要具备以下三个要素：

1）感觉要素：包括能够感知视觉和距离等非接触型传感器以及能感知力、压觉、触觉等接触型传感器，用来认知周围的环境状态。

2）运动要素：机器人需要对外界做出反应性动作。智能机器人通常需要有一些无轨道的移动机构，以适应平地、台阶、墙壁、楼梯和坡道等不同的地理环境，并且在运动过程中要对移动机构进行实时控制。

3）思考要素：根据感觉要素所得到的信息，思考采用什么样的动作，包括判断、逻辑分析、理解和决策等。思考要素是智能机器人的关键要素，也是人们要赋予智能机器人的必备要素。

四、工业机器人在智能制造中的应用

工业机器人可以替代人从事危险、有害、有毒、低温和高热等恶劣环境中的工作，还可以替代人完成繁重、单调的重复劳动，提高劳动生产率，保证产品质量，主要用于汽车、3C 产品、医疗、食品、通用机械制造、金属加工、船舶等领域，用以完成搬运码垛、焊接切割、喷涂、抛光打磨等复杂作业。工业机器人与数控加工中心、自动引导车和自动检测系统可组成柔性制造系统（FMS）和计算机集成制造系统（CIMS），以实现生产自动化。

（1）搬运　搬运作业是指用一种设备握持工件，从一个加工位置移动到另一个加工位置。搬运机器人可安装不同的末端执行器（如机械手抓、真空吸盘等）以完成各种不同形状的工件搬运，大大减轻了人类繁重的体力劳动。通过编程控制，还可以配合各个工序的不同设备以实现流水线作业。搬运机器人广泛应用于机床上下料、自动装配流水线、码垛搬运、集装箱等自动搬运。

（2）焊接　目前，工业应用领域最广泛的是焊接机器人，如工程机械、汽车制造、电力建设等，焊接机器人能在恶劣的环境下连续工作并提供稳定的焊接质量，提高工作效率，减轻工人的劳动强度。采用焊接机器人是焊接自动化的巨大进步。

（3）喷涂　喷涂机器人适用于生产量大、产品型号多、表面形状不规则的工件的外表面涂装，广泛应用于汽车、汽车零配件、铁路、家电、建材和机械等行业。

（4）打磨　打磨机器人是指可进行自动抛光打磨的工业机器人，主要用于工件的表面打磨、棱角去毛刺、焊接打磨、内腔内控去毛刺、孔口螺纹口加工等工作。打磨机器人广泛应用于3C、卫浴五金、IT、汽车零部件、工业零件、医疗器械、木材建材家具制造和民用产品等行业。

【任务5】

（1）任务引入　某仓库中的码垛机器人应用实例。

（2）任务分析　码垛机器人和搬运机器人不同，如果要求码垛的货物是 10 行、10 列、10 层，就不能一个点一个点的去做，而应该提供一套专门用于码垛的程序或者指令，这就需要先了解整个现场的硬件知识以及机器人如何控制这些设备。而完成一个完整的码垛程序，只有码垛专用指令是远远不行的，还需要其他众多指令的配合。

码垛知识图谱如图 9-32 所示。

（3）任务实施

根据码垛知识图谱如图 9-32 所示，可进行码垛作业如下：

1）完成吸盘工具收拾物料进行码垛的这一部分的机器人编程。

2）工件摆放成两层，上层与下层形状不一致，如图 9-33 所示。

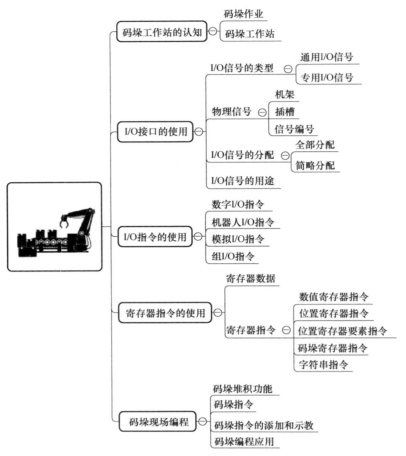

图 9-32　码垛知识图谱

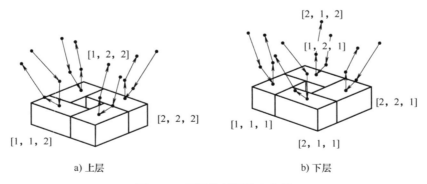

a) 上层　　　　　　　　　b) 下层

图 9-33　两层物料摆放示意图

设机器人控制柜通过 DO[101] 控制吸盘的动作：DO[101]＝OFF，复位吸盘吸取信号；DO[101]＝ON，吸盘工具吸取物料。那么，进行搬运并完成码垛的完整程序如下：

J P[1]20%FINE　　　　　　　　　运动到料盘上方的安全点
PL[1]＝[1,1,1]　　　　　　　　　将码垛寄存器 1 初始化

DO[101]=OFF	复位吸盘吸取信号
FOR R[1]=1 TO 8	FOR 循环指令,循环 8 次
J P[2]20% FINE	运动到平面料盘与传送带之间
J P[6]20% FINE	运动到上层过渡点
L P[5]100mm/sec FINE	运动到下层过渡点
L P[3]50mm/sec FINE	运动到成品物流吸取点
WAIT .50(sec)	
DO[101]=ON	吸盘工具吸取物料
WAIT .50(sec)	
L P[5]50mm/sec FINE	运动到下层过渡点
L P[6]100mm/sec FINE	运动到上层过渡点
J P[2]20% FINE	运动到平面料盘与传送带之间
PALLETIZING-EX_1	码垛堆积指令
J PAL_1[A_1]30% FINE	接近点 1
J PAL_1[A_2]30% FINE	接近点 2
L PAL_1[BTM]30mm/sec FINE	放置物料
WAIT .50(sec)	
DO[101]=OFF	复位吸盘吸取信号,放下物料
WAIT 0.00(sec)	
L PAL_1[R_1]30mm/sec FINE	逃点 1
L PAL_1[R_2]30mm/sec FINE	逃点 2
PALLETIZING-END_1	码垛结束指令
ENDFOR	循环指令结束
J P[1]20% FINE	运动到料盘上方安全点

【学习测试】

一、填空题

1. 计算机辅助设计常用的二维软件有_____、_____、_____或_____。

2. 机电一体化机械系统从功能上可以分为_____、_____和_____。

3. 机械创新设计的特点是_____、_____和_____。

4. 3D 打印技术是以设计文件为基础,直接构造出物体的技术,也称为"_____"。

5. 工业机器人按运动控制方式分为_____和_____。

6. 工业机器人主要用以完成_____、_____、_____和_____等复杂作业。

二、单选题

1. 智能机器人需要具备以下(   )三个要素。

A. 感觉、运动、思考   B. 感知、思考、学习   C. 感觉、学习、思考

2. 工业机器人的分类方法有很多,常见的有(   )分类。

A. 按机构运动形式、按运动控制方式、按程序输入方式和按发展程度

B. 按机构运动形式、按运动控制方式、按程序输入方式

C. 按机构运动形式、按运动控制方式、按发展程度

三、简答题

1. 什么是计算机辅助设计？

2. 什么是机电一体化设计？

3. 什么是 3D 打印？

4. 什么是人工智能？

5. 什么是工业机器人？

【学习评价】

题号	一	二	三	四	五	总分
得分	1.	1.	1.			
	2.	2.	2.			
	3.		3.			
	4.		4.			
	5.		5.			
	6.					
学习评价						

参考文献

[1] 胡家秀. 机械设计基础 [M]. 北京：机械工业出版社，2008.

[2] 柴鹏飞. 机械设计基础 [M]. 北京：机械工业出版社，2011.

[3] 陈立德. 机械设计基础 [M]. 北京：高等教育出版社，2004.

[4] 杨可桢，程光蕴. 机械设计基础 [M]. 北京：高等教育出版社，2010.

[5] 吴联兴. 机械基础练习册 [M]. 北京：高等教育出版社，2006.

[6] 陆宁. 机械原理复习题详解 [M]. 北京：清华大学出版社，2013.

[7] 郭谆钦，金莹. 机械设计基础 [M]. 北京：中国海洋大学出版社，2011.

[8] 张策. 机械原理与机械设计：上册 [M]. 2版. 北京：机械工业出版社，2011.

[9] 张策. 机械原理与机械设计：下册 [M]. 2版. 北京：机械工业出版社，2011.

[10] 郭瑞峰. 机械设计基础 [M]. 武汉：华中科技大学出版社，2015.

[11] 王良斌，王保华. 机械设计基础 [M]. 北京：北京邮电大学出版社，2016.

[12] 赵从良，杨娜. 机械设计基础 [M]. 长春：吉林科学技术出版社，2012.

[13] 何晓玲，王军. 机械设计基础 [M]. 北京：机械工业出版社，2016.

[14] 黄劲枝. 机械设计基础 [M]. 北京：机械工业出版社，2001.

[15] 沈乐年，刘向峰. 机械原理教程 [M]. 北京：清华大学出版社，1999.

[16] 胥宏. 机械设计基础 [M]. 北京：科学出版社，2007.

[17] 宋宝玉. 机械设计基础 [M]. 哈尔滨：哈尔滨工业大学出版社，2002.

[18] 徐灏. 机械设计手册 [M]. 北京：机械工业出版社，1991.

[19] 张萍. 机械设计基础 [M]. 北京：化学工业出版社，2004.

[20] 朱文坚，等. 机械设计课程设计 [M]. 2版. 广州：华南理工大学出版社，2004.

[21] 黄平. 机械设计基础习题集 [M]. 北京：清华大学出版社，2016.

[22] 金莹，程联社. 机械设计基础项目教程 [M]. 西安：西安电子科技大学出版社，2011.

[23] 高进. 工程技能训练和创新制作实践 [M]. 北京：清华大学出版社，2012.

[24] 郭卫东. 机械原理教学辅导与习题解答 [M]. 2版. 北京：科学出版社，2013.

[25] 郭玲. 机械设计基础习题册 [M]. 长沙：国防科技大学出版社，2013.

[26] 李艳清，林燕文. 工业机器人现场编程：FANUC [M]. 北京：人民邮电出版社，2018.

[27] 韩凤磊，等. 人工智能与船海工程 [M]. 上海：上海科学技术出版社，2020.

[28] 陈亚娟，等. 机械基础 [M]. 北京：北京航空大学出版社，2021.

[29] 张明文，王璐欢. 智能制造与机器人应用技术 [M]. 北京：机械工业出版社，2020.

[30] 葛冬云. 机械拆装 [M]. 合肥：安徽科学技术出版社，2013.